ならべてくらべる

絶滅と進化の動物史

川崎悟司

監修　国立科学博物館
木村由莉

ブックマン社

はじめに

動物園で人気の高い動物といえば、キリンやゾウやライオンやパンダ。これら現在に生きる動物は「現生動物《げんせいどうぶつ》」といいます。動物園では世界中から集められたありのままの現生動物を見ることができます。一方、恐竜図鑑に載っている人気の高い動物といえば、ティラノサウルスやトリケラトプス。大昔の動物を扱った図鑑ならマンモスやサーベルタイガーなど氷河期の絶滅した哺乳類あたりはなじみがあるでしょう。すでに絶滅してしまった恐竜や氷河期の哺乳類も人類の歴史以前に生きていた動物で、地層に埋まる化石からおおよその存在を知ることができるものの、現生動物のように、ありのままの姿を見ることはできません。はるか昔の地球に確かに存在し、しかし現在はその痕跡《こんせき》からしか情報を得られないそのような動物を、特に「古生物《こせいぶつ》」といいます。現生動物と古生物にはそうした違いがあり、図鑑では、現生動物なら「動物図鑑」、古生物なら「古生物図鑑」あるいは「恐竜図鑑」と、別物として扱われるのが一般的です。

本書では、そんな現生動物と古生物をジャンル分けすることなく、同じ流れのなかで紹介しています。たとえばキリンなら、みなさんがよく知る首の長い現生のキリンも、首が長くなる前のシカのような姿をした太古のキリンの仲間も登場します。また、地球上には現在、さまざまな動物が暮らしていますが、その多様性は、進化と絶滅を繰り返してきた今はなき古生物たちからつながってきたものです。その壮大なドラマを俯瞰《ふかん》的にイメージしてもらうために、生物の系統《けいとう》を意識した構成にしました。おおまかに説明すると、1章から3章までは我々の身近な存在である哺乳類の系統。4章では我々とは遠い系統になる爬虫類や鳥類。そして5章では4章までに取り上げた系統の共通の祖先となる魚類と両生類の系統に迫ります。

本書は、2012年に発刊した『ならべてくらべる動物進化図鑑』の改訂版ですが、「改訂」の範疇《はんちゅう》を超え、構成のほかにも内容を大幅に刷新しています。系統関係を意識した内容にとのアドバイスは、今回より監修に加わっていただいた国立科学博物館の木村由莉先生によるものです。木村先生にはまた、解説や復元画に関しても細やかなご指導をいただきました。この場をお借りして感謝申し上げます。また、今回新たに「博物館に会いに行こう」という、博物館の展示標本を紹介するページを設けています。これにあたっては、国内の多くの自然史系博物館にご協力いただきました。ありがとうございました。標本の背景には、動物たちの絶滅と進化の壮大な歴史があります。その歴史をまったく知らずに訪れるよりも、知ったうえで訪れることで、標本の見方も変わり、さらなる知見が広がって、博物館が何倍も楽しいものになるに違いありません。本書がその糸口になれば、ほんとうに嬉しい限りです。

2019年2月

川崎悟司

目次

本書について

本書は、2012年12月発刊の『ならべてくらべる動物進化図鑑』の内容を基に大幅に加筆・修正し、再編集したものです。　2019年2月現在の最新のデータに基づいて作成しています。

ページの見方

❶ **名前**　日本で使われている標準名です。和名があるものは和名、ないものは学名をカナ読みしたものが使われています。

❷ **学名**　世界共通で使われている学問上の名前です。

❸ **分類**　所属するグループの名前です。
生息地域　古生種（絶滅種）の場合は化石が発見された場所、現生種の場合は主な生息場所です。

❹ **解説**　「**仲間の歴史**」のページでは、その仲間の起源から現在までの絶滅と進化の歴史を、「**Pickup**」および「**くらべてみよう！**」のページでは、種の詳しい解説を載せています。難しい用語は巻末の「**用語解説**」をご参照ください。

❺ **生息年代**　化石が発見された地層の時代です。また、その仲間またはその種が、地球の長い歴史上どのタイミングで登場し、生息していたのかを色で表しています。薄い色はその種の仲間の起源から現在まで、濃い色は種の生息した期間の目安です。

❻ **体の大きさ**　鼻先から尾の先までの長さを**全長**、鼻先から尾の付け根までを**体長**、地面から肩の高さまでを**肩高**、翼を広げたときの幅を**翼開長**、甲羅の長さを**甲長**などで表します。

化石から生きた時代がわかるのはなぜ？

長い年月をかけ、粘土や砂、火山灰、生物の死骸《しがい》などが積み重なってできた層を地層《ちそう》といいます。化石は、地層のどの部分から発掘されたかにより、生きていたころの時代を知ることができます。また、地層から見つかった化石をもとに区分けした時代を「地質《ちしつ》時代《じだい》」といい、植物や動物たちの繁栄《はんえい》や絶滅《ぜつめつ》の時期を知る目安にされてきました。

それでは、それぞれの時代で地球がどのような変化をたどったのか、そこでどのような動物たちが生活していたのか、のぞいてみましょう。

古生代《こせいだい》

カンブリア紀

5億4100万～4億8500万年前

カンブリア爆発とよばれる急速な生物の多様化が起こり、それまでわずかな種《しゅ》しかいなかった地球上に突如《とつじょ》1万種ともいわれる生物が誕生《たんじょう》しました。この紀の初期に、現在につながるほぼすべての無脊椎動物《むせきついどうぶつ》が出そろったといわれています。

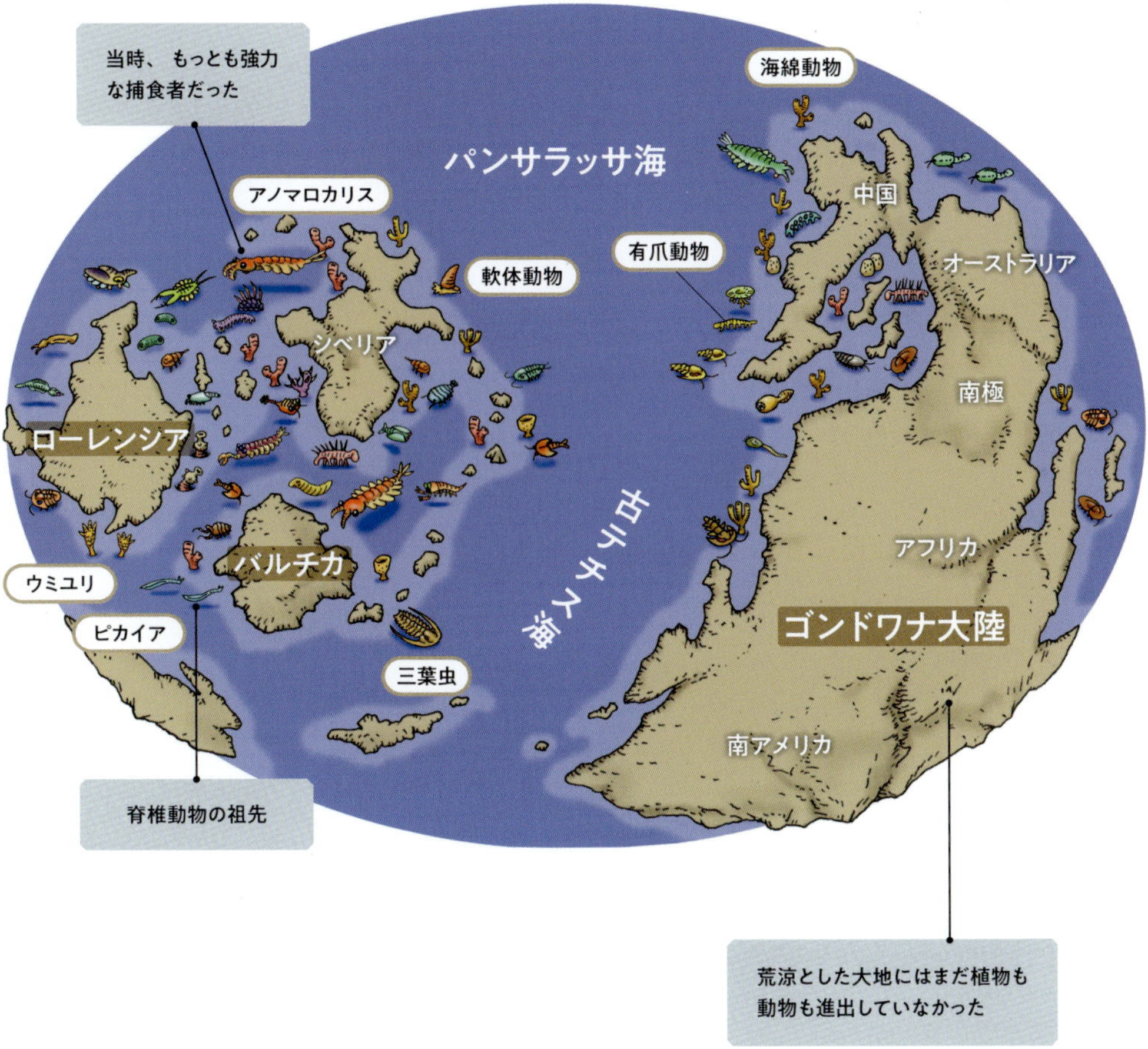

シルル紀

4億4300万～4億1900万年前

オルドビス紀

4億8500万～4億4300万年前

オルドビス紀末、生物種の約85%にあたる大量絶滅が起こりました。また、シルル紀にはオゾン層《そう》が形成され、地表に到達する有害な紫《し》外《がい》線《せん》が減少したことで、植物が初めて上陸を果たしました。

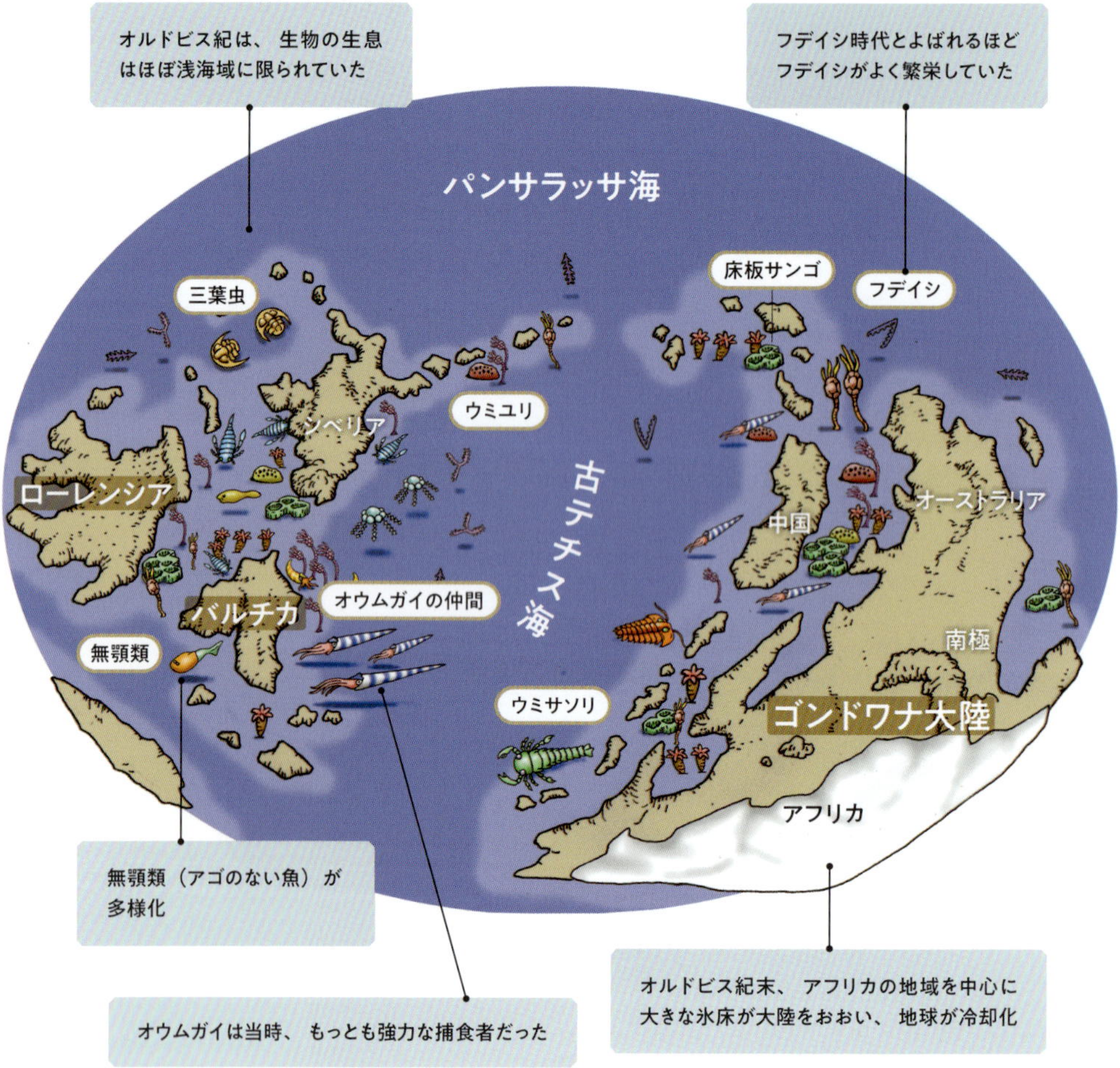

デボン紀

4億1900万～3億5800万年前

最初の四肢動物《ししどうぶつ》である両生類《りょうせいるい》が出現し、それまで水中にしか生息していなかった動物が初めて上陸を果たしました。また、シダ植物や種子植物が出現し、森林がつくられるようになりました。

地球緑化開始！　森林が初めて形成される

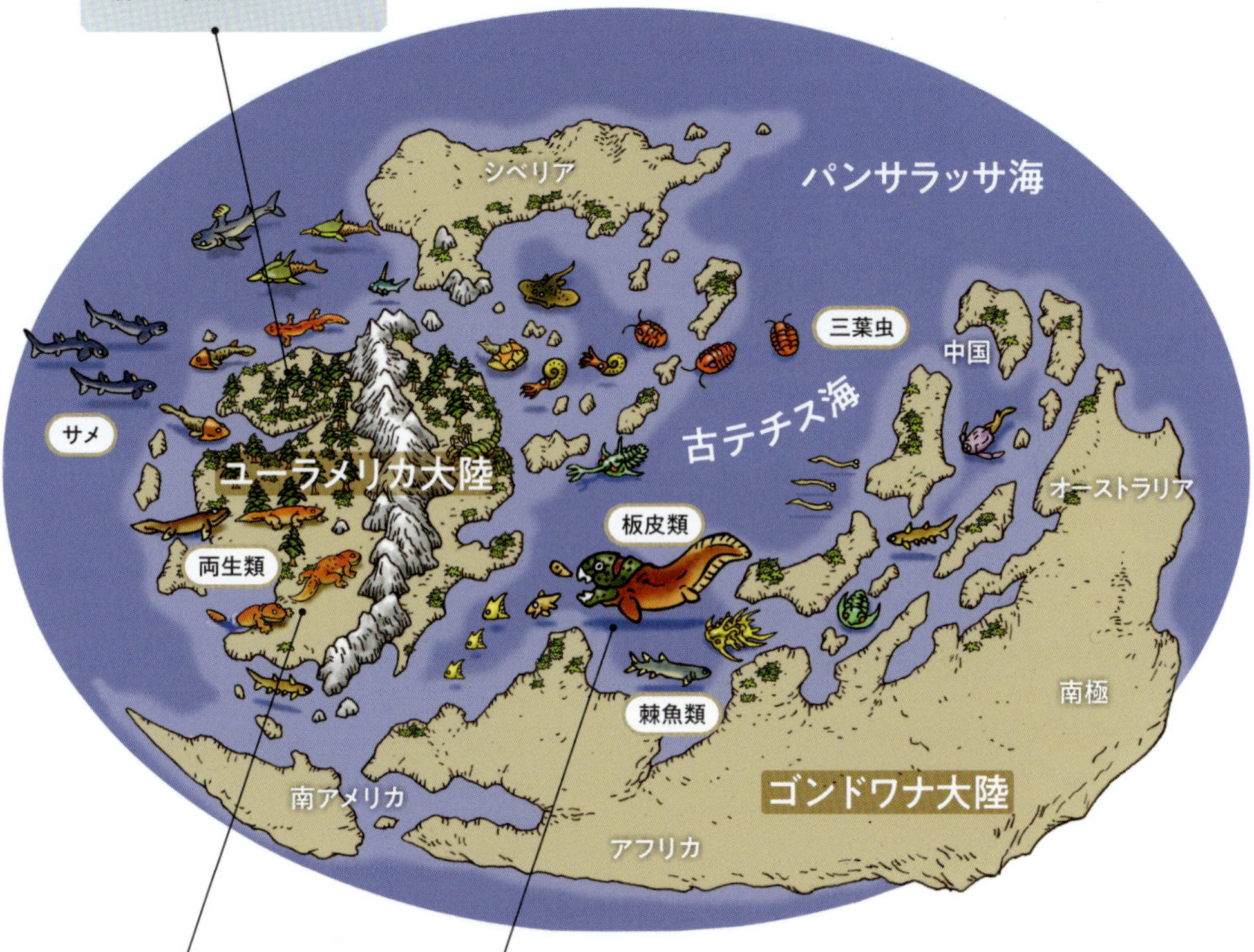

四肢動物が現れ、陸上に進出。節足動物などはすでに陸上生活をしていた

アゴをもった魚（板皮類や棘魚類）が出現・繁栄し、硬骨魚やサメなども現れた

石炭紀《せきたんき》

3億5800万~2億9900万年前

爬虫類《はちゅうるい》が出現し、陸上で卵を産むようになったことで、動物の陸上進出が加速しました。また、酸素濃度がもっとも高い時代で、昆虫などの巨大化が目立った時代でもあります。

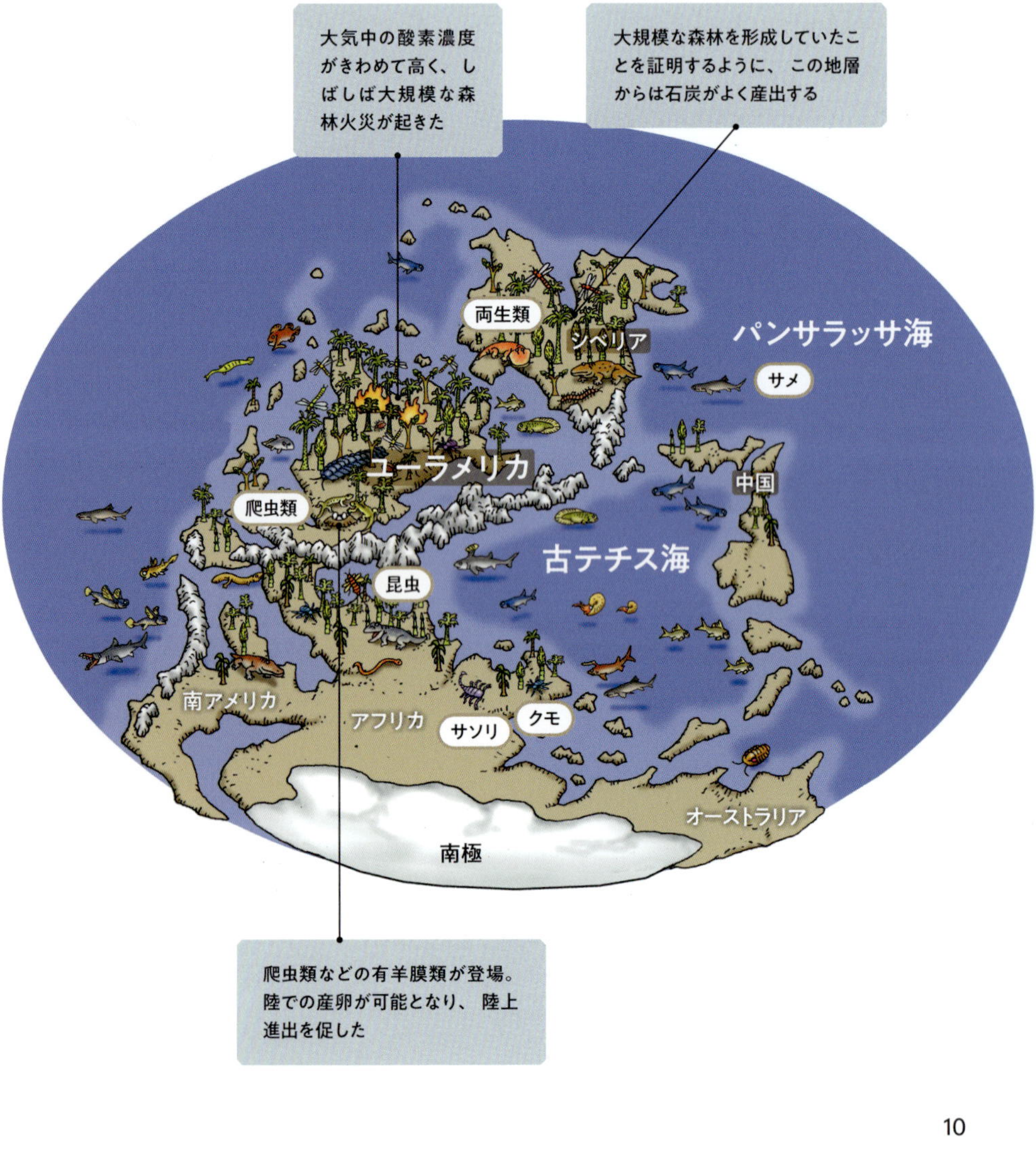
大気中の酸素濃度がきわめて高く、しばしば大規模な森林火災が起きた
大規模な森林を形成していたことを証明するように、この地層からは石炭がよく産出する
両生類
シベリア
パンサラッサ海
サメ
ユーラメリカ
中国
爬虫類
古テチス海
昆虫
南アメリカ
アフリカ
サソリ
クモ
オーストラリア
南極
爬虫類などの有羊膜類が登場。陸での産卵が可能となり、陸上進出を促した

ペルム紀

2億9900万～2億5200万年前

哺乳類《ほにゅうるい》の祖先といわれる単弓類《たんきゅうるい》が出現しました。また、ペルム紀末に史上最大の大量絶滅が起こり、生物種の実に95％が絶滅したといわれています。

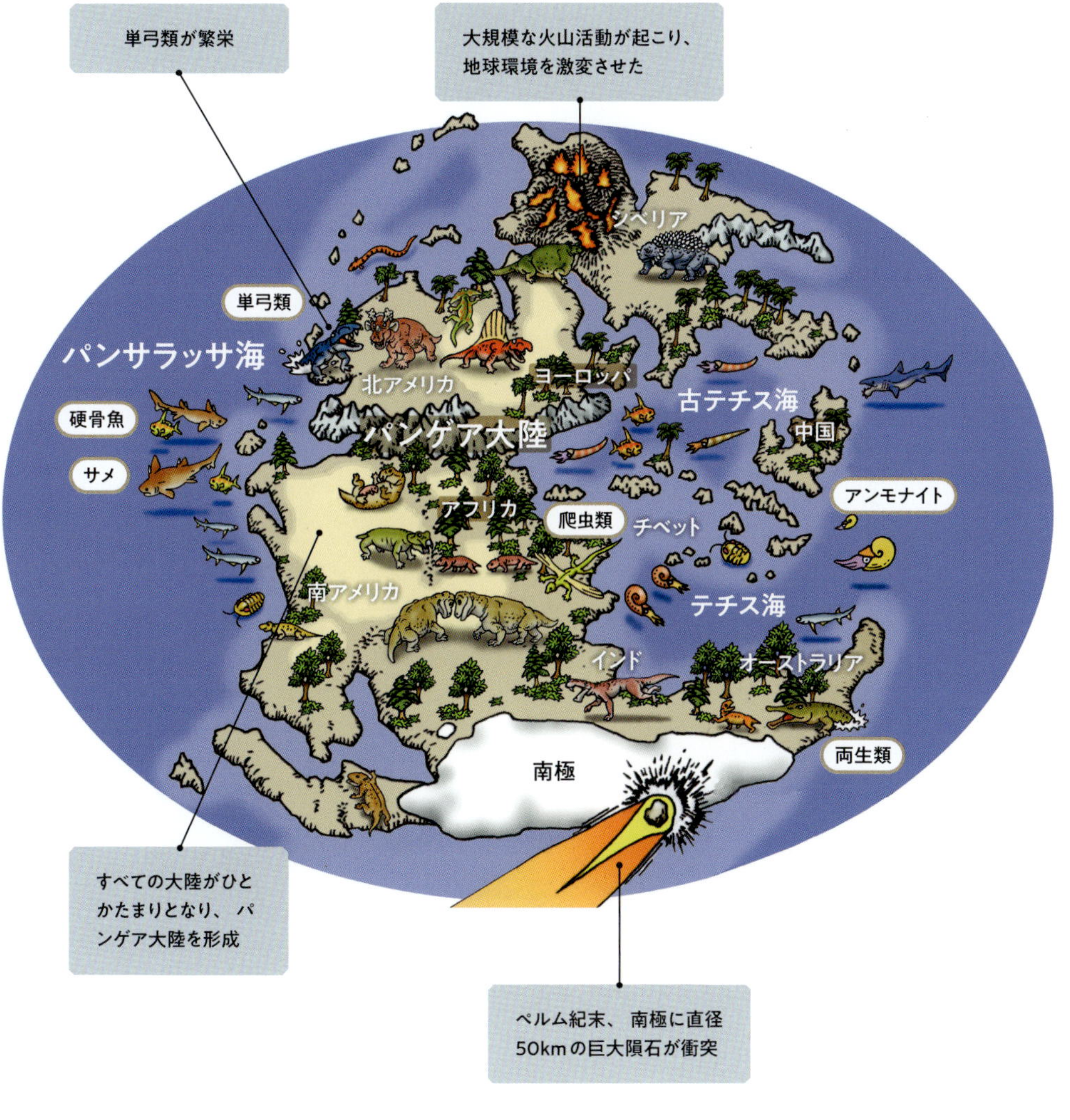

中生代《ちゅうせいだい》

三畳紀《さんじょうき》

2億5200万～2億100万年前

乾燥化が進み、乾燥に強い爬虫類が栄えました。恐竜《きょうりゅう》や哺乳類が誕生した時代でもあります。また、三畳紀末に生物種の 76%にあたる大量絶滅が起こりました。

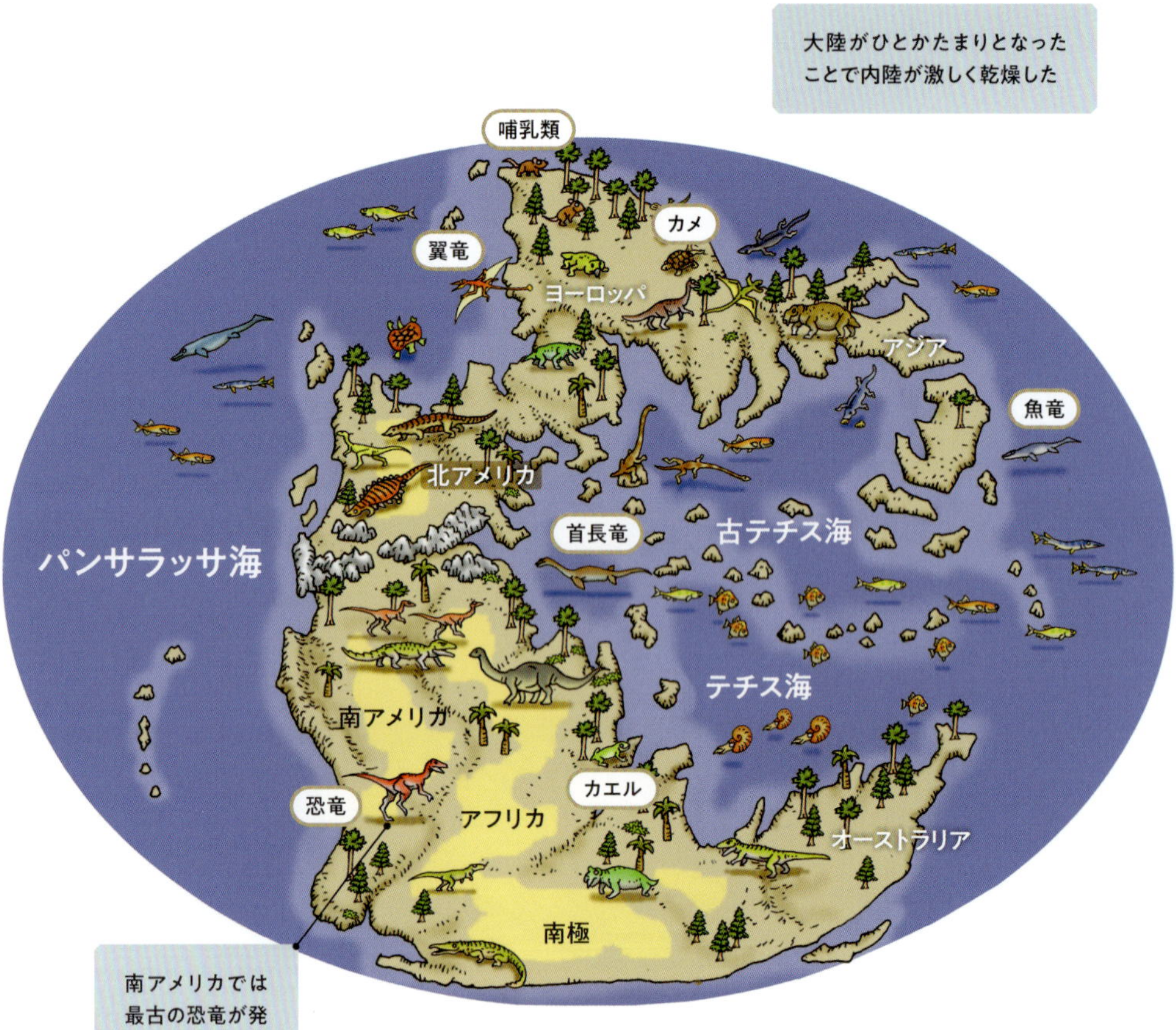

ジュラ紀

2億100万～1億4500万年前

恐竜がもっとも繁栄した時代で、体の大きな肉食恐竜や植物食恐竜が陸上を支配していました。また、恐竜から進化した鳥類《ちょうるい》もこの時代に現れました。

恐竜がもっとも繁栄した時代で、大型化も目立った

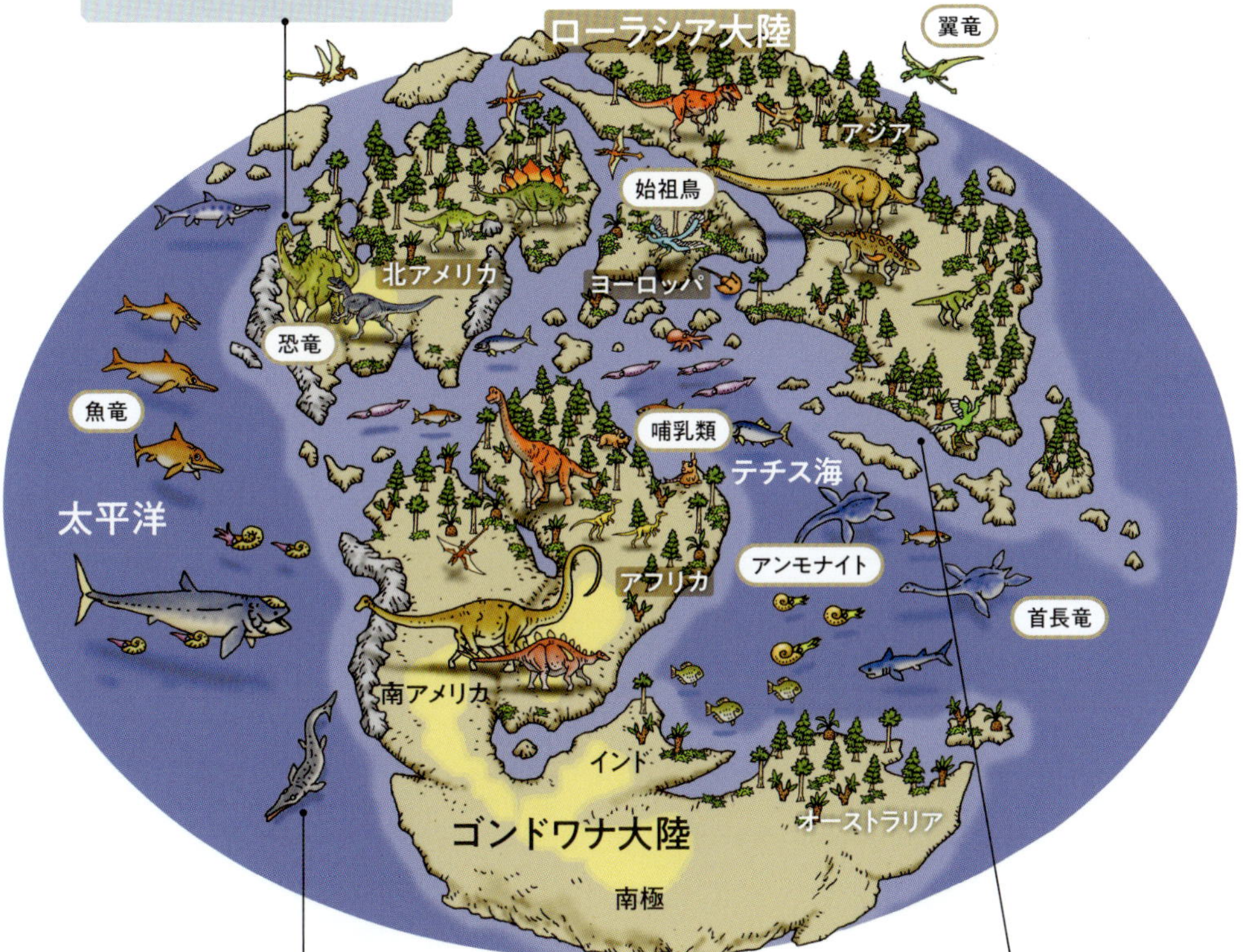

陸上を恐竜が支配する一方、魚竜や首長竜やモササウルスなど、海へ適応し繁栄した爬虫類も

パンゲア大陸が南北に分裂してその間を暖流が流れ、温暖な気候に

白《はく》亜《あ》紀《き》

1億4500万~6600万年前

恐竜が多種多様に進化をとげた時代です。しかし、白亜紀末に起こった大量絶滅の際に、恐竜やアンモナイトはすべて絶滅しました。

新生代《しんせいだい》

古第三紀《こだいさんき》

6600万～2300万年前

漸新世《ぜんしんせい》 | 始新世《ししんせい》 | 暁新世《ぎょうしんせい》

白亜紀末に絶滅した恐竜たちに代わり、哺乳類が繁栄・大型化した時代です。陸上には草原が広がりました。

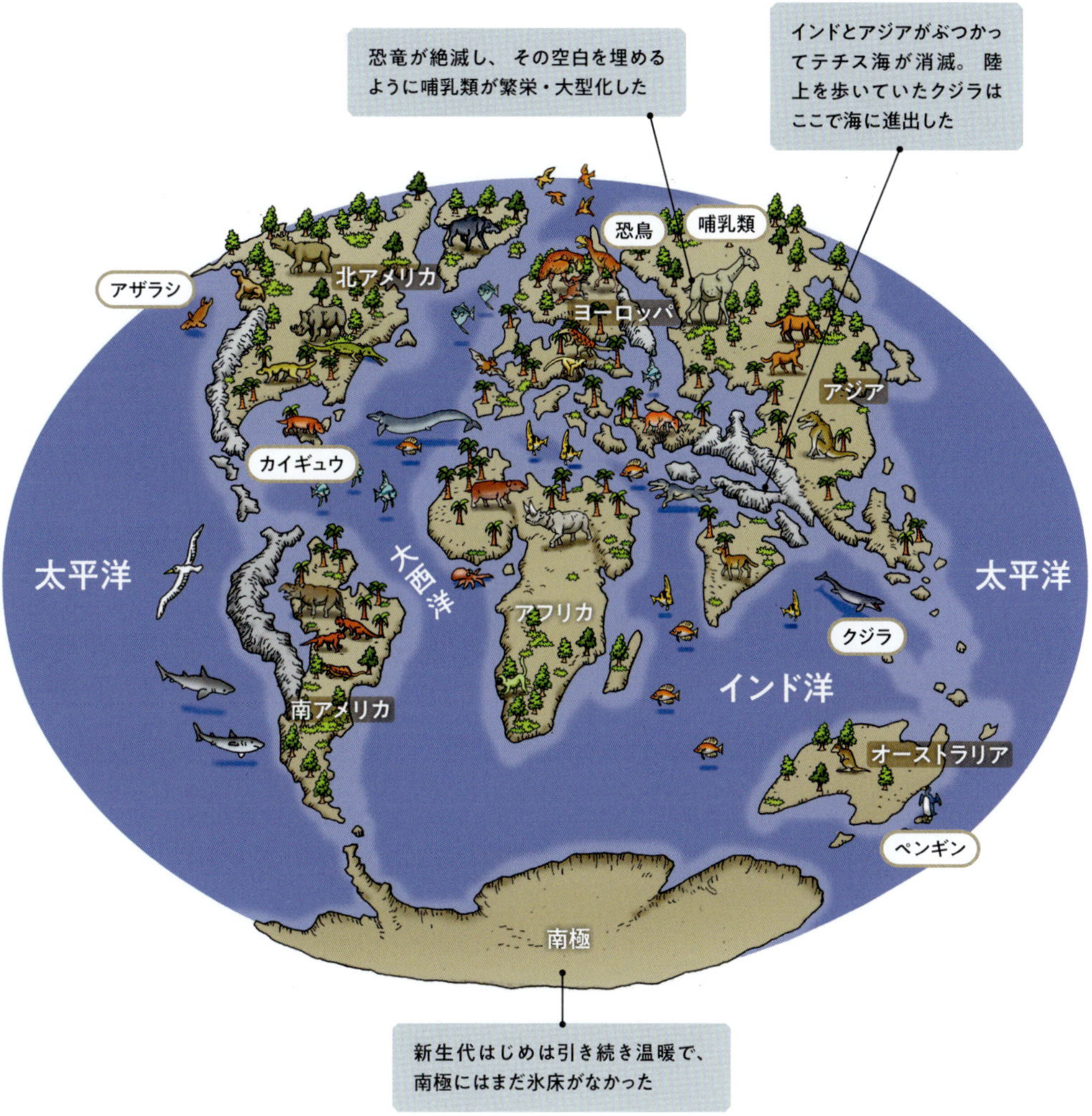

新第三紀《しんだいさんき》

2300万〜258万年前

鮮新世《せんしんせい》　中新世《ちゅうしんせい》

寒冷乾燥化が進み、草原がさらに拡大しました。この時代、人類《じんるい》の祖先である猿人《えんじん》が現れました。

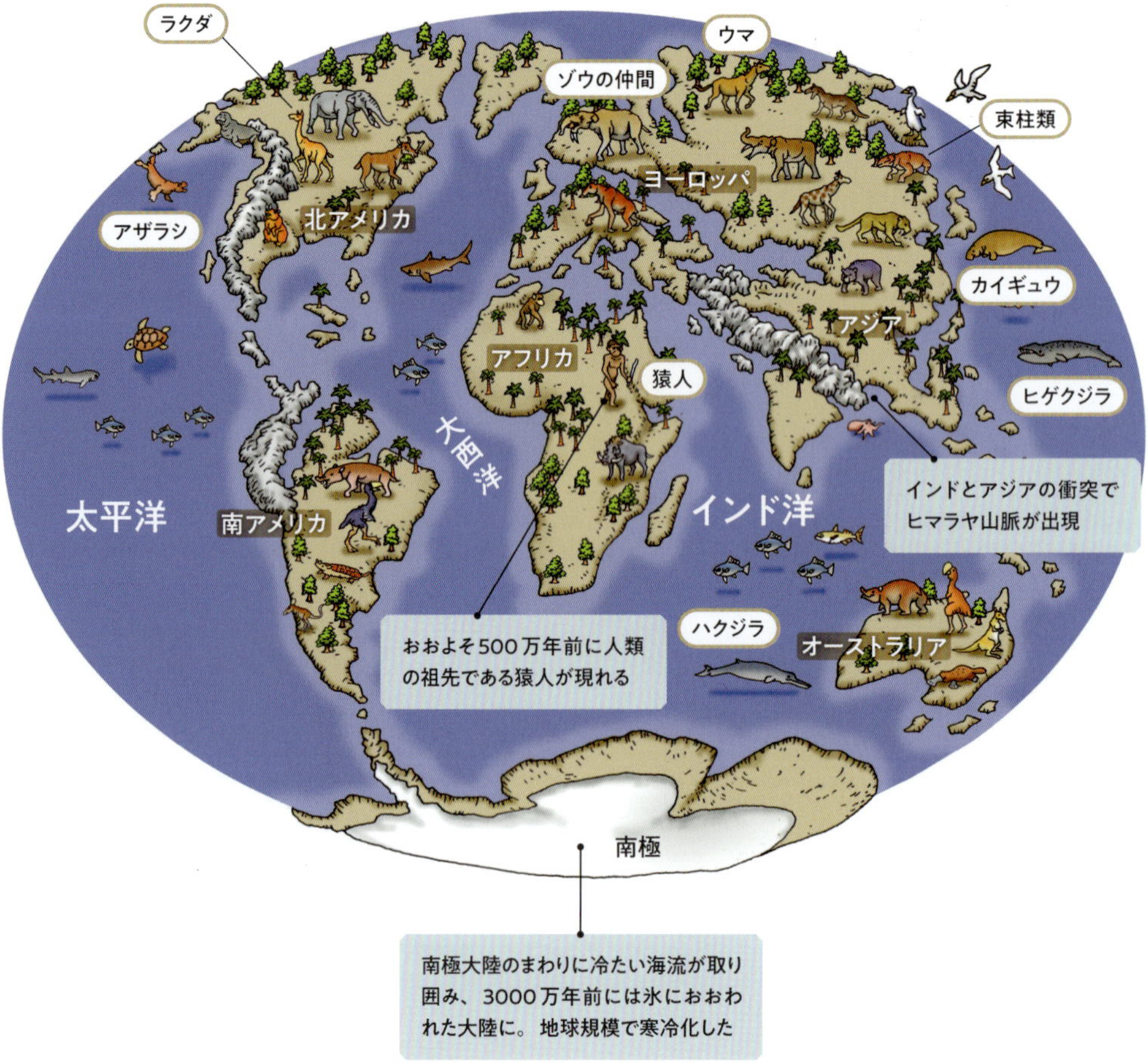

第四紀《だいよんき》

258万年前~現代

完新世《かんしんせい》 | 更新世《こうしんせい》

人類が現れ、世界各地に生活圏を広げていきました。

プランクトンが増え、それを食べるヒゲクジラが現れる
マンモスなどの獲物を追ってベーリング陸橋を渡った人類は、その後各地へと広がった
ヒト
マンモス
ヨーロッパ
ケサイ
北アメリカ
サーベルタイガー
アフリカ
アジア
大西洋
ヒゲクジラ
太平洋
南アメリカ
インド洋
オーストラリア
南極
南極大陸は寒流の流れに囲まれ氷の大陸に。世界が寒冷化していった
寒冷化にともなう海退で、各地に陸続きの場所が増える

動物の進化と系統

生物は40億年前に誕生したあるひとつの生命から枝分かれして進化し、それぞれの環境に適応させながら新しいグループを増やしていきました。この本に登場する動物たちは大きく脊椎動物に分けられ、魚類は古生代に、両生類と爬虫類は中生代に、哺乳類は主に新生代に多種多様に進化し、繁栄してきたと考えられています。特に、6600万年前の中生代白亜紀と新生代古第三紀の間で起こった大量絶滅（K／Pg境界）は、哺乳類の進化や我々人類の

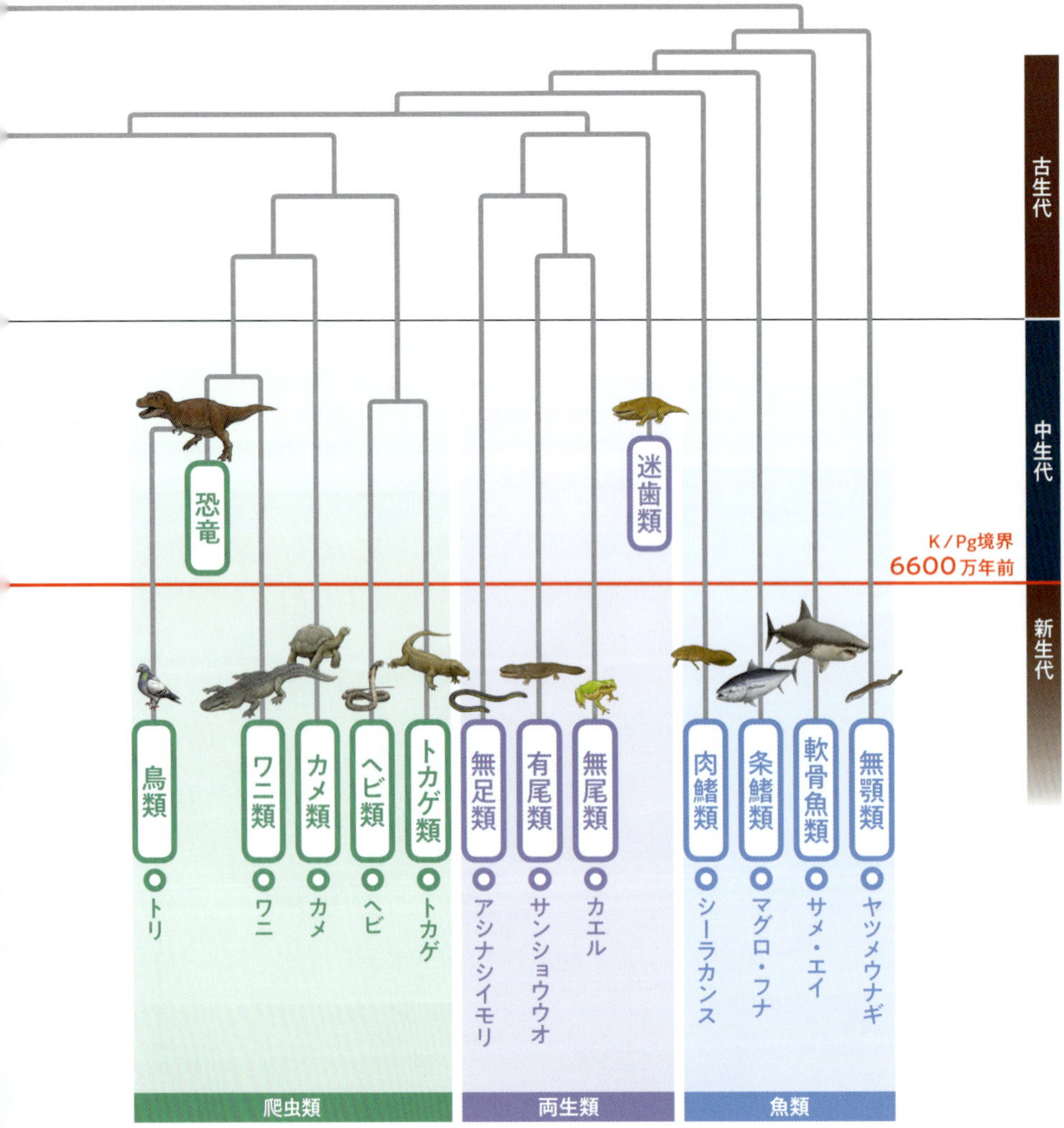

出現につながる大きなきっかけとなりました。

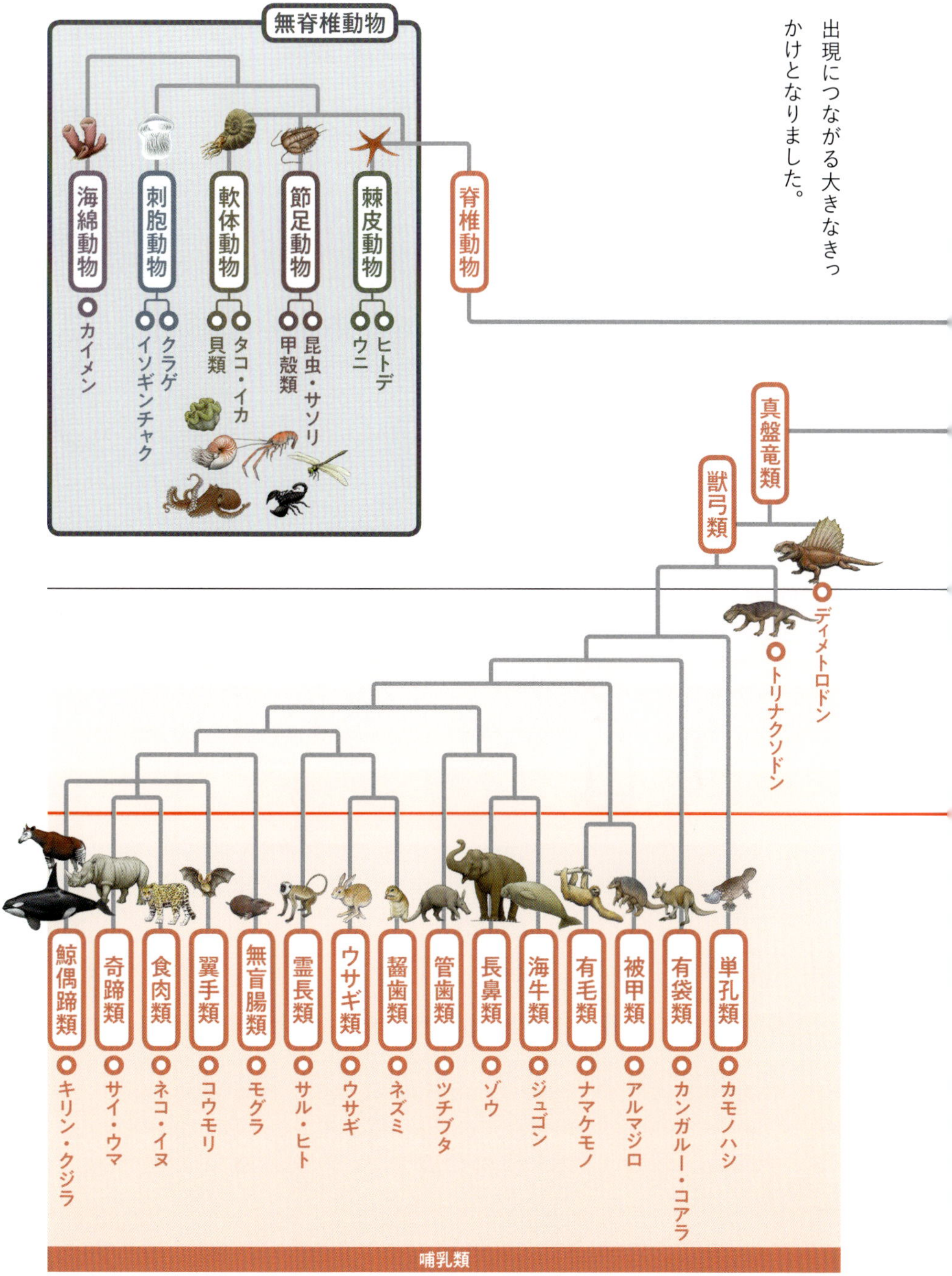

キリンとクジラは親《しん》戚《せき》です。

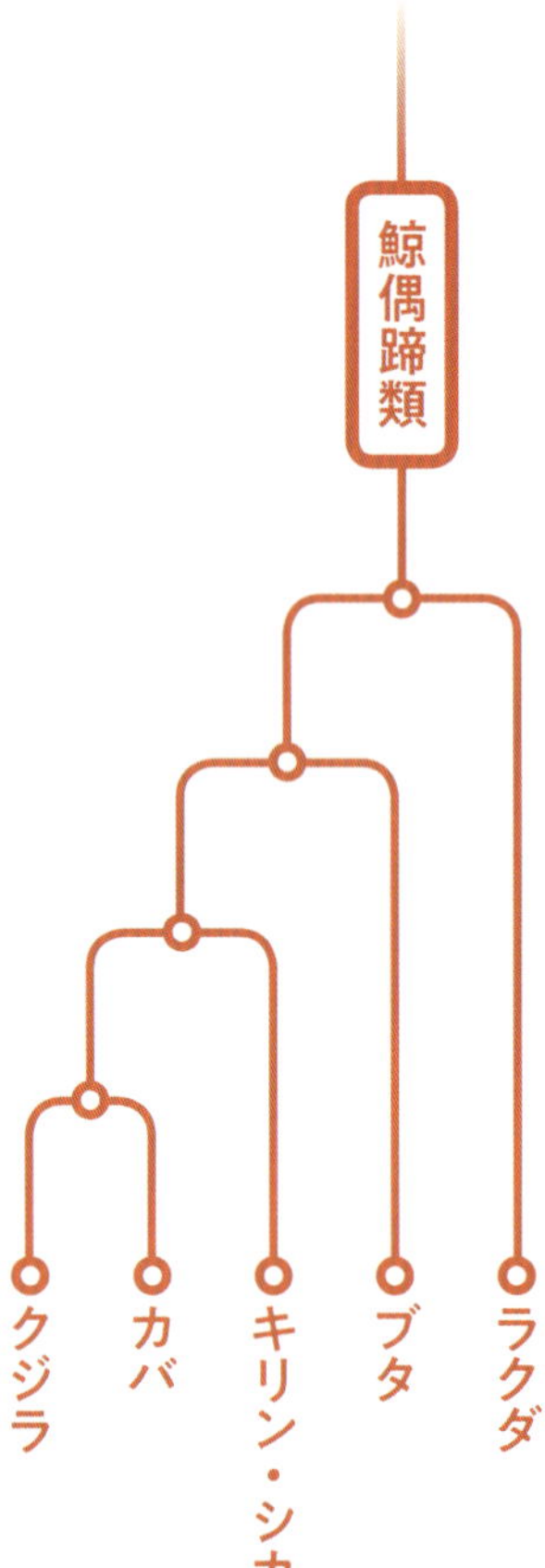

近年、新たな手法で動物の分類を再検討する研究が進められています。そのひとつに遺《い》伝《でん》子《し》分析《ぶんせき》があり、それによって、クジラとカバがとても近い類《るい》縁《えん》関係であることがわかりました。

カバは「偶蹄類《ぐうているい》」とよばれていたグループの動物です。偶蹄類にはカバのほかにキリン、ラクダ、ウシ、ブタなどがいます。これらの動物の共通する特徴として足先の蹄《ひづめ》の数が2つ、4つと偶数であることから、偶数の蹄をもつ動物として偶蹄類とよばれていました。ところが、最初に述べたように、カバがクジラと近い類縁関係で、むしろキリンやウシよりもクジラに近いということもわかり、そこから、クジラを偶蹄類の仲間に含めるという新たな見方がされるようになりました。そうして生まれたのが「鯨《くじら》偶蹄類」という新しいグループ名です。

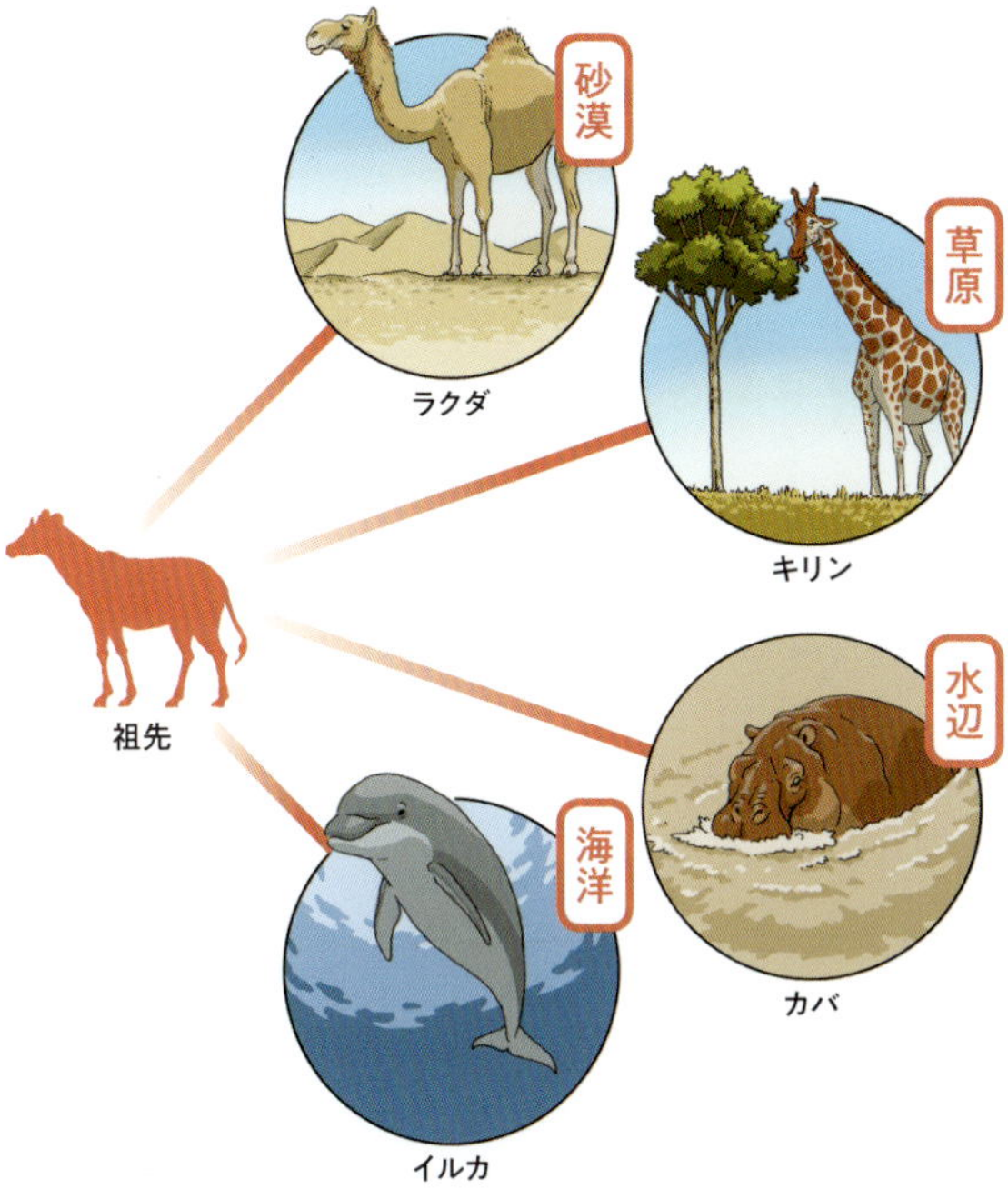

陸上で暮らすキリンやラクダ、ウシなどの偶蹄類と、海を泳ぐクジラが同じ仲間というのもなかなかイメージしづらいですが、実はクジラも5000万年前の大昔にいたその祖先は、偶蹄類と同じ4本の足で陸上を歩く動物でした。クジラの祖先は陸上から水中へ生活の場を移すなかで、歩くための足を泳ぐためのヒレに変えるなどし、今のクジラやイルカのような、泳ぐのに適した姿になったのです。

鯨偶蹄類は哺乳類のなかでも特に繁栄した大きなグループで、世界のさまざまな場所に棲《す》んでいます。サバンナの草原にはキリン、砂漠にはラクダ、水辺にはカバがいて、それぞれの環境に適した体のつくりになっています。なかでも、クジラやイルカの棲む海は完全水中生活という点でほかの鯨偶蹄類が棲む環境とは大きく異なるため、同じ仲間とはいえ、こんなに違う姿に進化したというわけです。

キリンの仲間の歴史

新第三紀

現在のキリンの仲間は、アフリカのサバンナに生息するキリンと密林《みつりん》に生息するオカピの2種がいます。長い首をもたないオカピはキリンとは似ておらず、発見された1900～01年当初はシマウマの仲間やレイヨウの新種とみられていました。1902年に頭骨《とうこつ》を詳しく調べた結果、キリンの仲間だとわかり、ほかにも耳まで届く長い舌が青く暗い色をしていることや、頭にオシコーンとよばれる皮膚《ひふ》でおおわれたツノをもつことなど、キリンと同

パレオトラグス
Palaeotragus

プロリビテリウム
Prolibytherium magnieri

Pickup ① » P.024

クリマコケラス
Climacoceras

サモテリウム
Samotherium

Pickup ② » P.026

ブラマテリウム
Bramatherium

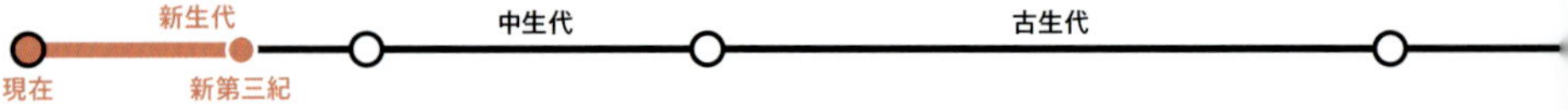

じ特徴がいくつかあります。

　発見された化石によると、もっとも古いキリンの仲間は新第三紀の中新世、1800万年前に森林に生息したパレオトラグスといわれ、オカピに似た草食動物でした。この時代の気候は寒冷乾燥化が進み、森林が減少して草原が拡大した時代です。それでも森林に残り、原始的な姿をとどめたまま今にいたったのが、首の短い現生のオカピです。一方、当然のように草原に進出したものもあり、それが現在のキリンにつながる系統になりました。走るために脚《あし》が長くなり、高くなった体高に合わせるように首も長くなりましたが、どの草食動物よりも異様なほど長い首をもつことができたのは、後頭部にワンダーネットという網状の毛細血管《もうさいけっかん》を備えていたからです。実はオカピにもワンダーネットはあり、キリンの祖先はすでにこのしくみをもっていたといわれています。キリンの仲間にはシヴァテリウムやブラマテリウムなど首の短い種も多かったのですが、ウシやレイヨウなどの草食動物とのエサをめぐる競争に負け、次第にその数を減らしていきました。そのなかで、首を長くし、どんな草食動物でも届かない高いところの植物を独占できたキリンは、現在まで生き残ることができたのです。

シヴァテリウム
Sivatherium giganteum
Pickup ③ » P.028

キリン
Giraffa camelopardalis
Pickup ⑤ » P.032

オカピ
Okapia johnstoni
Pickup ④ » P.030

Prolibytherium magnieri

プロリビテリウム

分類：鯨偶蹄目 クリマコケラス科

生息地域：北アフリカ、パキスタン

1600万年前に生息していたキリンの仲間で、現生のキリン（32ページ）とくらべると首は短く、体も小さい草食動物です。キリンの仲間に分けられますが、そのなかのクリマコケラス科という絶滅したグループに属していました。このグループはキリンよりも、シカによく似ていて、頭に立派なツノをもっていたのが特徴です。ちなみに、シカのツノは骨ではなく角質《かくしつ》でできていて、毎年生え替わります。一方、クリマコケラス科のツノは骨の芯で支えられているため、生え替わることはありませんでした。そんなクリマコケラス科のなかでもプロリビテリウムのツノはたいへん独特な形をしており、幅35㎝の扇《おうぎ》状のツノが左右合わさって、まるで頭に大きなリボンをつけているような形をしていました。また、後にツノの形が異なるプロリビテリウムの化石が発見され、それは扇状のツノではなく、扇の中ほどが欠けて細長い4本のツノが放射状に伸びたようになっていました。これはオスとメスの違いによるもので、扇状のツノをもつのがオスとみられています。このようにツノに性差が見られることから、おそらく今のシカやウシなどのツノをもつ草食動物と同じように、メスに対するディスプレイの役割、あるいはオス同士の縄《なわ》張《ば》り争いにおいて威《い》嚇《かく》に使ったり、闘《たたか》いにも使われていたかもしれません。

生息年代：

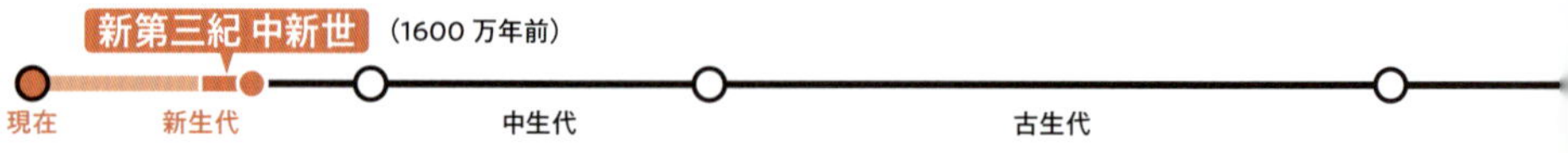

大きなリボンでメスにアピール！

オスのツノは大きなリボン状
メスのツノは
4本が
放射状に伸びる
首は短かった

体長：2m

キリンの仲間

Pickup ②

Samotherium

サモテリウム

分類：鯨偶蹄目 キリン科

生息地域：アジア、ヨーロッパ、アフリカ

現在、キリン科の動物にはキリン（32ページ）とオカピ（30ページ）がいますが、サモテリウムはちょうど両者の中間のような姿をしており、言うなれば、キリンの首が長くなる前の途中に位置する動物でした。系統的には熱帯林に生息するオカピに近縁ですが、熱帯林から出て木がまばらに立つようなサバンナに生息していたとみられ、高い木の葉を食べて暮らしていたようです。ツノはキリンと違い、2つに枝分れて4本あるのが特徴です。さて、キリン科の首の長さをくらべる研究が2015年に発表されました。その研究はキリン科の頸椎《けいつい》（首の骨）の長さを絶滅種から現生種まで広くくらべたものです。哺乳類の頸椎は例外をのぞいて7つと決まっていて、キリン科の動物も同じく頸椎が7つです。つまり、頸椎の長さをくらべれば首の長さもわかるというわけです。キリンは1個1個の頸椎を長くすることで、あれだけ首が長くなっているのです。そして、サモテリウムの頸椎を調べた結果、頸椎の上部（頭側の方）が長く伸び、首が長くなる傾向がみられました。サモテリウムより首が長い現生のキリンの頸椎を見ると、上部とさらに下部の両方とも長く伸びていました。このことから、キリン科の動物の首はまず上部から伸び、そして下部が伸びるという、2つの段階を経《へ》て長くなったと考えられます。

生息年代：

新第三紀 中新世〜鮮新世

現在　新生代　中生代　古生代

オカピとキリンをつなぐ あいだの姿？

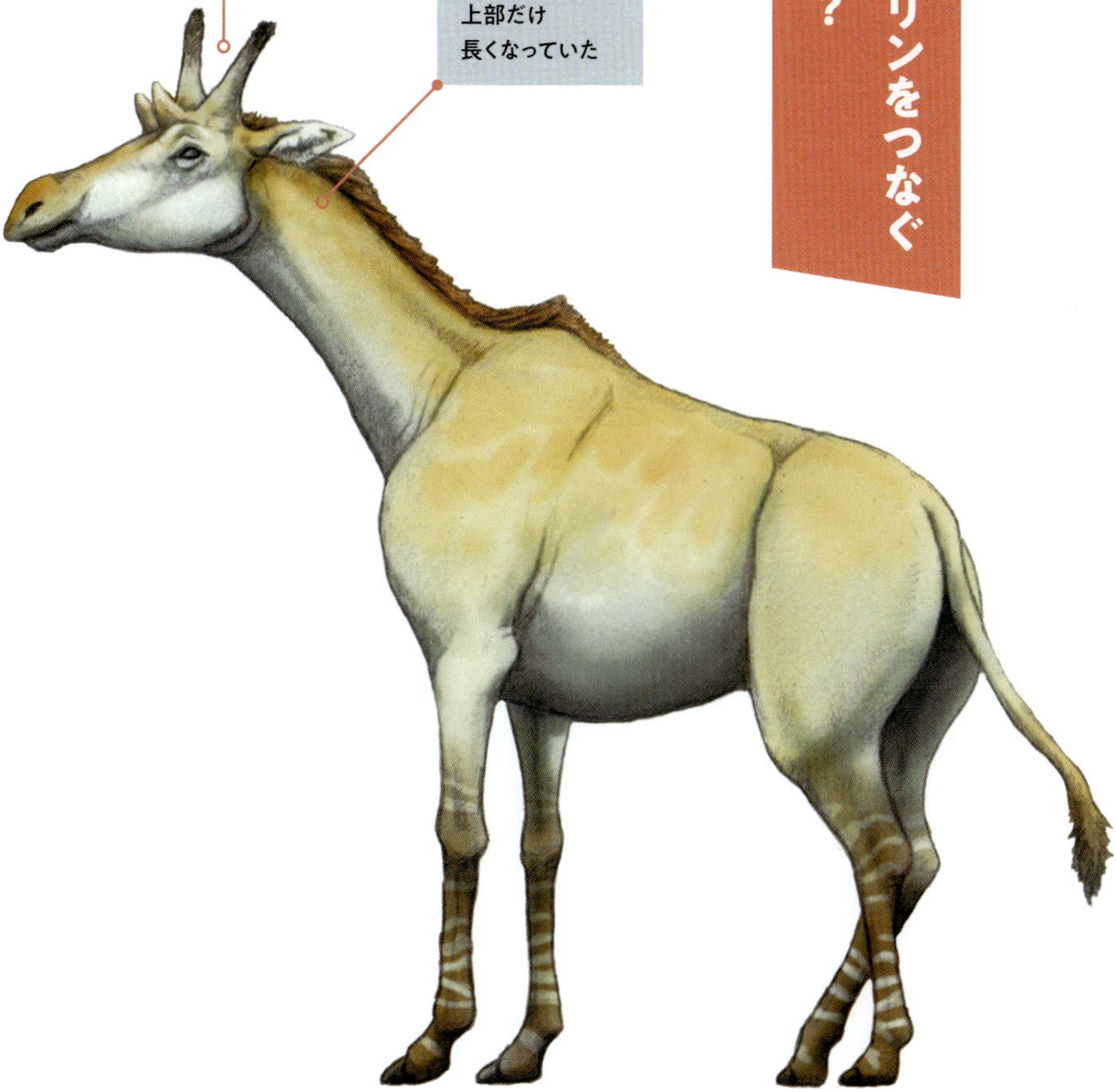
ツノは4本
7つの頸椎のうち

体長：3m

Sivatheriumu giganteum

シヴァテリウム

分類： 鯨偶蹄目 キリン科

生息地域： アジア、 ヨーロッパ、 アフリカ

1万年ほど前に絶滅したキリンの仲間です。化石はアジアやアフリカで広く発見されていますが、基準種がインドで発見されており、インドで多数派を占める宗教、ヒンドゥー教の最高神のひとつである破《は》壊神《かいしん》シヴァをとってシヴァテリウム（シヴァの獣）と名づけられています。現生のキリンのようにスマートではなく、ウシのようにドッシリとした体形で、体の大きさは現生のキリンにわずかに及ばないものの体重の面で上回り、古今のキリンの仲間では最大ともいわれています。キリンの仲間が誕生した新生代半ばは、世界的に寒冷乾燥化が進み、森林から草原へと様変わりする地域が増えていった時代でした。もともと森林で暮らしていた動物たちも草原での生活を余儀《よぎ》なくされ、そのなかで首と脚を長くし、背が高くなったキリンは、草原でまばらに立つ高木の葉を独占して食べられるように適応していったと考えられています。

一方、シヴァテリウムはそんなキリンの仲間とは別に、地面に生える消化しづらいかたいイネ科の植物を食べるように適応していきました。消化器官を大きく発達させ、それを収めるために胴回りも大きくなり、ウシの仲間と同じような生活をするようになったのです。その結果、ウシの仲間と食料を奪いあうことになり、その競合に負けて絶滅にいたったのかもしれません。

生息年代：

新第三紀 鮮新世〜第四紀 更新世 （500万年〜1万年前）

現在　新生代　中生代　古生代

スイギュウでもヘラジカでもありません

肩高：2m

Okapia johnstoni

オカピ

分類：鯨偶蹄目 キリン科

生息地域：アフリカ

オカピは、ジャイアントパンダ、コビトカバにならんで、「世界三大珍獣《ちんじゅう》」のひとつに数えられるめずらしい動物です。アフリカの密林に群れをつくらず単独で生息し、警戒心《けいかいしん》の強さから人目に触れることなくひっそりと暮らしてきたため、長らくその存在は知られていませんでした。初めて存在が知られたのは１９０１年、20世紀に入ってからのことです。脚のシマ模様が美しく、「森の貴婦人《きふじん》」ともよばれ、当初はその体つきと毛皮の模様から草原に生息するシマウマと同じ仲間と思われていました。オカピという名は、現地の先住民族の言葉で「森のウマ」を意味します。しかし、奇蹄類であるウマは蹄が１つであることに対して、オカピの蹄は二股に分かれていること、さらに頭にツノもあることから、ウマではなくキリンの仲間であることがわかりました。その体形はずいぶん違うものの、頭には皮膚と毛でおおわれたオシコーンとよばれるツノがあり、耳まで届く長い舌を使って器用に木の葉をからめ取るなど、キリンと共通する特徴がいくつか見られます。キリンの祖先に近い原始的な動物とみられ、そこから「生きた化石」ともいわれています。その昔、森にいたオカピのような動物が、草原に進出して適応し、進化したのが今のキリンで、森を出ずに姿をとどめ生き続けてきたのがオカピなのです。

生息年代：

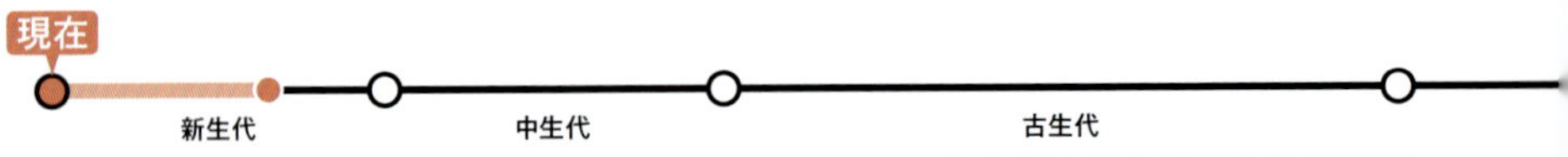

ひっそりと森の中で生き続けた原始的なキリン

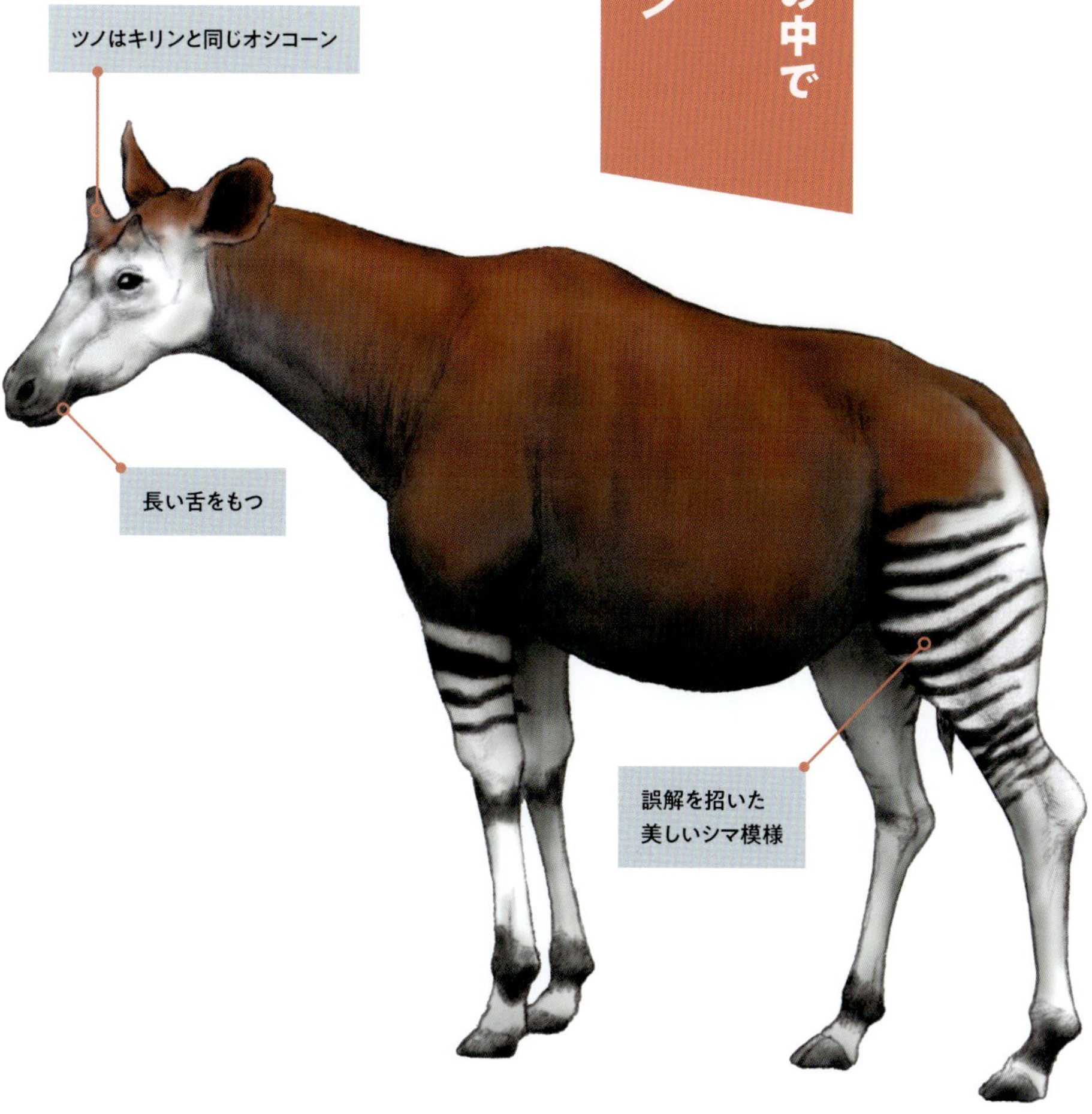

体長：2m

Giraffa Camelopardalis

キリン

分類：鯨偶蹄目 キリン科

生息地域：アフリカ

キリンの学名は「ギラッファ・カメロパーダリス」で、その意味は「速く走る、ヒョウ柄のラクダ」です。見た目に反して時速50㎞ほどで走ることができ、確かにヒョウ柄模様のラクダにも見えます。そのような見た目や行動の特徴で学名がつけられたことは理解できますが、しかしキリンの代名詞ともいえる「長い首」が差し置かれていることはなんとも意外です。それはさておき、首が長く、現生の動物のなかでもっとも背が高く、視力もよいキリンは見晴らしのいいサバンナの草原でほかの動物よりも遠くの様子を見渡すことができます。また高いところの植物の葉を独占し、40㎝もの長い舌でからめ取るように木の葉を食べます。このように、首が長いことのメリットはいろいろとありますが、しかし一方で、心臓から2ｍも上の位置に脳があるため、頭まで血液を押し上げるのには高い血圧が必要になってきます。人間の最高血圧は平均160㎜Hgですが、キリンの最高血圧はなんと平均260㎜Hgです。これはたいへん高い血圧ですが、キリンの後頭部にはワンダーネットとよばれる網状の毛細血管があり、血圧を分散させて脳への血圧を安定させています。おかげで水を飲むために頭を下げても必要以上に血液が送られることはなく、高血圧でも立ちくらみするようなことはありません。

生息年代：

現在

新生代　中生代　古生代

長い首の人気者は実はかなりの高血圧

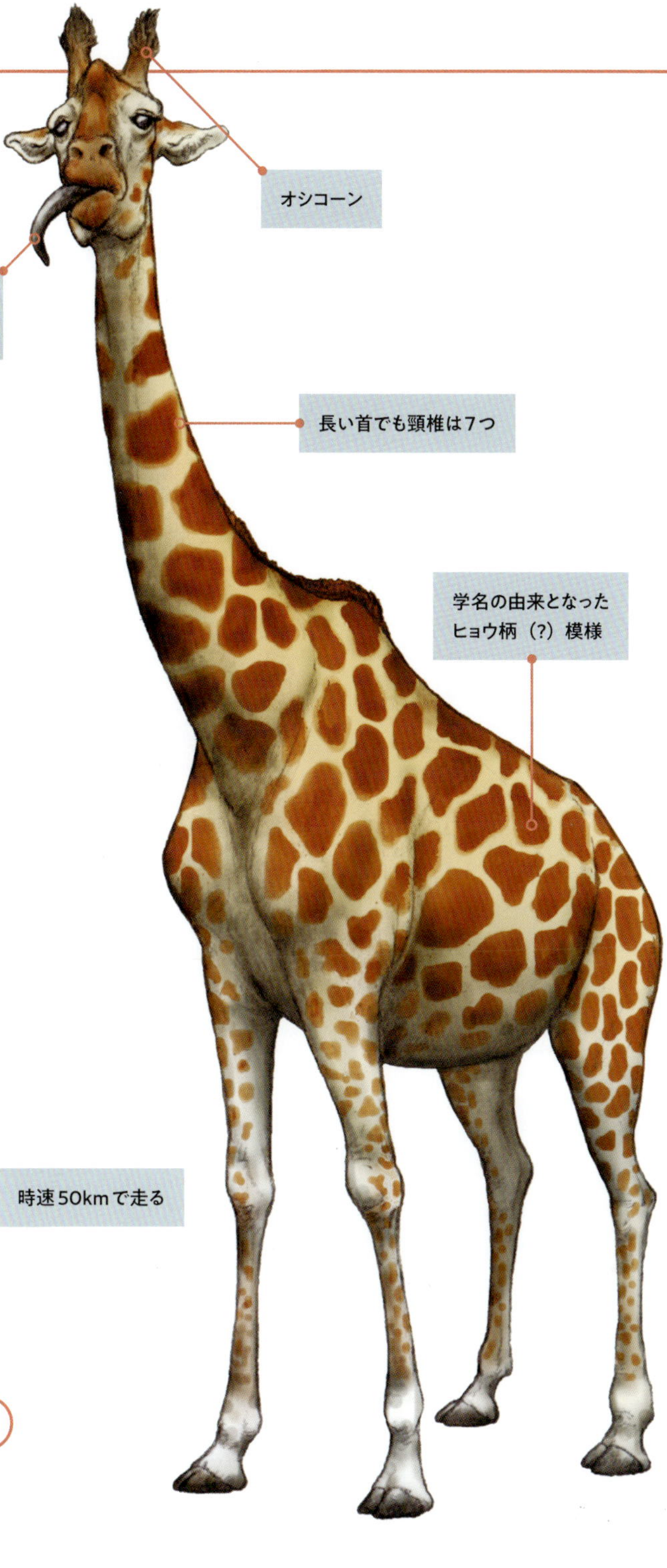

頭までの高さ：5m

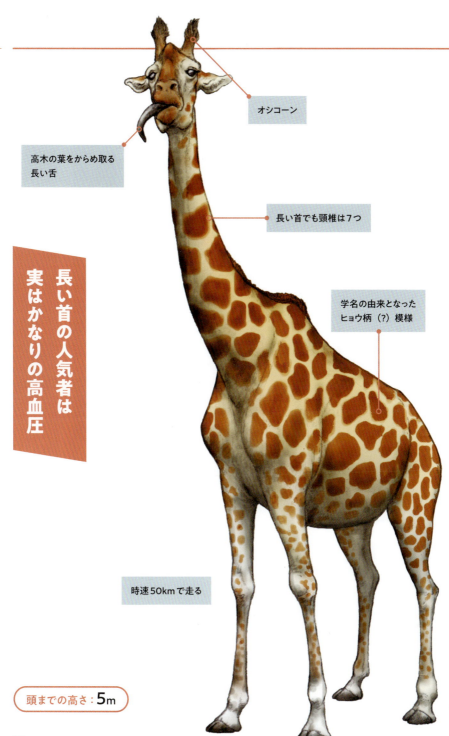

神奈川県立生命の星・地球博物館

キリン（剥製）

120もの哺乳類標本を展示する生命の星・地球博物館で、その背の高さがひときわ目を引くキリン。多様性を体感できます。

国立科学博物館

サモテリウム（頭骨）

Pickup②（26ページ）で紹介した、サモテリウムの頭骨標本。2つに枝分かれた4本のツノに注目。

LET'S GO TO

キリンの仲間編

北九州市立
いのちのたび博物館

キリンの
骨格標本（左）**と剥製**（右）

キリンの剥製と骨格を見くらべるなら、いのちのたび博物館。両方を見ることで新たな発見があるかもしれません。

頸椎数比較の展示

哺乳類の頸椎は7つ。我々ヒトも、首の長いキリンも7つです。こうしてならべると、キリンの頸椎の長さがよくわかります。

群馬県立自然史博物館

ここで会える！

- 神奈川県立
  生命の星・地球博物館
- 北九州市立
  いのちのたび博物館
- 群馬県立自然史博物館
- 国立科学博物館

他

国立科学博物館には、キリンの長い舌や子宮といったマニアックな展示もあります

ラクダの仲間の歴史

現在、ラクダの仲間は北アフリカから西アジアにかけての砂漠に生息するヒトコブラクダと、中央アジアの砂漠に生息するフタコブラクダ、そこから遠く離れた南アメリカのアンデス山脈にはアルパカやリャマなどが暮らしています。

しかしその起源と進化の舞台は、今ではラクダがまったく生息していない、北アメリカ大陸でした。

　最古のラクダの仲間は、4000万年前の北アメリカに生息したプロティロプ

古第三紀

プロティロプス
Protylopus petersoni

Pickup ① » P.038

ポエブロテリウム
Poebrotherium

Pickup ② » P.040

新第三紀

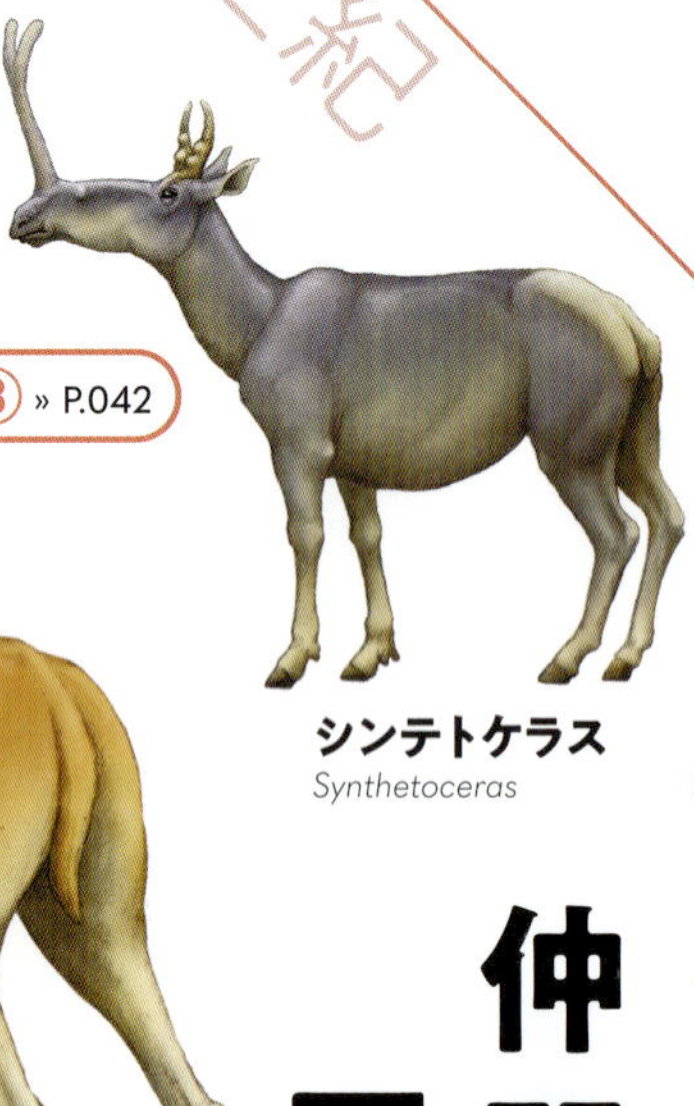

Pickup ③ » P.042

シンテトケラス
Synthetoceras

ティタノティロプス
Titanotylopus

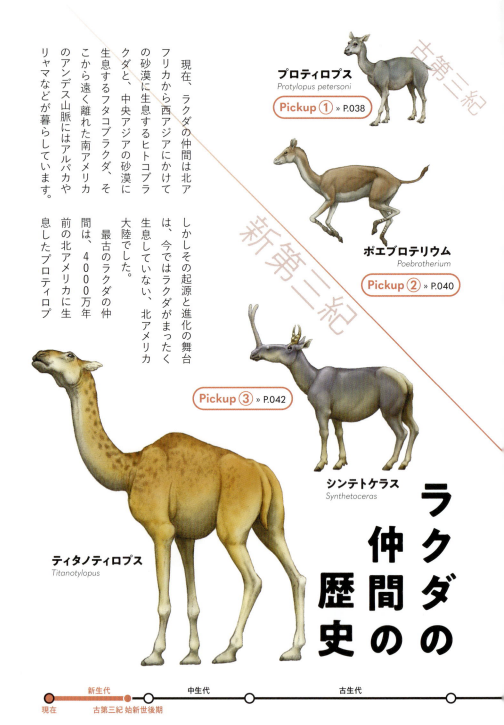

スで、ウサギほどの小さな草食動物だったといわれています。また、直接的な祖先ではないものの、シカのような立派なツノをもつシンテトケラスなどがいました。現生のラクダの直接的な祖先は、その後に現れたアエピカメルスやティタノティロプスで、首や脚の長い、キリンに似た草食動物だったようです。また、森や草原などのエサの豊富な場所で、ほかの草食動物が届かない高木の葉を独占して食べていたため、砂漠で暮らす現生のラクダのように栄養を蓄えるためのコブはもっていませんでした。

　北アメリカの恵まれた環境で繁栄してきたラクダの仲間ですが、1万2000年前、この地に移り住んできた人類たちの狩猟《しゅりょう》により、絶滅したといわれています。一方で、アジアや南アメリカに渡った一部が、今のラクダやリャマ、アルパカらの祖先として生き延びます。過酷な環境にも適応できたのは、背中のコブだけが理由ではありません。実はウシの仲間と同じく、食べた植物を消化してくれる微生物《びせいぶつ》が胃の中にいて、それらは体の老廃物《ろうはいぶつ》のひとつである尿素《にょうそ》を栄養にして増え続けることがわかっています。結果、尿素の排出量《はいしゅつりょう》、すなわちオシッコの量が少なく済み、貴重な水分を体内に蓄えることができるのです。

アエピカメルス
Aepycamelus
Pickup ④ » P.044

現在

ヒトコブラクダ
Camelus dromedarius
Pickup ⑤ » P.046

フタコブラクダ
Camelus bactrianus

アルパカ
Lama pacos

Protylopus petersoni

プロティロプス

分類： 鯨偶蹄目 核脚亜目 オロメリクス科

生息地域： 北アメリカ

プロティロプスはもっとも初期のラクダの仲間で、始新世後期、おおよそ4500万年前の北アメリカに暮らしていました。今ではラクダのイメージがまったくない北アメリカですが、「ラクダの仲間の歴史」でもお話ししたように、ラクダの仲間はこの地で誕生し、繁栄していったことがわかっています。プロティロプスにみられる原始的な特徴として、まず指の数があげられます。現生のラクダは中指にあたる第3指と薬指にあたる第4指のみを残し、ほかの指は消失して2本指となっていますが、プロティロプスには4本の指がありました。とはいっても、体重がかかる指（主蹄《しゅてい》）は現生のラクダと同じく第3指と第4指で、残り2つの指は、この第3＆4指の両脇に添えるような形になっていました。これらの指を「副蹄《ふくてい》」といいます。体の大きさは現生のラクダとくらべてとても小さく、ウサギほどで、森林の中でやわらかい葉を食べて暮らしていたとみられています。森林が多くあった時代、体が小さく葉食性であることは森林での生存に有利でしたが、その後、気候が変わって森林が減少し、草原へと植生が様変わりしていくと、プロティロプスのような初期のラクダの仲間は生存が難しくなりました。そして一部のラクダの仲間は草原という環境に適応させるように、体を大きくしていきました。

生息年代：

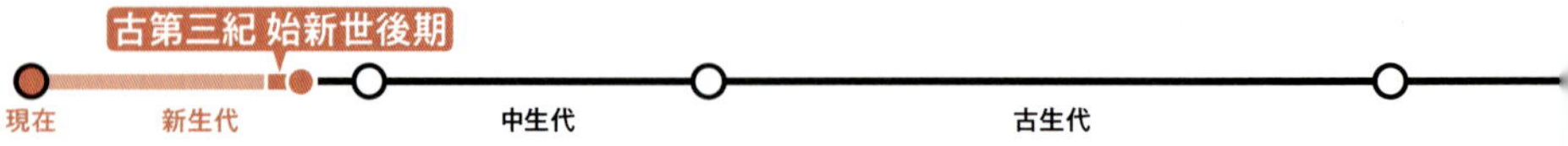

北アメリカで生まれたウサギサイズのラクダの祖先

体長：50cm

Poebrotherium

ポエブロテリウム

分類：鯨偶蹄目 核脚亜目 ラクダ科

生息地域：北アメリカ

時代が始新世から漸新世に変わるころ、およそ3400万年前。世界的に寒冷乾燥化が進み、ラクダの仲間たちが生息していた北アメリカ大陸では森林が減少して草原が拡大していきました。プロティロプス（38ページ）など初期のラクダは湿潤《しつじゅん》で暖かい森林に好んで生息していましたが、木がまばらに生える林や開けた草原といった環境が広がるにつれ、このような場所に適応するラクダの仲間が登場します。その代表的な種が、ポエブロテリウムです。脚も首も長くなり、速く走れるようになって、シカのような姿をしていました。ポエブロテリウムは現生のラクダよりも体が小さく、ヤギほどの大きさですが、その後の漸新世以降に現れるラクダの仲間は大型化、多様化していきます。ポエブロテリウムはそれらのラクダの仲間の祖先、あるいはごく近い種類とみられています。当時、とても繁栄した動物だったためか、多くの化石が発見されています。なかには歯が44本の完全な歯列が残ったものも見つかっていて、それを見ると、現生のラクダの上アゴにはない切歯（前歯）が残っていたことがわかりました。また、プロティロプスなど原始的なラクダの足先には副蹄を含めて4本の指がありましたが、ポエブロテリウムは副蹄が消失し、すでに現生のラクダと同様の2本指になっていました。

生息年代：

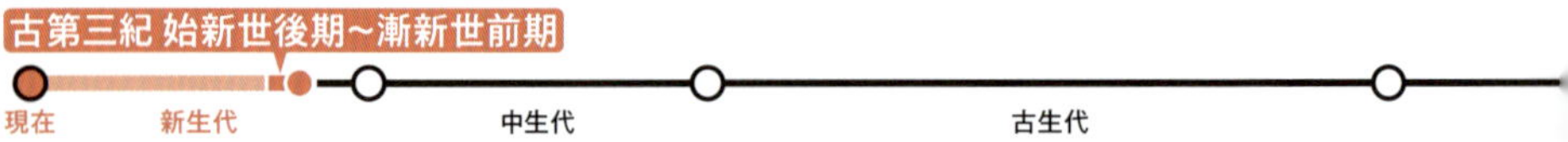

ラクダ大型化時代を拓いた草分け種

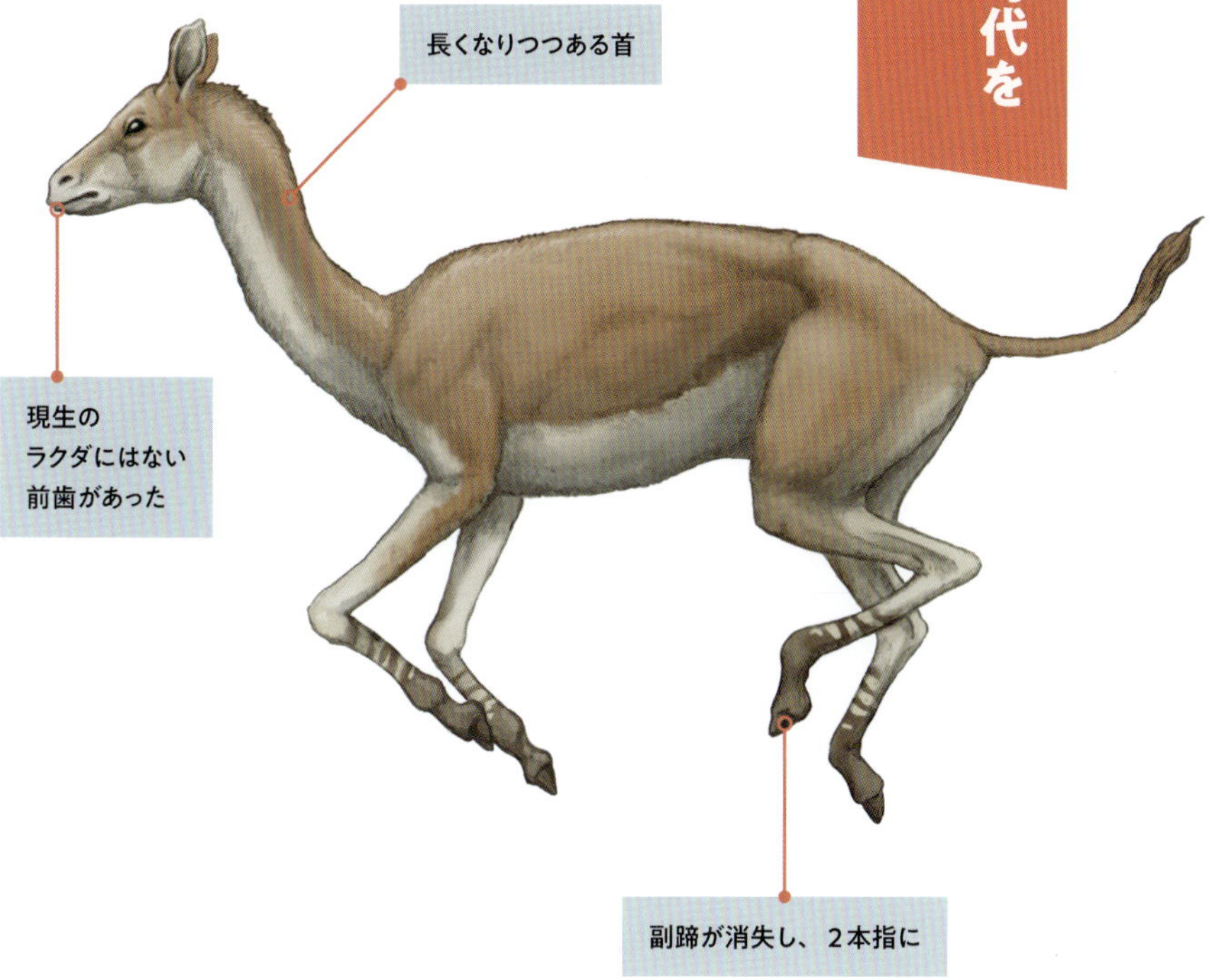
長くなりつつある首
現生のラクダにはない前歯があった
副蹄が消失し、２本指に

体長： ヤギくらいの大きさ

Synthetoceras

シンテトケラス

分類：鯨偶蹄目 核脚亜目 プロトケラス科

生息地域：北アメリカ

ラクダの仲間の姉妹関係にあたるプロトケラス科の動物で、この科はすでに絶滅しています。プロトケラス科は始新世の半ば、ラクダの仲間とほぼ同時期に現れて、それとともに北アメリカを舞台に進化し、共存していました。しかし、気候と環境の変化に適応して後にほかの大陸に進出していったラクダの仲間と違い、プロトケラス科の動物は失われつつある湿潤で暖かい森林の場所を好み、草原の広がる乾燥気候に適応できなかったようです。それが、このグループが絶滅してしまった最大の原因と考えられています。プロトケラス科は鼻先と頭頂部《とうちょうぶ》にツノがあるのが特徴で、鯨偶蹄類では最初にツノを発達させたグループでもありました。そのツノはシカやウシのようなツノではなく、キリンのように皮膚でおおわれたオシコーンだったとみられています。シンテトケラスは、そんなプロトケラス科のうちではもっとも後に現れ、もっとも大型化した動物です。そして、より発達したツノをもっていました。鼻先に伸びた個性的なツノは先端で二股に分かれ、まるでカブトムシのツノのようなY字の形になっていましたが、このツノはオス特有のものでメスにはなかったとみられています。ほかのプロトケラス科の動物も、オスはツノが発達し、メスのツノは小さいか、あるいはありませんでした。

生息年代：

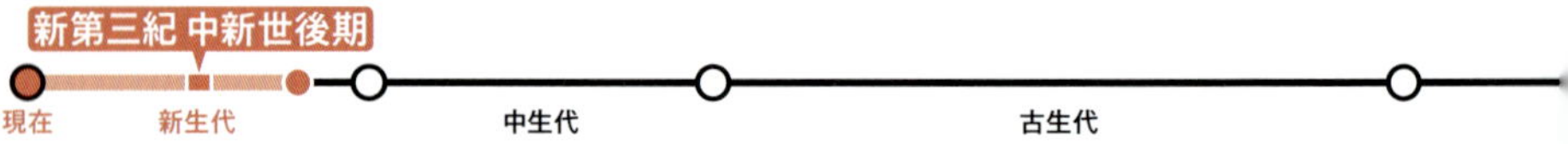

最後まで森を好んだラクダ界のカブトムシ!?

体長：2m

Aepycamelus

アエピカメルス

分類：鯨偶蹄目 核脚亜目 ラクダ科

生息地域：北アメリカ

中新世に入ると、寒冷乾燥化が進んだ地球ではさらにステップや大草原が拡大し、その環境に合わせるように体を大きくしてきたラクダの仲間のなかから、アエピカメルスのような超大型の種が現れました。首と脚が長く、キリンのような体形で、地面から頭までの高さは3mもあったといわれています。背の高さを生かして高いところにある木の葉を独占して食べていたと考えられ、その生態もまるでキリンのようです。ところで、体が大きいことはなぜ草原で有利なのでしょうか。開けた草原はよく見渡せ、体を隠すものもないので、その分、肉食動物に見つかりやすいという難点があります。襲《おそ》われる側の草食動物は足を速くしたり、群れをつくったりと、襲われにくくする必要がありましたが、狩るにも食べるのに効率の悪い大きな体の動物もまた、襲われにくいというメリットがあるのです。さて、ラクダよりはキリンに似ていたアエピカメルスでしたが、現生のラクダに通じる特徴も見つかっています。ラクダの足には小さな蹄の後ろにクッションの役割をするパッドがありますが、アエピカメルスの足にもこのパッドが発達していました。また、同じ側の前後肢を同時に動かす「側対《そくたい》歩《ほ》」とよばれる特有の歩き方を、このころすでにしていたことが地層に残された足跡から指摘されています。

生息年代：

新第三紀 中新世 （2300万年～530万年前）

現在　新生代　中生代　古生代

見た目も生態もまるでキリン！

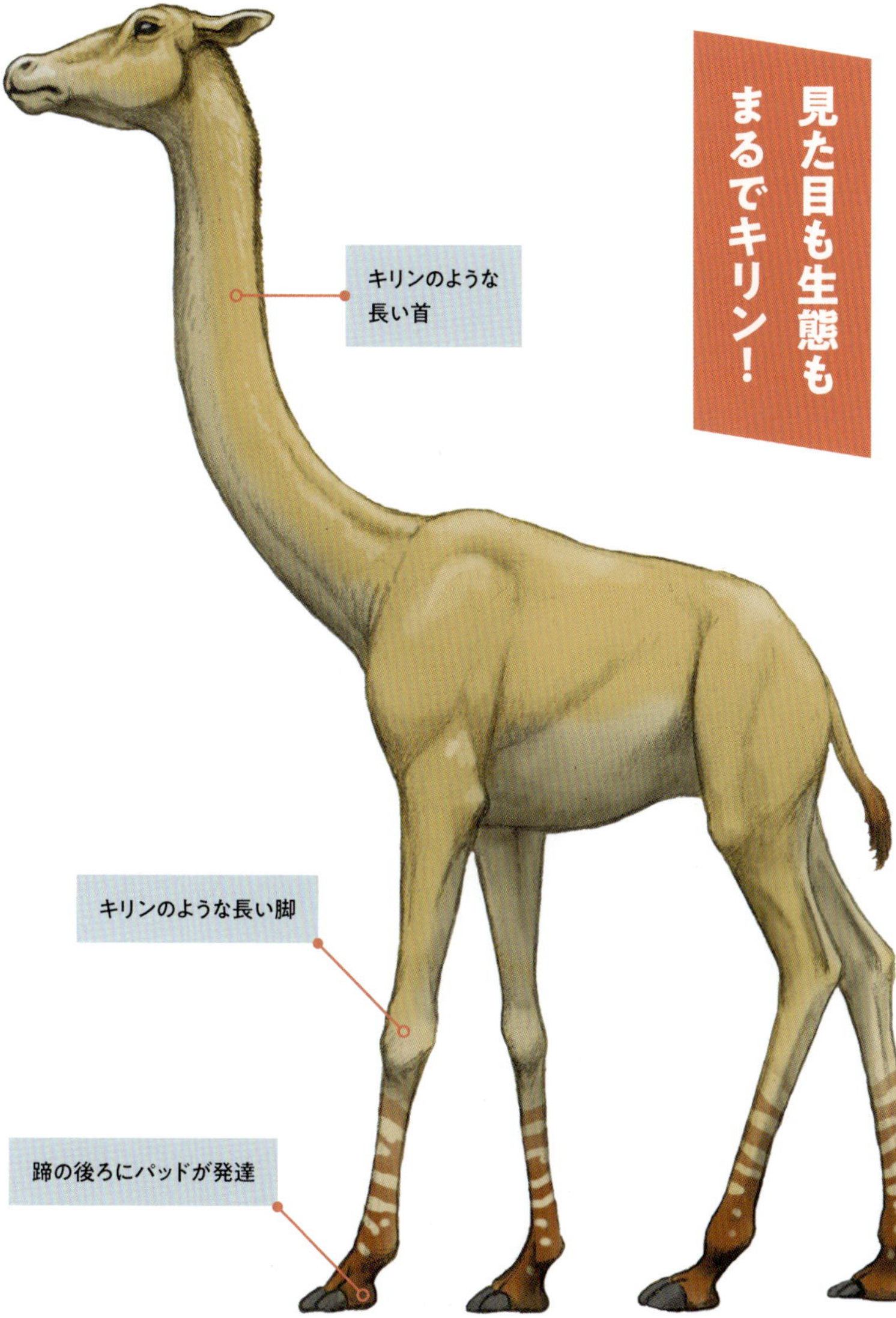

肩高：2m

Camelus dromedarius

ヒトコブラクダ

分類：鯨偶蹄目 ラクダ科

生息地域：北アフリカから西アジア

ラクダの仲間は、まず湿潤な森林で暮らすものが現れ、その後、乾燥した草原に適応してきました。そして現生のラクダはさらに厳しい砂漠という環境で暮らしています。酷《こく》暑《しょ》で乾燥した砂漠に生きるラクダの体には、その厳しい環境に耐えうるだけのしくみがたくさん備わっています。まず、砂漠では生きるのに必要な水や食べ物にありつける機会がたいへん少ないため、ラクダは一度の食事の機会にできるだけ多くを摂取し、それらを貯蓄することができます。背中のコブにその秘密があり、食べたものを脂肪としてそこに蓄えているのです。そして、食べ物がないときはその脂肪を水やエネルギーに変えて活動し、数週間は何も食べずにやり過ごすことができます。また、一度に80ℓもの水を飲むことができ、飲んだ水は血液中に水分として蓄えることもできます。そのほかにも、吹き荒れる砂嵐で砂を吸い込まないように鼻の穴を閉じることができたり、哺乳類にはめずらしい瞬膜《しゅんまく》という目を直接おおう透明のまぶたがあり、ゴーグルのように目を保護することができます。蹄の後ろにはクッションの役割をするパッドが発達し、砂地に足がめり込まないようになっています。このように、砂漠で生きるために特殊化したラクダは、砂漠を越えるための唯一の移動手段や荷物の運搬手段として人間にも重宝され、「砂漠の舟」と称されています。

生息年代：

現在

新生代 中生代 古生代

背中のコブ以外にも あらゆるところが 砂漠仕様に進化

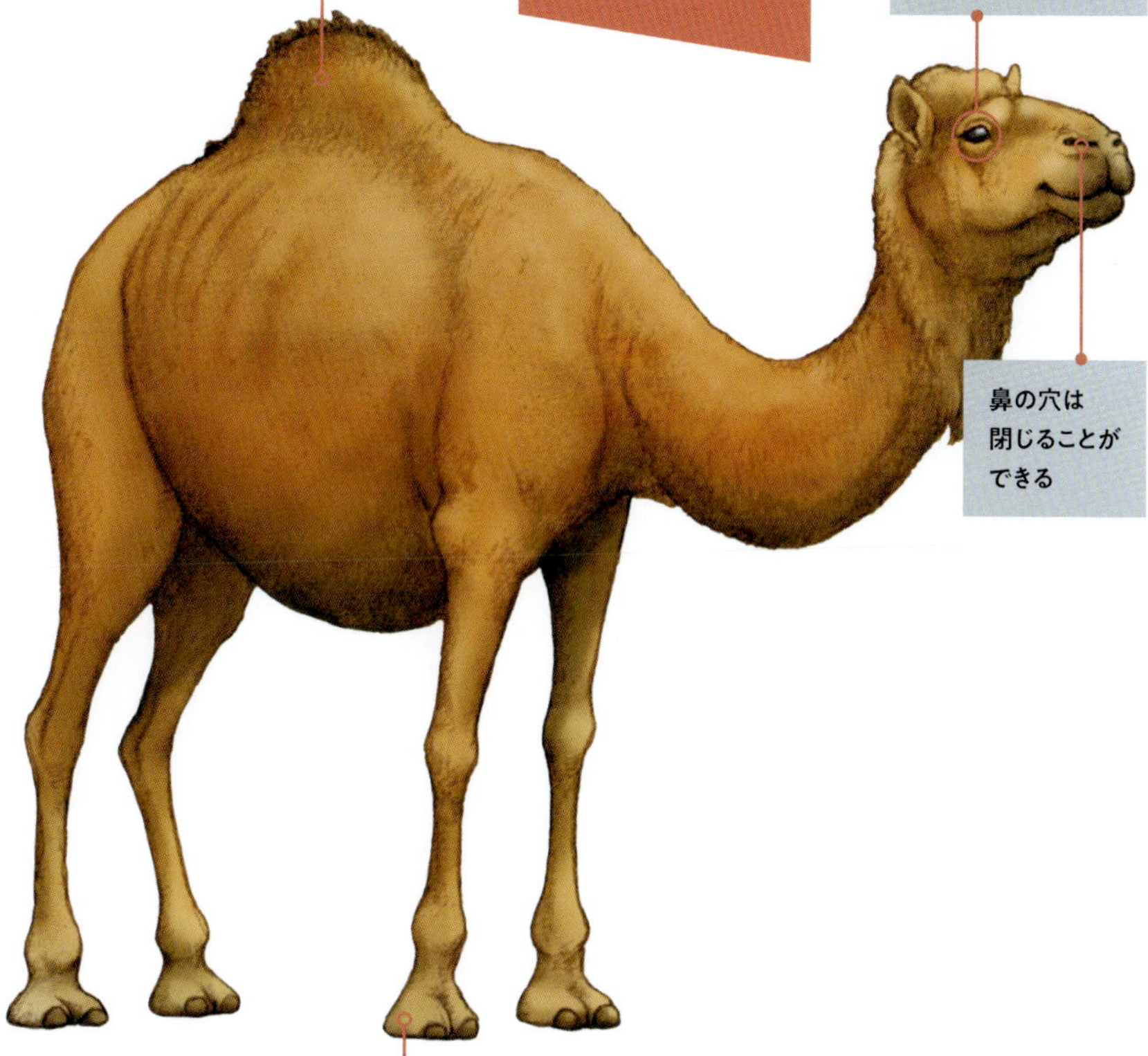
栄養を蓄えるコブ
瞬膜とよばれる透明なまぶたがある
クッションの役割をするパッドが発達

体長：3m

シンテトケラス（頭骨）

Pickup③（42ページ）で紹介した、シカに似たプロトケラス科の一種。鼻の上のY字形のツノが特徴的です。

ヒトコブラクダ

剥製は地球館3階の人気エリア「大地を駆ける生命」で会えます。地球館1階にはコブの標本も。

カメロプス

約1万年前に絶滅。北アメリカにいた最後のラクダ類といわれています。

LET'S GO TO

ラクダの仲間編

北九州市立
いのちのたび博物館

フタコブラクダ

家畜のみとなってしまったヒトコブに対し、こちらは野生種も残存。寒い地域に暮らし、毛は長め。

ここで会える!

- 北九州市立 いのちのたび博物館
- 群馬県立自然史博物館
- 国立科学博物館

他

国立科学博物館のキッズ限定エリアではフタコブラクダも展示

国立科学博物館

ステノミルス

中新世に生息した初期の仲間。ラクダのイメージとは違い、小柄で華奢です。

ポエブロテリウム

Pickup②（40ページ）で紹介。アメリカで採集された複数の全身骨格の産状化石を展示しています。

群馬県立自然史博物館

クジラの仲間の歴史

クジラやイルカは、哺乳類のなかでもっとも海に進出したグループです。クジラの潮《しお》吹《ふ》きは彼らが肺呼吸であることを意味しており、そのことからも祖先が陸上の動物であったことは古くから予想されていました。そして、陸から海への進化説が裏づけられたのが、1983年。パキスタン北西部の

古第三紀

パキケタス
Pakicetus
Pickup ① » P.052

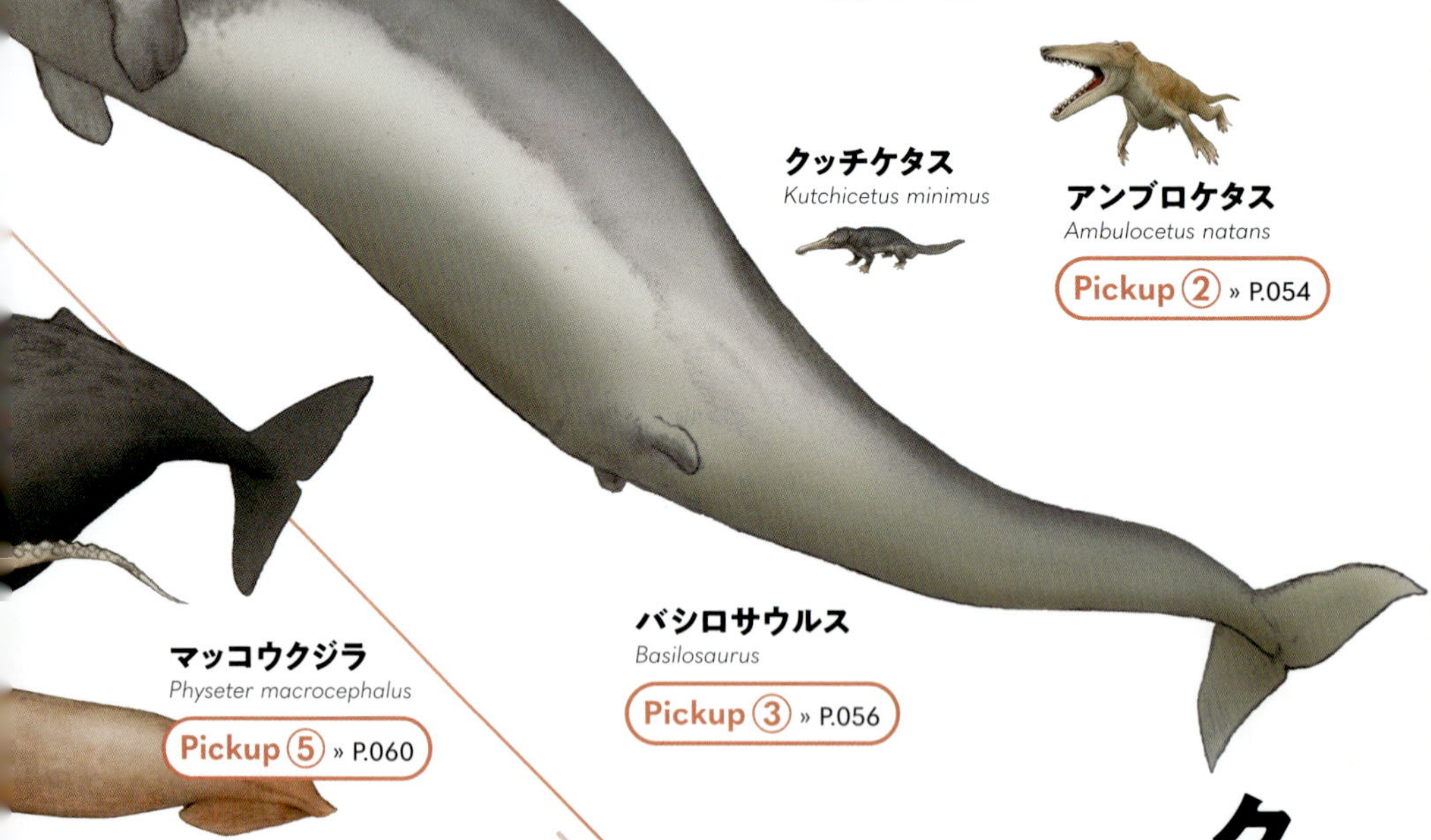

アンブロケタス
Ambulocetus natans
Pickup ② » P.054

クッチケタス
Kutchicetus minimus

バシロサウルス
Basilosaurus
Pickup ③ » P.056

マッコウクジラ
Physeter macrocephalus
Pickup ⑤ » P.060

現在

セミクジラ
Eubalaena japonica

新生代　中生代　古生代

現在　古第三紀 始新世初期

5200万年前の地層から、最古のクジラとみられるパキケタスの化石が発掘され、現生のクジラに通じるいくつかの特徴とともに、4本の足と蹄が確認されたのです。

1994年には、4900万年前の地層からワニのような姿に進化したアンブロケタスの化石が見つかり、調査の結果、真水や海水を飲んでいたことが判明しました。このころのクジラの仲間は、川から海までさまざまな塩分濃度の水環境に生息していたようです。その後、現生のクジラと同様に三半《さんはん》規《き》管《かん》が縮小した、クッチケタスなどのレミントノケタスの仲間が現れ、このころ、陸上から水中に完全移行したと思われます。さらに完全に海に進出したものでは、全長20mを超えるバシロサウルスが出現。前肢はヒレへと変化し、ヘビのように細長い体をしていましたが、現生のクジラが水面で呼吸できるように鼻孔《びこう》（噴《ふん》気《き》孔《こう》）を頭の上に備えるのに対し、バシロサウルスは陸上動物のように鼻先に鼻孔があったため、長時間の潜水《せんすい》には向いていませんでした。そのため遠洋を泳ぐ能力はなく、浅海《せんかい》を泳いで暮らしていました。

これらのクジラの仲間は「原鯨《げんくじら》類」とよばれ、バシロサウルスの絶滅を最後にその姿を消しました。しかし、この原鯨類から肉食のシャチやイルカといったハクジラ類、プランクトンを濾《こ》し取って食べるセミクジラやザトウクジラなどのヒゲクジラ類が現れ、現在、世界中の海で広く生活しています。

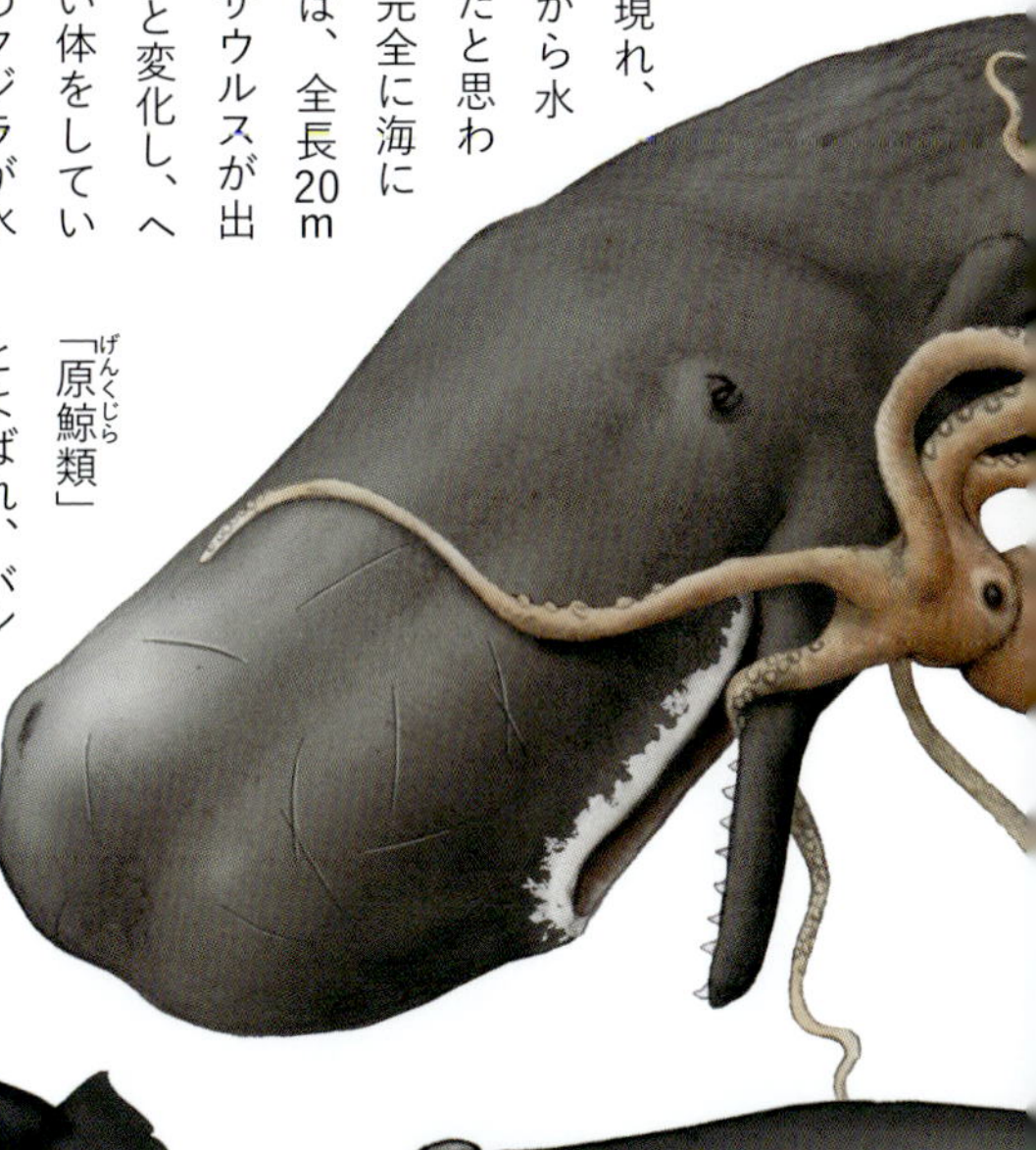

シャチ
Orcinus orca

Pickup ④ » P.058

アマゾンカワイルカ
Inia geoffrensis

Pakicetus

パキケタス

分類： 鯨偶蹄目 原鯨亜目 パキケタス科

生息地域： パキスタン、 インド

オオカミほどの大きさの哺乳類で、見た目もイヌのような姿をしていますが、パキケタスは知られる限りでもっとも古い、原始的なクジラです。長く伸びた吻部《ふんぶ》や歯のならびなどを見ると、頭部は現生のクジラに通じる特徴をもっていましたが、ヒレではなく4本の足でしっかりと歩き、指には蹄もありました。化石が発見されたのはパキスタン北部とインド西部で、パキケタスが生息していた5000万年ほど前の当時、その地域は今とはずいぶん位置や地形が異なっていました。インドは海に浮かぶ孤立した陸地で、今よりずっと南に位置し、そのインドとアジアの間にはテチス海という広く浅い海が広がっていたと考えられています。そして当時は、今とくらべてずいぶん温暖な気候で、テチス海には豊富なプランクトンとそれをエサとする魚も多くいたとみられています。パキケタスは豊富な資源を抱えた海を目前に見つめながらその沿岸で暮らし、エサを求めてたまに海に入るような、半陸半水の生活を送っていたようです。パキケタスに限らず、4本足で歩く原始的なクジラはほかにもいて、それらの化石もインドやパキスタンといった限定的な場所でつぎつぎと発見されています。当時のテチス海沿岸部はクジラの仲間が水生適応していく過程の、その進化のはじまりの舞台であったといえます。

生息年代：

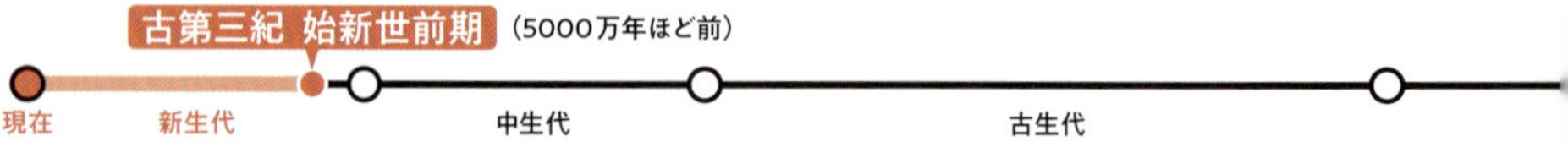

4本足で陸を歩いた もっとも原始的なクジラ

全長：1.8m

Ambulocetus natans

アンブロケタス

分類：鯨偶蹄目 原鯨亜目 アンブロケタス科

生息地域：パキスタン

水陸両生の原始的なクジラの仲間です。1994年につけられた学名の「アンブロケタス・ナタンス」には「泳ぐ、歩くクジラ」という意味があり、この原始的なクジラが半水生生活を送っていたことを表しています。化石は、位置としてはパキケタス（52ページ）と同じ場所から発見されていますが、地層はパキケタスが発見された地層よりも上の、50万年ほど新しい地層から見つかっています。このあたりにかつてあったテチス海は、温暖な気候によって増殖したプランクトンと、それをエサとする魚たちにあふれていて、アンブロケタスもパキケタスと同様に、その豊富なエサ資源を頼りにテチス海沿岸で栄え、水中と陸上を行き来する水陸両生の生活を送っていました。化石はほぼ完全な状態の全身骨格が見つかっており、しっかりとした4本の足が確認されています。しかし、パキケタスよりも水生適応した傾向が見られ、現生のクジラほどの進化はないものの、陸上の四肢動物との中間にあたるような姿をしていました。まるでトドやアシカのように、陸上では足を伸ばしたり縮めたりしながら這《は》い歩いていたと考えられ、どちらかというと歩くよりは泳ぐほうが得意だったようです。水中では、クジラのように体を上下にくねらせ、足をばたつかせながら泳いでいたとみられています。

生息年代：

古第三紀 始新世前期（5000万年ほど前）

現在　新生代　中生代　古生代

歩くこともできるけど どちらかというと 泳ぎが得意

頭の上のほうについた目
四肢は歩行より泳ぎに適応しはじめていた

全長：**3**m

Basilosaurus

バシロサウルス

分類： 鯨偶蹄目 原鯨亜目 バシロサウルス科

生息地域： アフリカ、 ヨーロッパ、 北アメリカ

パキケタス（52ページ）やアンブロケタス（54ページ）のような原鯨類（初期の原始的な鯨類）は、テチス海沿岸で陸地と水中を行き来する半水生生活を送っていました。そして、それらからさらに水生適応して本格的に世界中の海洋に進出し、分布を広げていったのが、このバシロサウルスです。そのため、バシロサウルスの化石は世界各地から発見されています。エジプトで発見されたバシロサウルス・イシスは全長21mもあり、現生のクジラに劣《おと》らぬ巨体の持ち主でした。しかし、体の大きさに対して頭骨はわずかに1・5mしかなく、現生のクジラとくらべて、たいへん頭が小さかったのも特徴です。体形は細長く、見た目はまるで巨大なウミヘビでした。そのためか、化石が発見された当初は巨大な爬虫類と思われ、そこから「トカゲの王」という意味の「バシロサウルス」という名が与えられました。バシロサウルスには、現生のクジラではほぼ退化した骨盤《こつばん》や後肢のヒレなどが残っています。また現生のクジラは水面で呼吸しやすいように頭頂部に噴

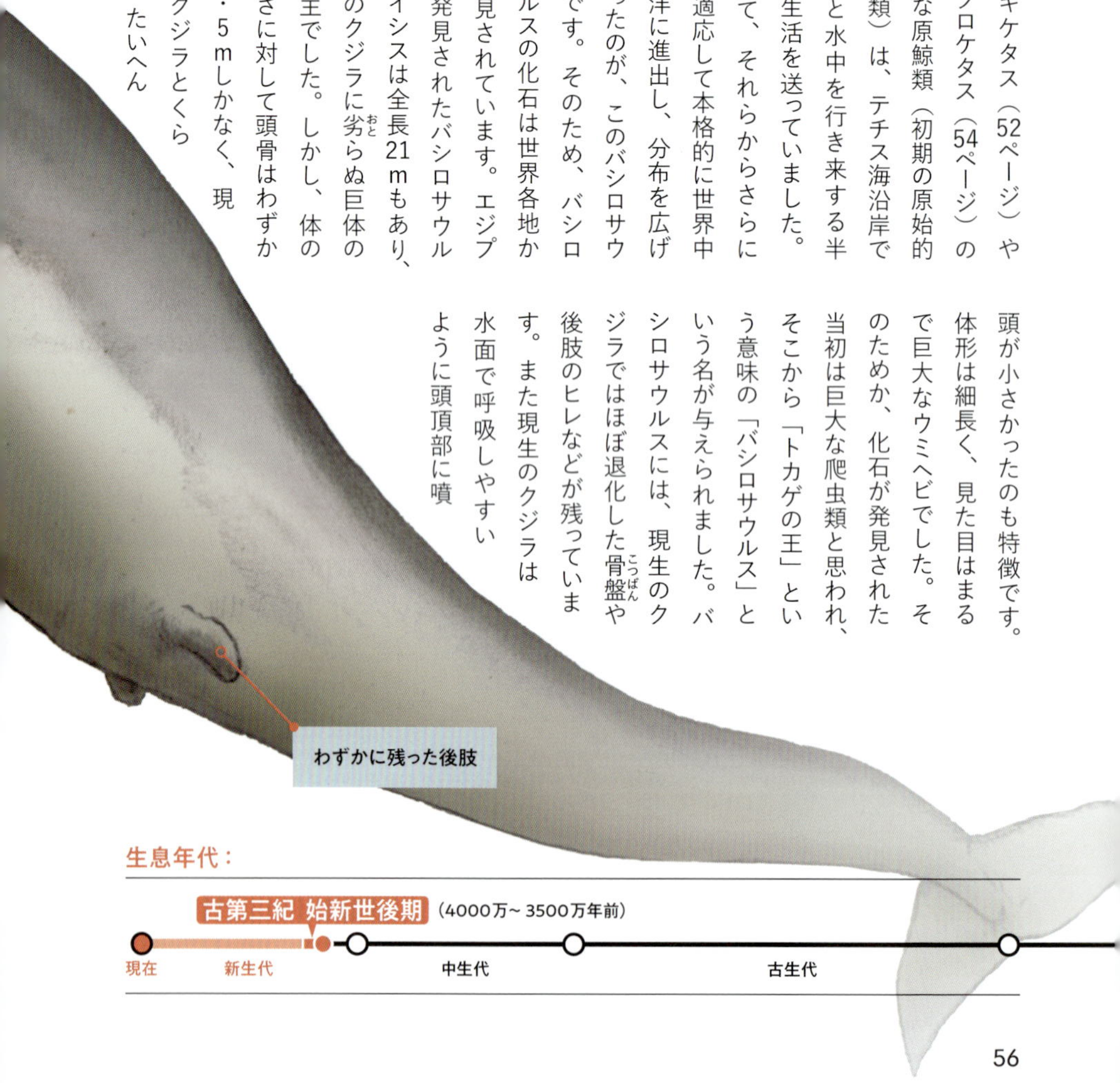

生息年代：

古第三紀 始新世後期 （4000万～3500万年前）

現在　新生代　中生代　古生代

海生哺乳類のパイオニアが本格的に海へ進出！

気孔があります が、バシロサウルスの噴気孔は吻部の中間にあるなど、まだ原始的な特徴がいくつか残っていました。そのため、遊泳や潜水能力は現生のクジラほどはなく、主に浅い海に暮らしていたとみられています。

全長：20m

Orcinus orca

シャチ

分類： 鯨偶蹄目 ハクジラ亜目 マイルカ科

生息地域： 世界中の海洋

ハクジラの一種で、現在の海洋では天敵のいない、いわゆる食物連鎖の頂点に立つ動物です。5～30頭の群れで行動し、哺乳類のなかではもっとも速く泳ぐことでも知られています。そのスピードは時速60㎞にもなるほどです。シャチは英名で「キラーホエール」とよばれ、自分より大きなクジラを襲うこともありますが、ほかにもアザラシ、ペンギン、サメ、イカ、魚などさまざまなものを捕食します。ただ個体によって食べるものに好みがあることがわかっており、偏食《へんしょく》傾向はあるようです。

また、シャチはとても知能が高く、獲物によって狩猟《しゅりょう》テクニックを使い分けています。たとえば、群れで協力しあい、波を起こして海面に浮かぶ流氷を揺さぶり、その上にいるアザラシを海に落として捕食したり、海面に小魚を吐き出して海鳥が寄ってきたところを襲ったりもします。また大きなホホジロザメ（215ページ）さえ襲うこともあり、ひっくり返ると意識を失うホホジロザメの習性を利用して、体当たりして無防備《むぼうび》な状態にし、そこを捕食することもあります。母親を中心とした家族単位の群れで行動するシャチは仲間同士のコミュニケーション能力と社会性に長《た》けており、今まで培ってきたさまざまな狩猟方法を若い個体に教え引き継ぐなど、仲間同士で情報共有しているともいわれています。

生息年代：

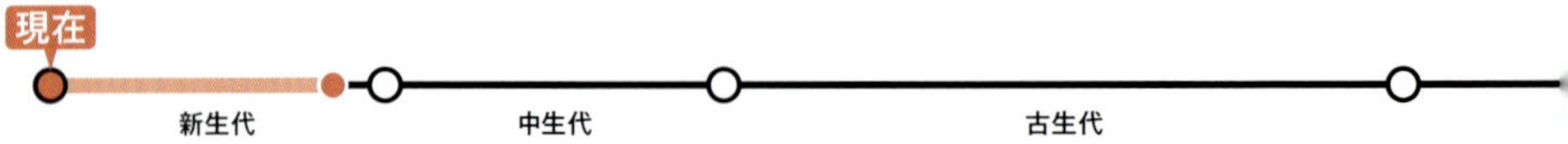

チームワークで
狩りをする頭脳派
時速60kmで泳ぐ

チームプレーで大きなクジラも襲う海のギャング

全長：6m

Physeter macrocephalus

マッコウクジラ

分類： 鯨偶蹄目 ハクジラ亜目 マッコウクジラ科

生息地域： 世界中の海洋

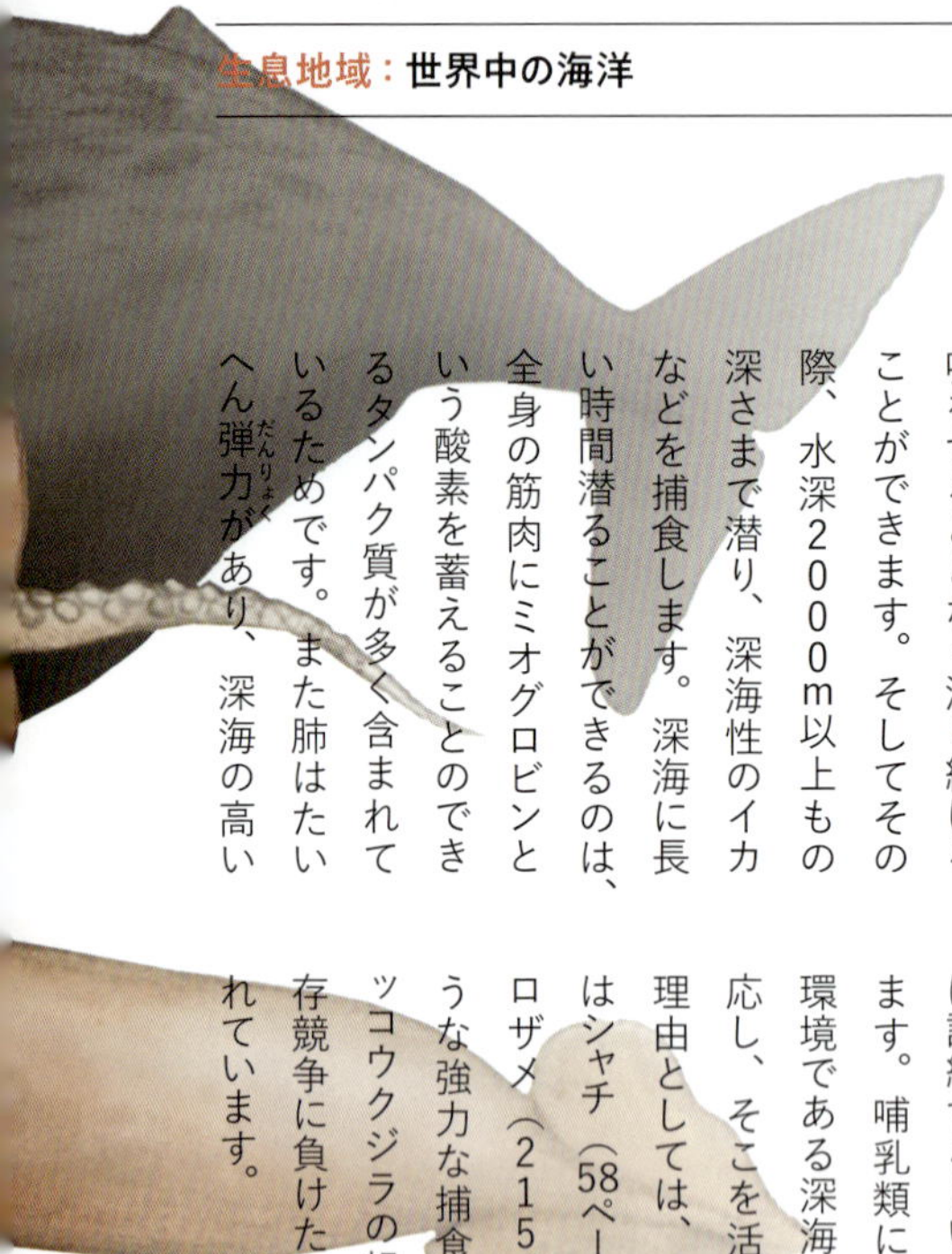

成長するとオスは18m、メスは12mほどにもなる、ハクジラの仲間では最大の動物です。マッコウクジラを特徴づける大きな頭部は、成長したオスで体長の3分の1ほどを占め、その風貌《ふうぼう》はまさに潜水《せんすい》艦《かん》を思わせます。実際、クジラの仲間のなかではきわめて潜水能力に優れ、1時間も呼吸をすることなく潜り続けることができます。そしてその際、水深2000m以上もの深さまで潜り、深海性のイカなどを捕食します。深海に長い時間潜ることができるのは、全身の筋肉にミオグロビンという酸素を蓄えることのできるタンパク質が多く含まれているためです。また肺はたいへん弾力《だんりょく》があり、深海の高い水圧で押しつぶされても水面に浮上すれば元の形に戻ります。マッコウクジラは20～30頭のメスと子供からなる群れをつくることで知られていて、繁殖期にはそこにオスが加わり、ハーレムを形成します。家族の絆は強く、深海に潜ろうとしない子供を母親が母乳を飲ませながら潜れるように訓練するという報告もあります。哺乳類にとって過酷な環境である深海にわざわざ適応し、そこを活動の場にした理由としては、その昔、浅海はシャチ（58ページ）やホホジロザメ（215ページ）のような強力な捕食者がいて、マッコウクジラの祖先がその生存競争に負けたためと考えられています。

生息年代：

現在

新生代　中生代　古生代

哺乳類で唯一深海への進出に成功

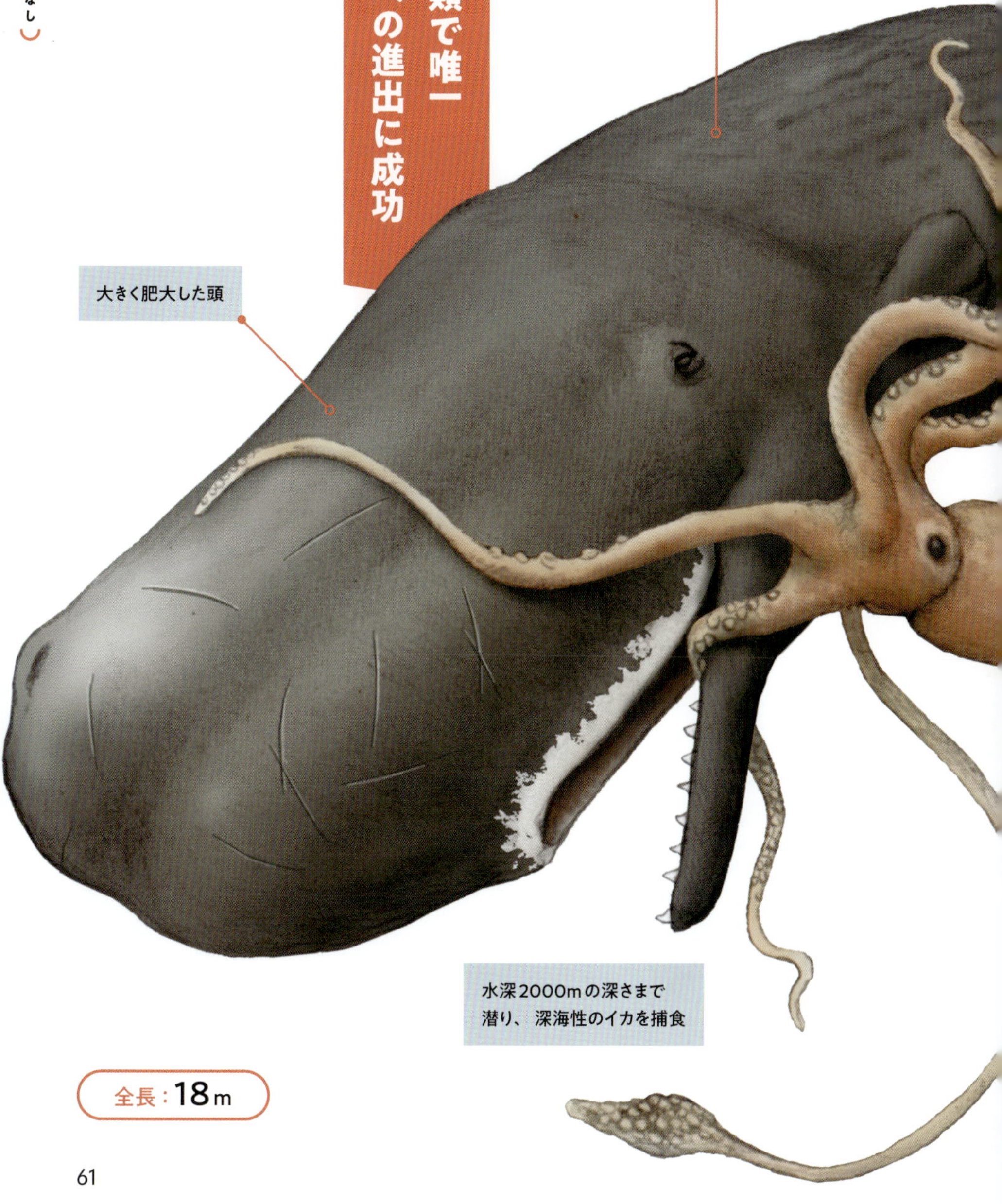
ミオグロビンを多く含む筋肉で
長時間潜水が可能に
大きく肥大した頭
水深2000mの深さまで
潜り、深海性のイカを捕食

全長：18m

アンブロケタス
Pickup②（54ページ）の半水生のクジラ。ときどき陸を歩いていました。今のクジラには見られない手足の形に注目。

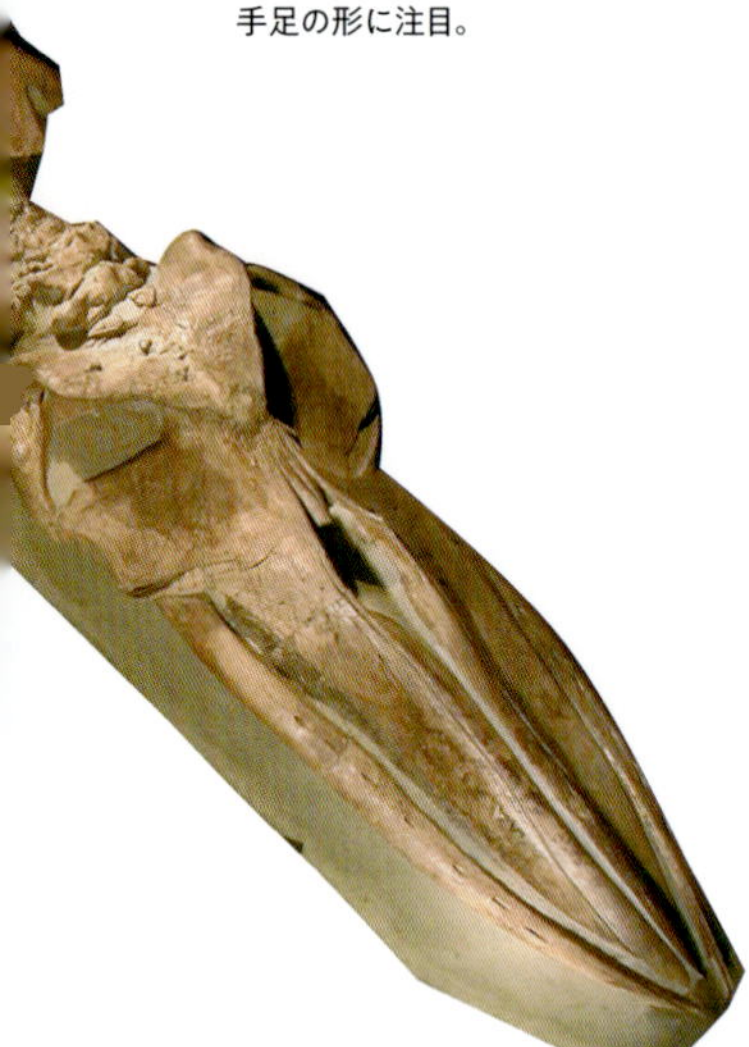

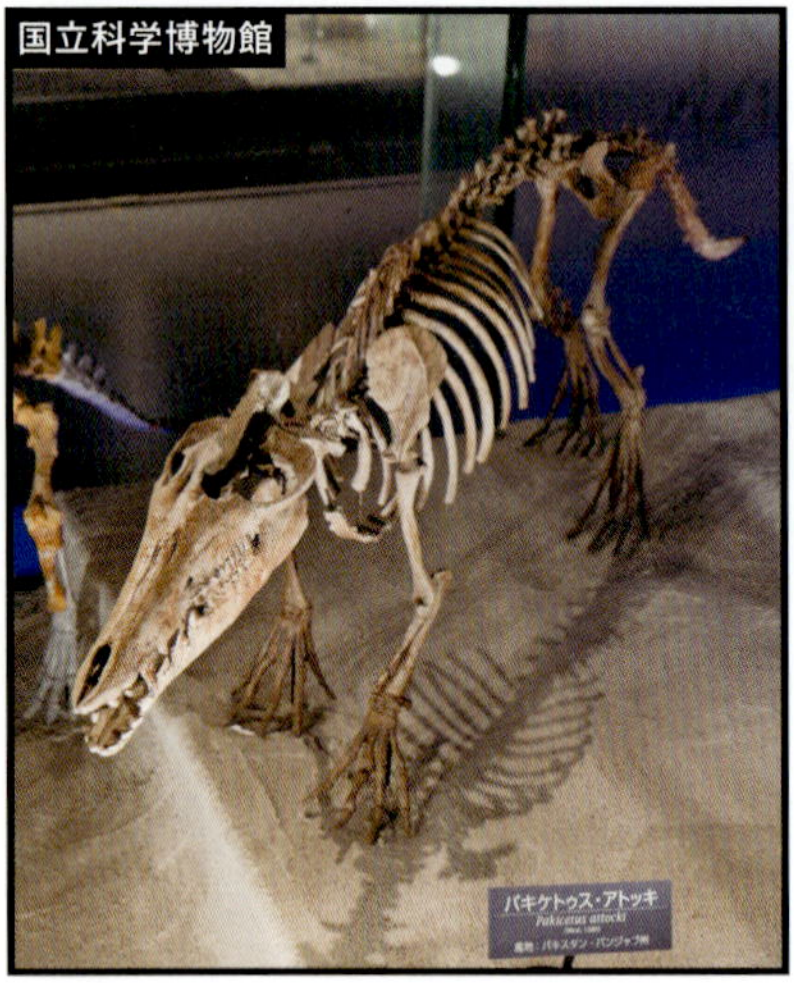

パキケトゥス（パキケタス）
Pickup①（52ページ）で紹介した最古のクジラの仲間は国立科学博物館で会えます。この展示の隣には、カッチケタス（クッチケタス）の骨格も。

LET'S GO TO

クジラの仲間編 I

国立科学博物館

ドルドン・アトロクス

Pickup③（56ページ）のバシロサウルス科の仲間も国立科学博物館に。完全に水生適応していましたが、後肢がちょこっと残っています。

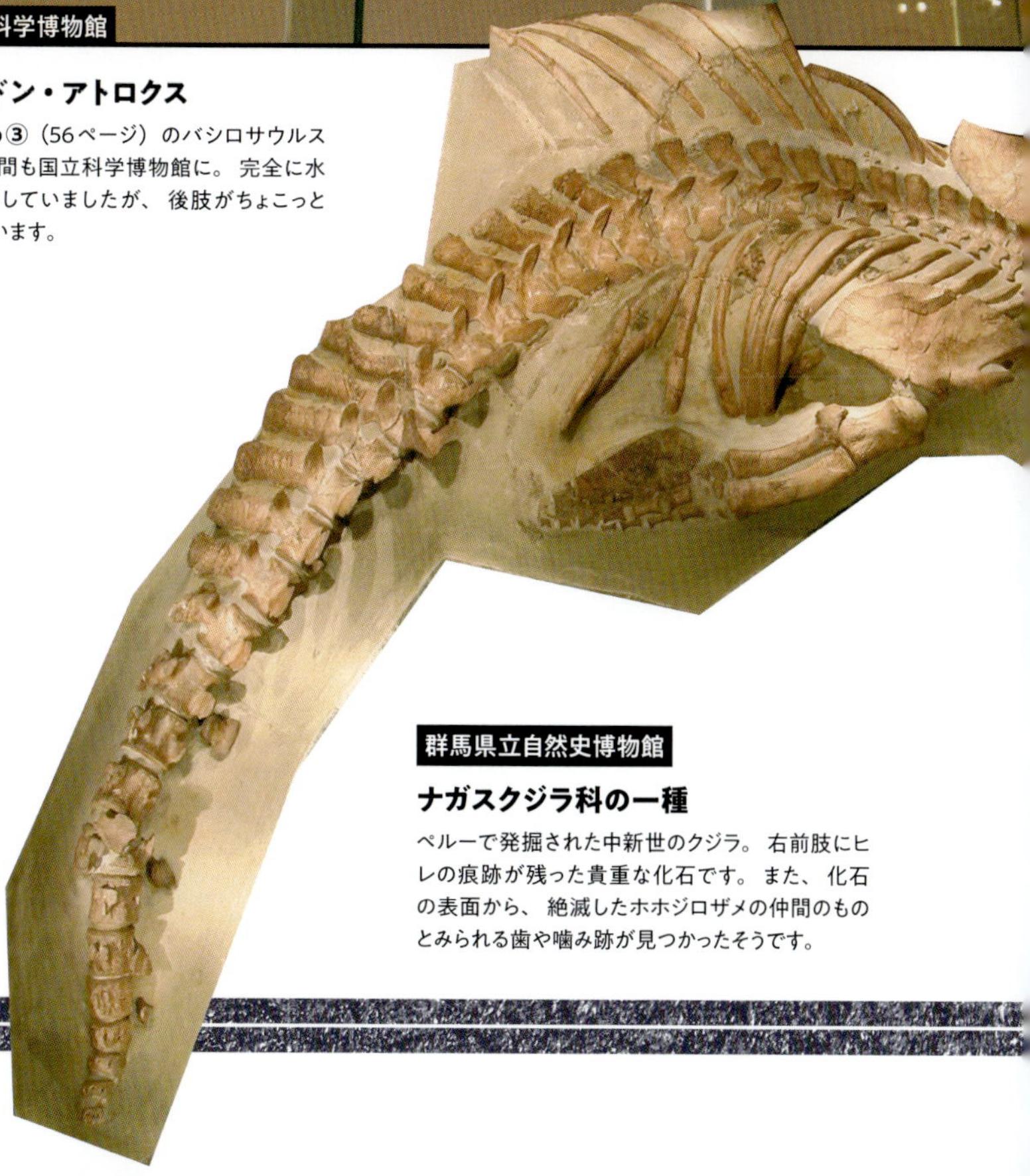

群馬県立自然史博物館

ナガスクジラ科の一種

ペルーで発掘された中新世のクジラ。右前肢にヒレの痕跡が残った貴重な化石です。また、化石の表面から、絶滅したホホジロザメの仲間のものとみられる歯や噛み跡が見つかったそうです。

千葉県立中央博物館

クジラ展示

クジラ好きなら一度は訪れたい場所。展示位置が低く、その大きさと迫力を間近で体感できます。

ツチクジラ

千葉県のクジラといえばツチクジラ。房総のツチクジラ漁は400年の歴史があり、地元に愛される“美味しいクジラ”です。

マダライルカ

外洋性のイルカで、バンドウイルカやシャチと同じマイルカ科の一種。

LET'S GO TO

クジラの仲間編 II

バンドウイルカ

この骨格標本はなんと触れます。隣には陸生動物の骨も展示されているので違いを確めてみましょう。

スナメリ

もっとも小さいクジラの仲間。東京湾にも現れます。

マッコウクジラ

マッコウクジラの大きな頭骨を、この近さで見られる場所はほかにありません。口の中や歯の様子などをよく観察してみてください。

神奈川県立生命の星・地球博物館

マッコウクジラ

生命の多様性をテーマにした「生命を考える」展示室で、上空を支配するのがクジラたち。全長10m、重さ300kgを超えるマッコウクジラの骨格標本を下から眺めるのも興奮します。

LET'S GO TO

クジラの仲間編 III

コククジラ

コククジラは、現在は1属1種ですが、昭島市で見つかった古代クジラ（アキシマクジラ）は同属の新種として2018年に認定されました。

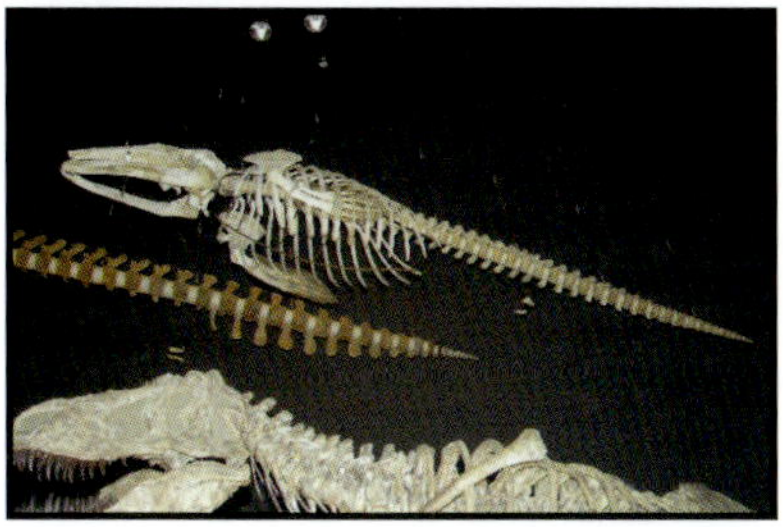

オウギハクジラ

漢字で書くと「扇歯鯨」。歯はほとんど退化していますが、オスにある1対の歯が大きく発達し、その形が扇に似ています。

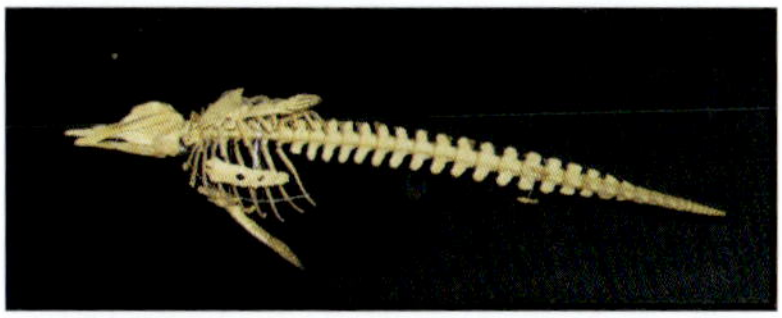

オキゴンドウ

イルカにしては大型で、鋭い歯をもち、別名「シャチモドキ」ともよばれています。

ここで会える！

- 神奈川県立 生命の星・地球博物館
- 北九州市立 いのちのたび博物館
- 群馬県立自然史博物館
- 国立科学博物館
- 千葉県立中央博物館
- 大阪市立自然史博物館
- 徳島県立博物館
- 豊橋市自然史博物館
- 瑞浪市化石博物館

他

現生のクジラ類は比較的多くの博物館で会うことができます

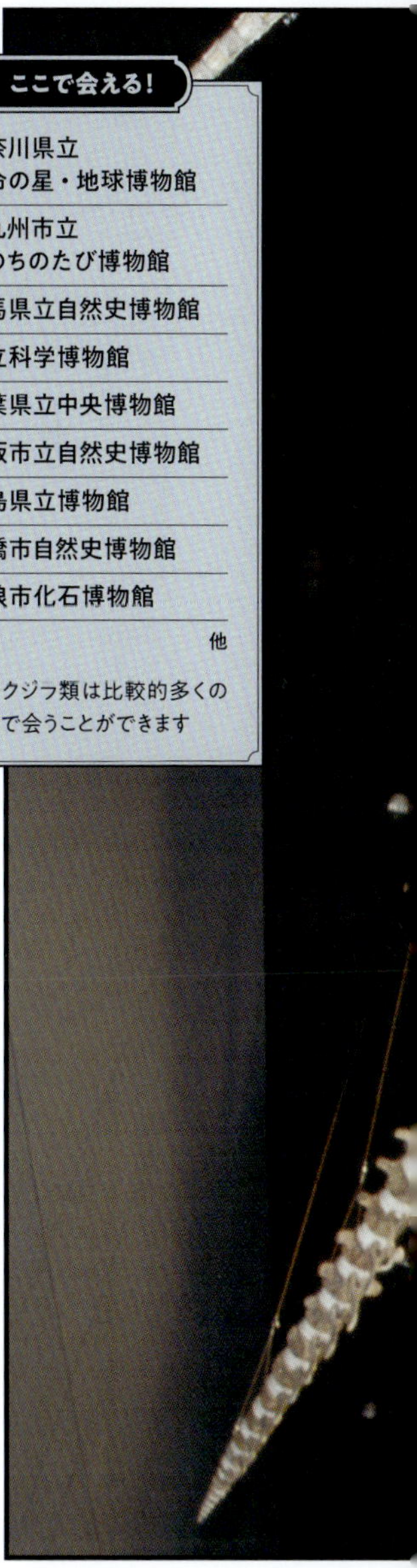

サイとネコが隣り合うワケ。

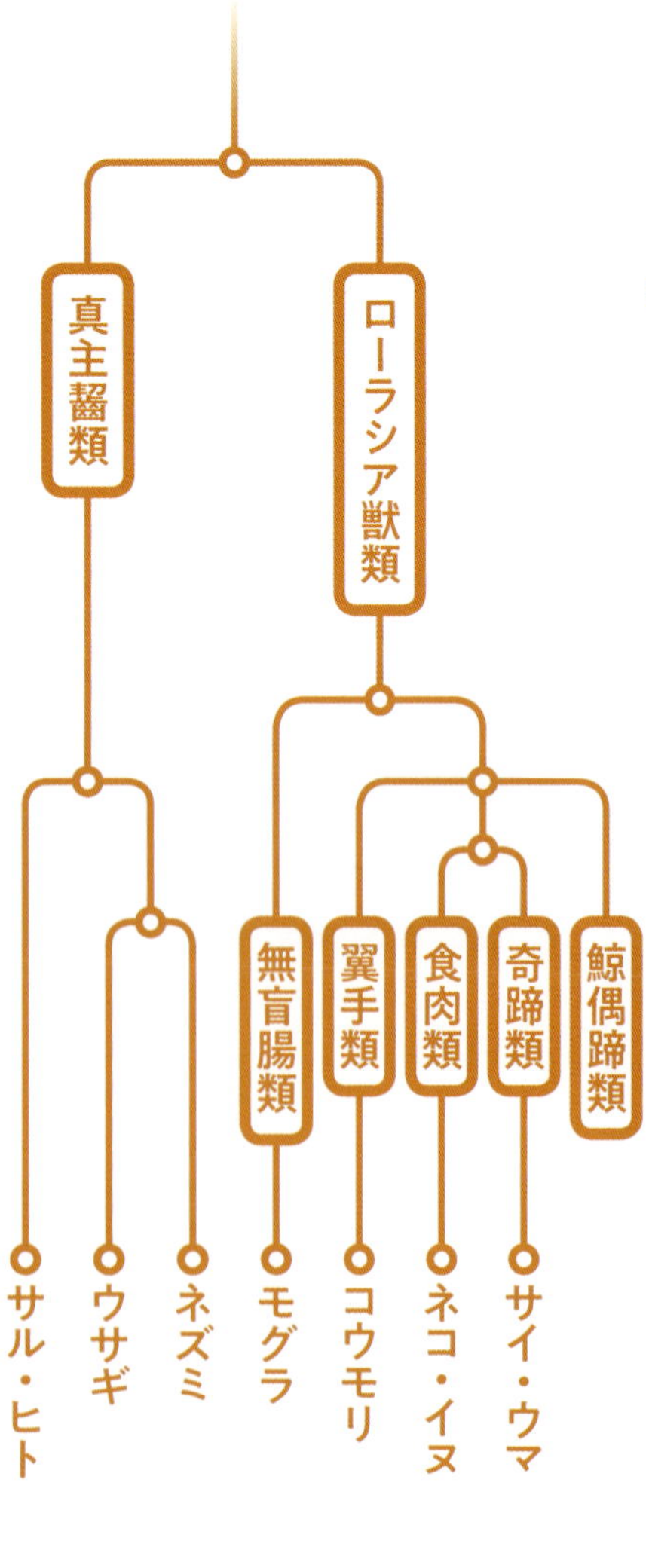

1章では鯨偶蹄類についてお話ししましたが、2章では、そこからさらに系統樹をさかのぼって、鯨偶蹄類も含まれている「ローラシア獣類《じゅうるい》」という大きなグループを中心にみていきましょう。

ローラシア獣類には鯨偶蹄類のほかに、「食肉類《しょくにくるい》」「奇蹄《きてい》類《るい》」「翼手類《よくしゅるい》」「無盲腸類《むもうちょうるい》」などが含まれます。食肉類はネコやイヌなどの肉食動物が多くいるグループ。奇蹄類は偶数の蹄をもつ鯨偶蹄類に対して蹄の数が奇数である、ウマやサイなどのグループ。翼手類は哺乳類で唯一、空に進出したコウモリ類のグループ。無盲腸類は地中で活動するモグラなどのグループ（かつてよばれていた「食虫類《しょくちゅうるい》」のほうが、なじみがあるかもしれません）。このように、ローラシア獣類は実に多彩なグループです。

そもそも「ローラシア」とはいったい何を指した言葉でしょうか。ローラシアは恐竜が繁栄した時代に存在した大陸の名前で、当時は今の北アメリカとヨーロッパ、アジアが一つになり、大きな大陸を形成していました。実は地球上にある大陸はゆっくり移動していて、何億年もかけて大陸同士がくっついたり、離れたりしているのです。さらに大昔には地球上の大陸がすべて陸続きになっていたパンゲア大陸がありました。哺乳類はそのころの2億3000万年前に初めて地球上に登場したと考えられています。そしてその後、パンゲア大陸は南北に分裂し、北のローラシア大陸と南のゴンドワナ大陸に分かれました。ローラシア獣類は、このローラシア大陸を進化の舞台にして多種多様になった一大グループだったといわれています。また、このローラシア獣類と姉妹関係にあるグループには「霊長類《れいちょうるい》」と、ウサギやネズミなどを含む「真主齧類《しんしゅげつるい》」があり、これらを合わせて「北《ほっ》方真獣類《ぼうしんじゅうるい》」とよびます。

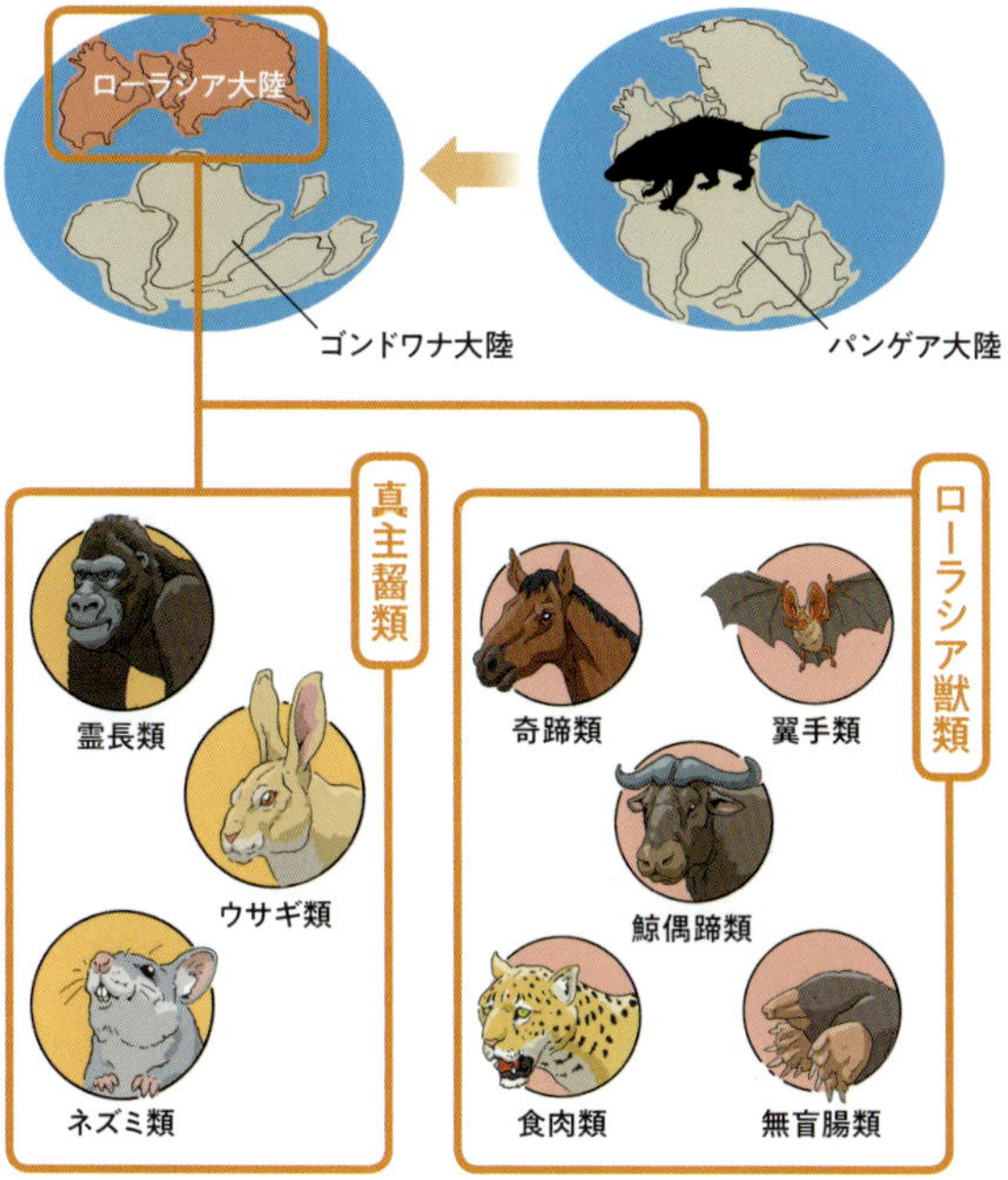

サイの仲間の歴史

現在、サイの仲間はアフリカ大陸にシロサイとクロサイの2種、東南アジアにインドサイ、ジャワサイ、スマトラサイの3種がいます。いずれもドッシリとした体形で、鼻先にツノをもつ動物として知られていますが、新生代古第三紀の始新世に現れたサイの祖先といわれるヒラコドン科は、ウマのようなスラリとした体形をしており、ツノもありませんでした。水辺ではなく、平原を疾走《しっそう》する動

古第三紀

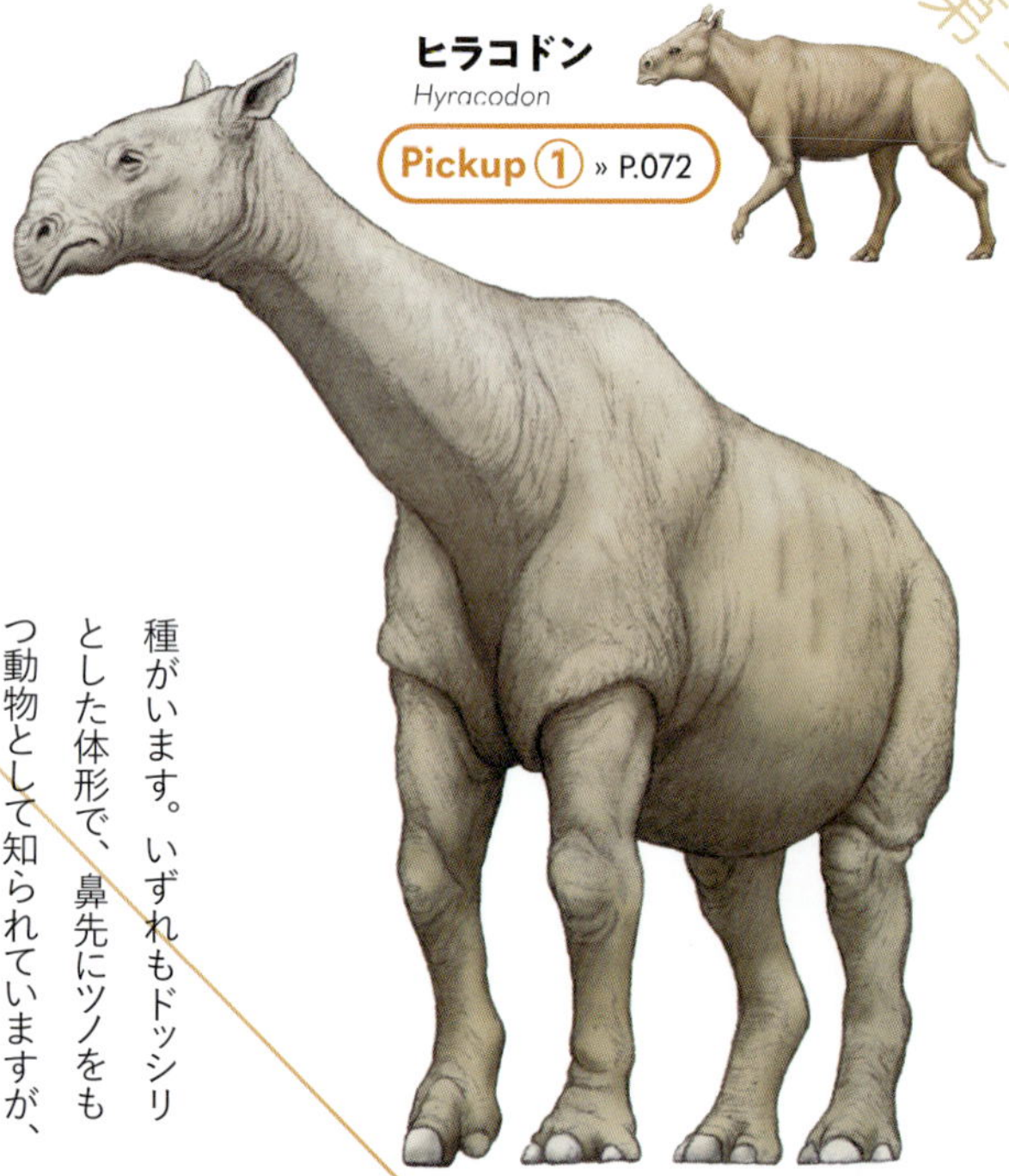

ヒラコドン
Hyracodon

Pickup ① » P.072

パラケラテリウム
Paraceratherium

Pickup ② » P.074

新第三紀

Pickup ③ » P.076

テレオケラス
Teleoceras

第四紀

ケサイ
Coelodonta antiquitatis

物だったと考えられています。

　このヒラコドン科には、陸上に棲む哺乳類のなかで史上最大といわれるパラケラテリウムがいます。体長8m、体重は最大値で20ｔとも推測され、体重10ｔのアフリカゾウよりはるかに巨体でした。また、首は長く、頭を持ち上げると高さ7mにもなったといわれ、おそらくキリンのように、高いところの木の葉を独占して食べていたと思われます。

　サイの仲間には、テレオケラスなどのカバのような姿をした半水生の種や、第四紀の氷河時代には、寒冷な気候に適応させてフサフサの長い毛で体をおおったケサイやエラスモテリウムが現れました。このころはツノの発達が目立ち、エラスモテリウムは頭のてっぺんに2mもの円錐形《えんすいけい》のツノをもっていたといわれています。

　このように、サイの仲間は生活環境や生活形態、それに合わせて体形もさまざまに発達させてきました。しかし、現在地球上にいる5種のサイは、象徴であるツノを求めて密猟が続き、それが主な原因で生息数が減少しています。特にジャワサイは、大型の動物のなかでもっともその数が少ないといわれ、ジャワ島での生息数は50頭を切っています。また、ベトナムに生息していたジャワサイは、2011年、最後の1頭が密猟で殺され、絶滅したと報告されています。

エラスモテリウム
Elasmotherium

Pickup ④ » P.078

ジャワサイ
Rhinoceros sondaicus

現在

クロサイ
Diceros bicornis

シロサイ
Ceratotherium simum

Pickup ⑤ » P.080

サイの仲間

Pickup ①

Hyracodon

ヒラコドン

分類： 奇蹄目 サイ上科 ヒラコドン科

生息地域： 北アメリカ

現存するサイはいずれもサイ科に分類されていますが、サイの仲間にはその昔、ヒラコドン科という絶滅したグループがあり、サイ科はそこから派生して生き残った動物と考えられています（ほかにアミノドン科も存在しましたが、この科はサイ科に含めるという意見もあり、ここでは取り扱いません）。サイの仲間の歴史をひもとくと、まずヒラコドン科が古第三紀の始新世中期に現れ、アジアや北アメリカに分布し、漸新世まで繁栄しました。その後、時代が新第三紀に入り、ヒラコドン科が衰退《すいたい》すると、それと入れ替わるように繁栄したのがヒラコドン科から枝分かれたサイ科の動物です。このヒラコドンは、ヒラコドン科の初期の、いわばもっとも古いタイプのサイの仲間になります。現生のサイと同じく足の指は前後肢とも3本指でしたが、サイらしいずんぐりとした重量級の体格ではなく、大型犬ほどのサイズで、脚はスラリと細長く、とても軽快な体つきをしていました。また、現生のサイに見られる立派なツノもなく、ヒラコテリウム（87ページ）のような初期のウマによく似た姿をしていました。速く走るのに適した体形から、開けた森や乾燥した林で暮らしていたと考えられています。そのため、ヒラコドンを含めたヒラコドン科の動物は、「走るサイ（running rhinos）」ともよばれています。

生息年代：

古第三紀 始新世中期～漸新世後期

現在　新生代　中生代　古生代

〝サイ科〟誕生前の もっとも原始的なサイ

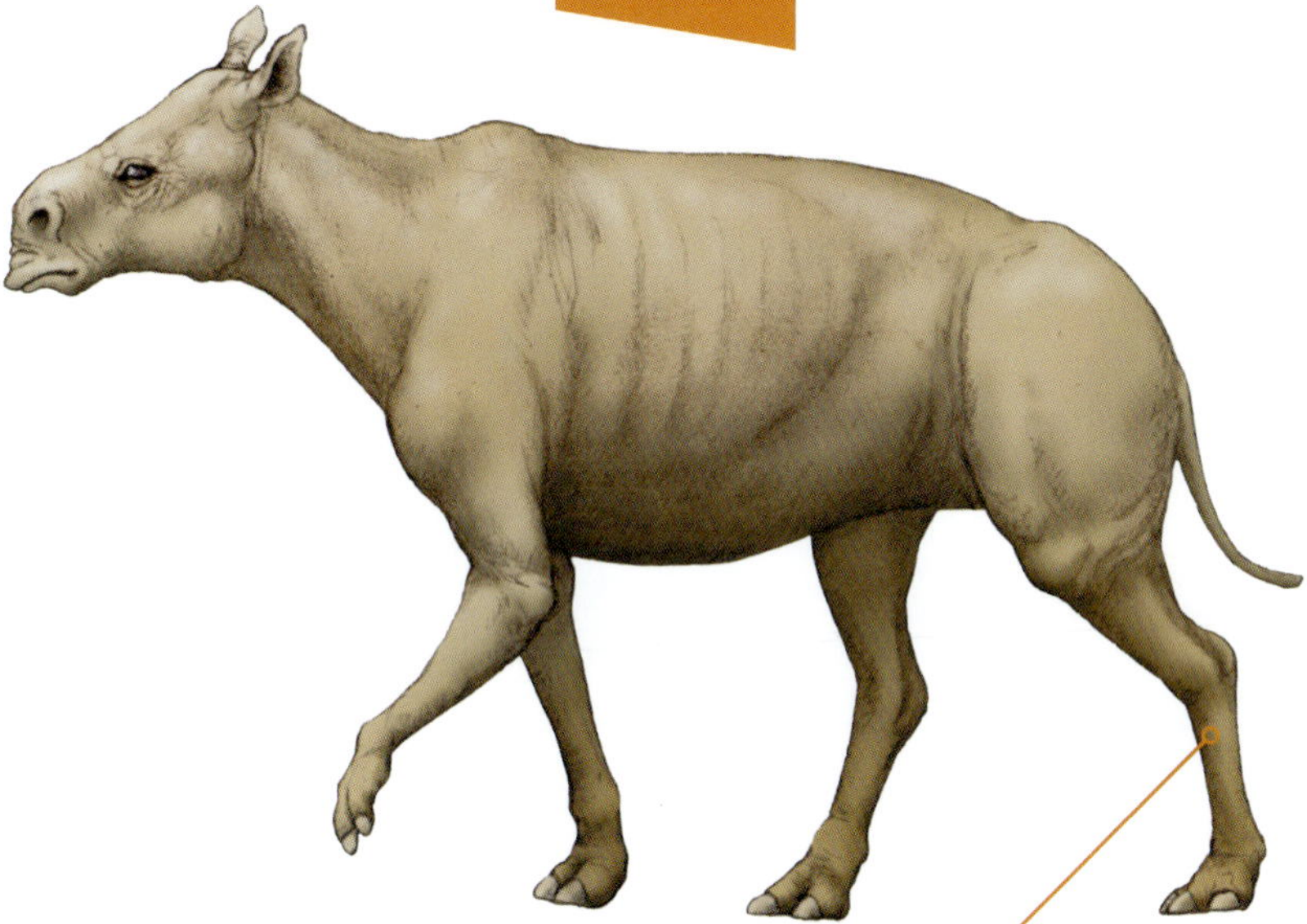

体長：1.5m

Paraceratherium

パラケラテリウム

分類：奇蹄目 サイ上科 ヒラコドン科

生息地域：アジア、 ヨーロッパ

史上最大の陸生哺乳類はゾウでもキリンでもなく、古いタイプのサイの仲間から出現しました。それがこのパラケラテリウムで、体長が8m、肩までの高さは4・5m、長い首を上に伸ばせば頭の高さは7m近くに達したといわれています。キリンでさえ頭の高さは5mほどなので、その異常な大きさがわかります。おそらく、この背の高さを生かして、上アゴのキバ状になった切歯で高木の小枝や葉をむしり取って食べていたのでしょう。かつてはずんぐりとした体形で復元されていましたが、今はほかのヒラコドン科と同様に首や脚が長い、スラリとした姿の復元が支持されるようになりました。体重も以前には30tとも推定されていた時代がありましたが、後の研究によって多く見積もっても20t、最少では6tほどだったと訂正されました。この体重が事実であれば、アフリカゾウと同じかやや重い程度で、大きな体のわりに速く走ることができたのではないかと考えられています。パラケラテリウムの化石はユーラシア大陸の各地で発見されていますが、パラケラテリウムのほかに、それぞれ「インドリコテリウム」や「バルキテリウム」と名づけられていました。これらは後の研究で同じ動物（同属）であることがわかり、現在は最初に命名されたパラケラテリウムの名前で統一されています。

生息年代：

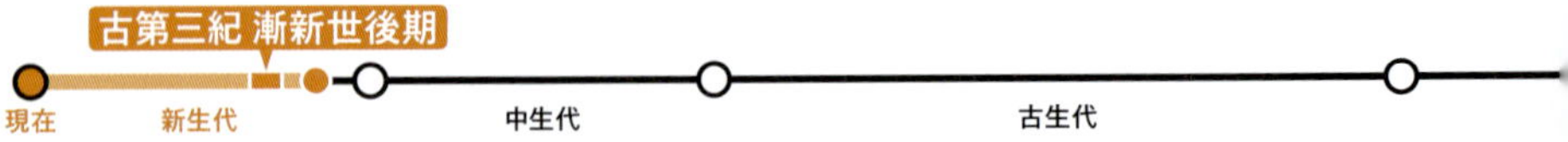

地球史上最大の陸生哺乳類

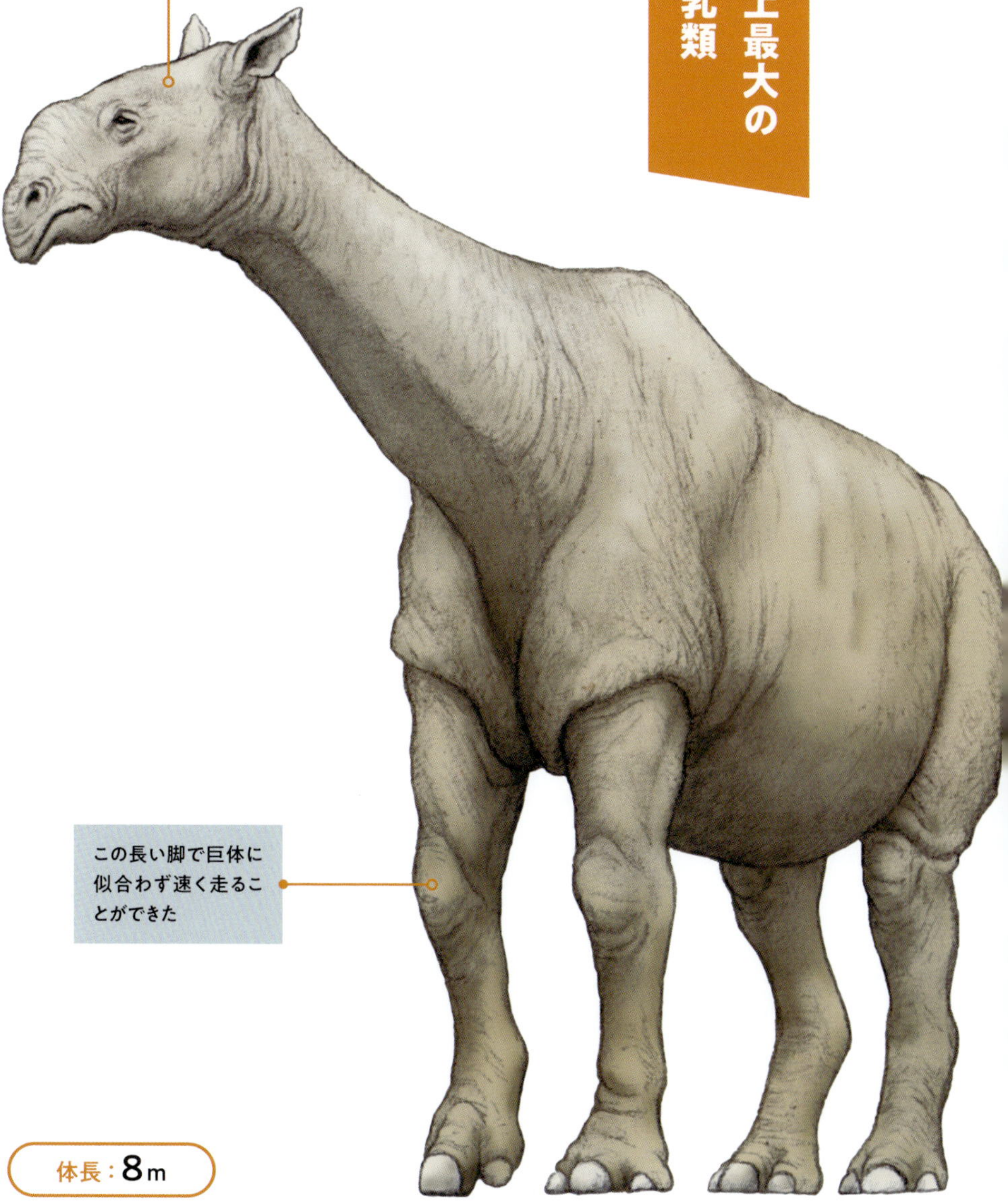
頭の高さは2階天井の高さに達した

Teleoceras

テレオケラス

分類： 奇蹄目 サイ上科 サイ科

生息地域： 北アメリカ

現生のサイが属するサイ科は、古いタイプのサイの仲間であるヒラコドン科から枝分かれし、現在まで長く栄えてきたグループです。テレオケラスはそのサイ科に属し、中新世から鮮新世前期に繁栄しました。スマートで脚も長かったヒラコドン科とは対照的に、体つきはずんぐりとし、タルのような大きな胴体と極端に短い四肢をもっていました。現生のサイというよりもむしろカバに近い姿をしていたようです。おそらく、その生態もカバに似て、水辺で半水生の生活を送っていたものとみられています。絶滅した化石種を見ると、テレオケラスのほかにも、全身を長い毛でおおわれ寒さに強くなったケサイなど、それぞれの生息環境に適応したさまざまな姿の種が現れたことがわかります。また、一部の地域をのぞくほぼすべての大陸に分布し、広く繁栄したグループでもあります。ところで、サイの仲間は南アメリカ、オーストラリア、南極だけには進出することができませんでした。オーストラリアと南極に関しては、サイの仲間が現れるずっと前から海に隔《へだ》てられた孤立した大陸だったことが理由です。また南アメリカは、北アメリカとの間をつなぐパナマ地峡《ちきょう》ができる以前、鮮新世前期までには北アメリカで暮らしていたサイ科の動物が絶滅してしまったため、この地も未踏《みとう》のままに終わりました。

生息年代：

新第三紀 中新世中期～鮮新世前期

現在　新生代　中生代　古生代

タルのような胴体はサイというよりむしろカバ

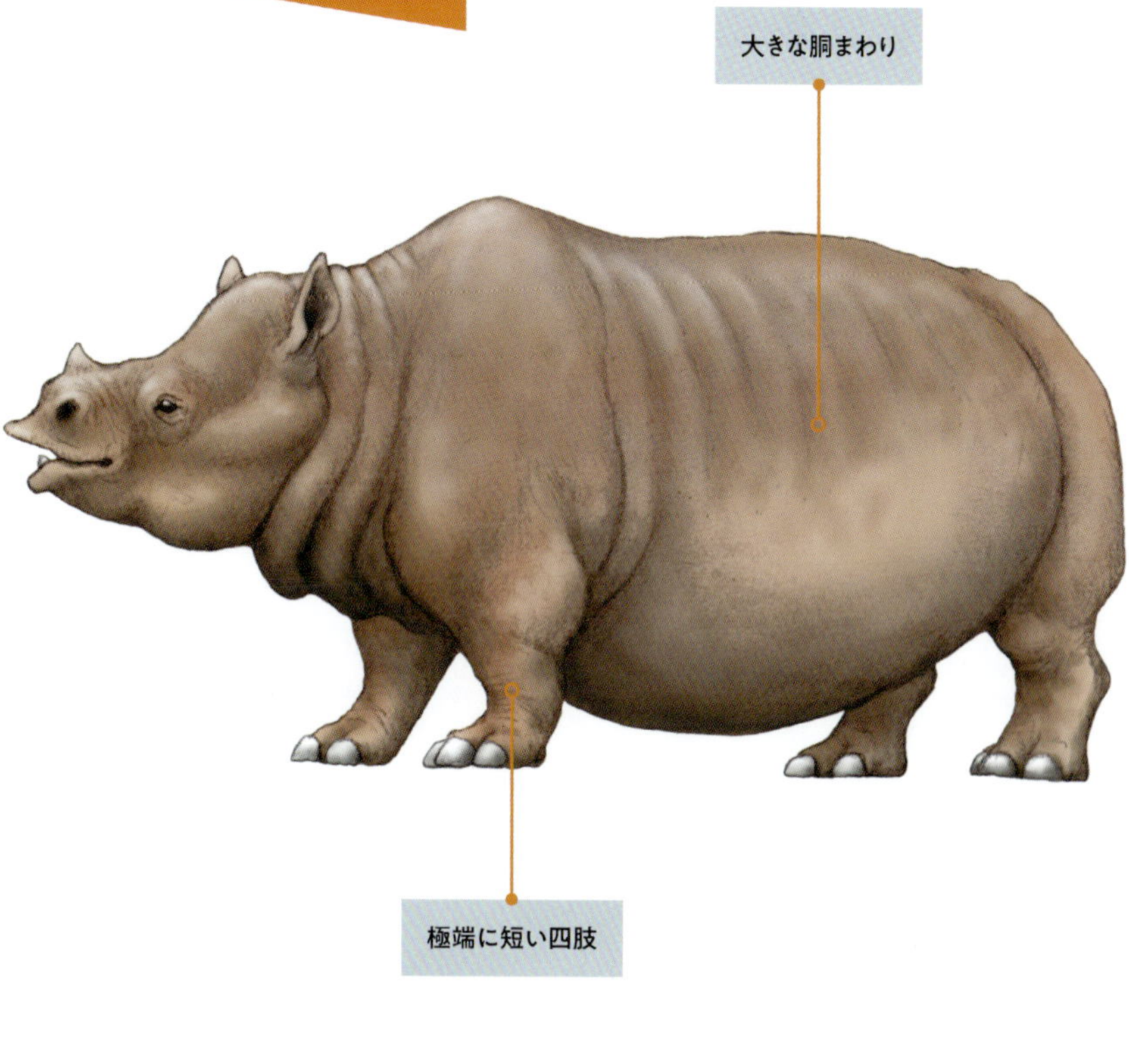

体長：3.5m

Elasmotherium

エラスモテリウム

分類： 奇蹄目 サイ上科 サイ科

生息地域： アジア、 ヨーロッパ

現生のサイはゾウに次ぐ大きさの動物といわれますが、エラスモテリウムはゾウに匹敵する巨体の持ち主でした。額にはユニコーン伝説のもとになったともいわれる長大なツノが伸び、その長さは2mほどもあったと推測されています。とはいえ、ツノ自体は確認されていません。サイのツノは骨質のものではなく、毛を束ねて固まったようなもので、化石として残ることはめったにないのです。しかし、エラスモテリウムの頭骨の額には表面がザラザラとした大きな盛り上がりがあり、これがツノの土台であったとみられています。現生のシロサイ（80ページ）では長いもので1・5mほどのツノがありますが、その土台は25cmほど。エラスモテリウムの土台は差し渡し40cmあまりあり、そこからかなり長大なツノがあったことがわかります。この大きな体とツノからノシノシ歩く姿が想像されますが、脚は長く、足取りは軽やかだったようです。エラスモテリウムは少なくとも3万9000年前まで生息していたと考えられ、氷河期の寒冷乾燥したマンモス・ステップとよばれる草原のかたい草を食べて暮らしていました。臼歯《きゅうし》は激しい摩耗《まもう》にも耐えうる頑丈《がんじょう》なもので、そのような食性に特化していたと考えられます。しかし、特化するあまりにその後の環境の変化に適応できず、絶滅にいたったのかもしれません。

生息年代：

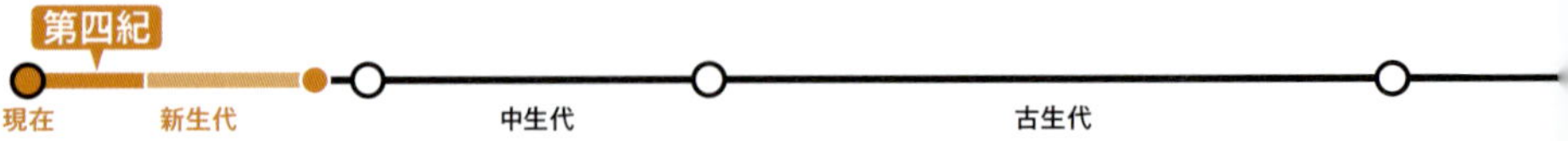

ユニコーンのツノをもつ氷河期のサイ

体長：5m

Ceratotherium simum

シロサイ

分類：奇蹄目 サイ上科 サイ科

生息地域：アフリカ南東部

現生のサイはアフリカや東南アジアなどに5種ほど生息していますが、そのなかでシロサイは最大の種で、大きな個体では体重4tにもなるといわれています。アフリカの開けた草原や疎林《そりん》などのサバンナに生息し、数頭の小さな群れをつくります。大人のオスは単独で行動し、決まった場所に排便して縄張りを主張しますが、性格は穏やかで、オス同士の縄張り争いでも軽くツノを突き合わせる程度で激しい争いになることはありません。歯は臼歯のみで門歯《もんし》や犬歯《けんし》はなく、その代わりの役目をするのが発達した唇《くちびる》です。シロサイの唇は平たく、幅広で、地面に生えた植物をむしり取るのに適した形をしています。ちなみに、同じアフリカに棲むクロサイも門歯や犬歯はなく、唇を使ってエサを食べますが、シロサイとは違い、低木の葉を好んで食べるため、ついばみやすいようにとんがった形をしています。ところで、シロサイとクロサイは体の色がそれほど違わないのに、なぜ色を示すシロとクロが名前になったのでしょうか。諸説《しょせつ》あるようですが、ひとつの説として伝えられているのは、シロサイの幅広い口を示した「ワイド（wide）」を「ホワイト（white）」と聞き間違ったというものです。そして一方が白ならもう一方は黒ということで、シロとクロを名にもつ2つのサイが誕生したというわけです。

生息年代：

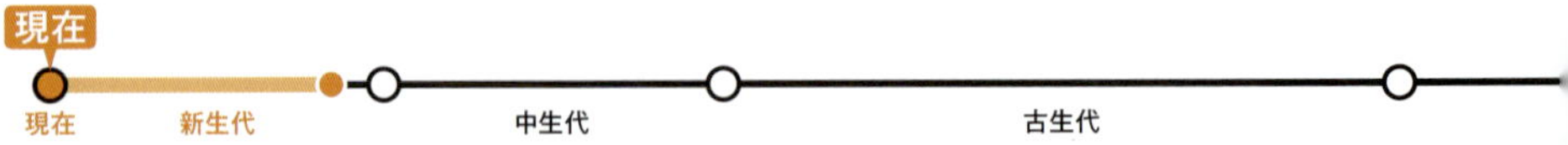

シロサイの〝シロ〟は〝ワイド〟な口のこと?

体長：4m

佐野市葛生化石館

キロテリウム

別名「大唇サイ」。草原で草を食べていました。中国産の実物化石です。

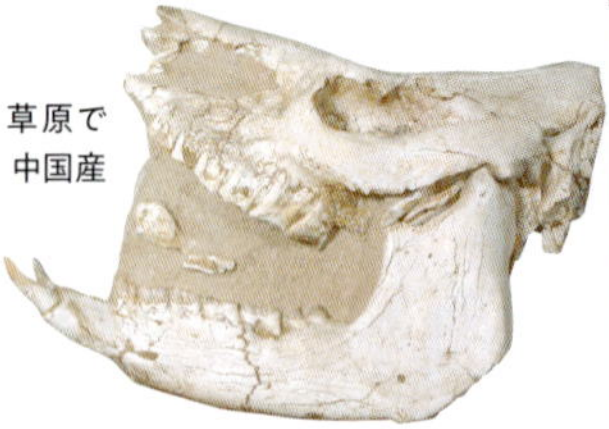

ヒラコドン

Pickup①（72ページ）で紹介したヒラコドンの頭骨。小型のサイでした。

国立科学博物館

パラケラテリウム

Pickup②（74ページ）のパラケラテリウムはこの大きさ。頭が天井に届くほど大きいです。

LET'S GO TO

サイの仲間編

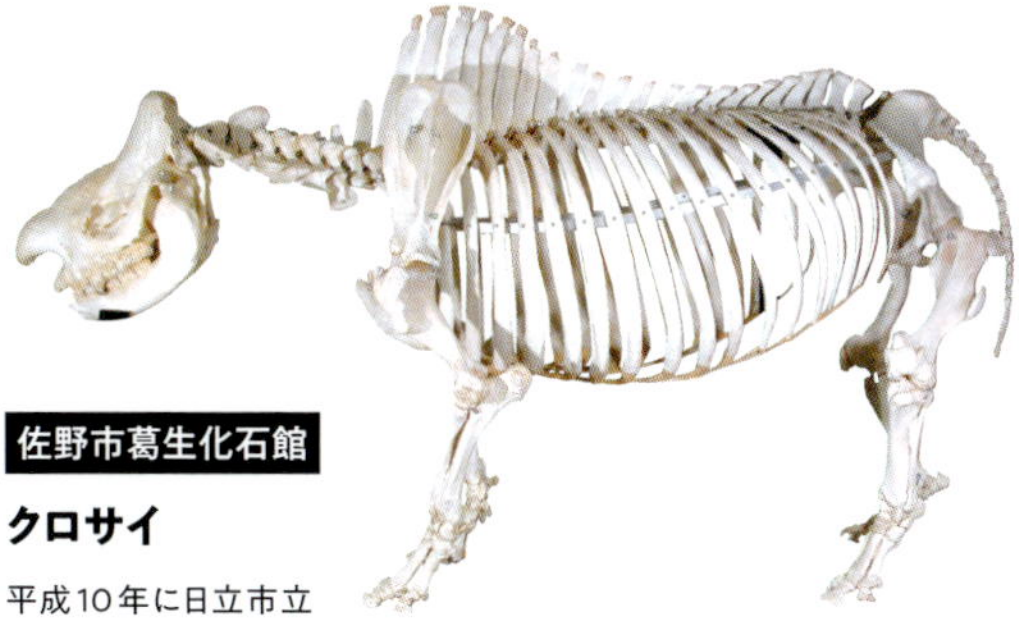

佐野市葛生化石館

クロサイ

平成10年に日立市立かみね動物園で死亡したメスのクロサイ（愛称「バーバラ」）を展示。 下のニッポンサイと骨格をくらべてみましょう。

佐野市葛生化石館

ニッポンサイ

佐野市内で発見された化石の復元骨格と、 産状模型を一緒に展示しています。

化石発見時の状況を復元

ここで会える！

- ☒ 国立科学博物館
- ☒ 佐野市葛生化石館
- ☒ 神奈川県立生命の星・地球博物館
- ☒ 群馬県立自然史博物館
- ☒ 豊橋市自然史博物館
- ☒ 瑞浪市化石博物館

他

ニッポンサイを展示している葛生化石館では、 ほかにも多くのサイの仲間が迎えてくれます

column 1

絶滅した奇蹄類

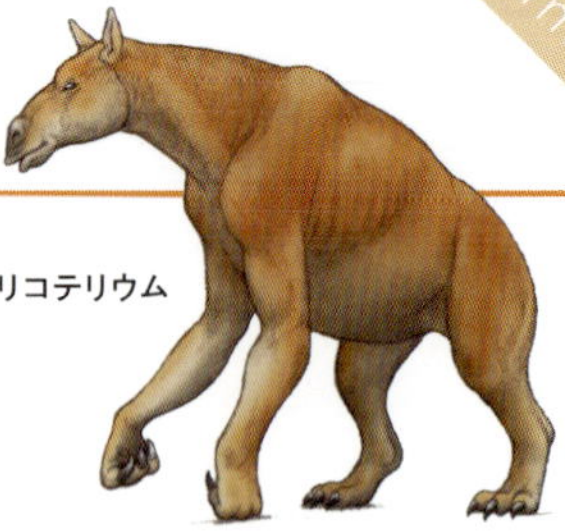

カリコテリウム

ブロントテリウム

エンボロテリウム

蹄をもつ草食動物と聞いて、まず名前があがるのは「ウシ」と「ウマ」でしょう。ウシの仲間は蹄の数が偶数なので「鯨偶蹄類」、ウマの仲間は奇数なので「奇蹄類」とよばれています。鯨偶蹄類にはウシのほかにラクダ、カバ、キリン、そしてクジラとさまざまな動物がいて、砂漠から海まで生息範囲を拡大していますが、奇蹄類はウマ、サイ、バクの3科のみで、その数は鯨偶蹄類が圧倒しています。しかし大昔には、奇蹄類も偶蹄類に匹敵するほど多様でした。

奇蹄類の絶滅したグループとして「ブロントテリウム類」はよく知られています。おおよそ5000万年前の北アメリカで初期のウマから分岐したとされ、その後、体が大型化し、頭部にはさまざまな形の大きなツノをもつようになりました。一見するとサイのようにも見えますが、ブロントテリウムのツノは骨が伸びてできたものです。サイのツノはケラチン質で、いわば多く毛が固まってできたものなので、その点が大きく異なります。

絶滅した奇蹄類には独特な風貌をしたグループもいました。それが「カリコテリウム類」です。草食動物でありながら、蹄ではなく、鉤爪を発達させていました。この仲間の代表的な種であるカリコテリウムにいたっては、後肢よりもはるかに長い前肢、ひどく傾斜した背中、手の甲を地面につけて歩くなど、その姿にウマ的な要素はほぼなく、顔だけウマヅラをした大きなゴリラのような動物でした。気候の変化で森林が減少し、草原が拡大していった時代、草食動物たちは食性の変更を余儀なくされましたが、これらのグループはそれにうまく適応できずに衰退していったようです。

その昔、ウマヅラの巨大ゴリラがいた!?

Question

何の動物の祖先でしょう？

答え 次ページ

ヒラコテリウム

Answer

こたえ

ウマ

古生種

ヒラコテリウム

Hyracotherium

分類：奇蹄目ウマ科
生息地域：北アメリカ

北アメリカとヨーロッパの始新世前期（おおよそ5000万年前）の地層から化石が見つかっています。別名「あけぼのウマ」とよばれ、知られる限り最古の原始的なウマ科動物です。体は子ヒツジ程度でした。ウマは指が1本で、その指に立派な蹄をもちますが、ヒラコテリウムは前肢に4本、後肢に3本の指があり、蹄は今ほど発達していませんでした。また、頬歯《きょうし》（臼歯）も現生のウマほど発達しておらず低歯冠《ていしかん》であったため、草よりもやわらかい木の葉を好んだと考えられています。木の多い森林で暮らしていたようです。

肩高：50cm

生息年代：古第三紀 始新世前期

現在　新生代

現生種

ウマ

Equus ferus

分類：奇蹄目ウマ科
生息地域：ユーラシア大陸の草原

草原が拡大した新生代半ばに森林から草原に進出した動物のひとつで、開けたところで天敵の肉食獣から逃れるために、俊足《しゅんそく》になりました。脚は長くなり、指は中指にあたる第3指だけを残して退化しています。そして残った指には蹄が発達し、平原のかたい土の上を走るのに適しています。また木の葉よりもかたい草原の植物を食べるため、歯がすり減っても大丈夫なように頬歯（臼歯）は上下にたいへん厚い高歯冠になっています。長く家畜として利用され、現在、野生の種は絶滅したとされています。

肩高：1.5m

生息年代：現在

新生代

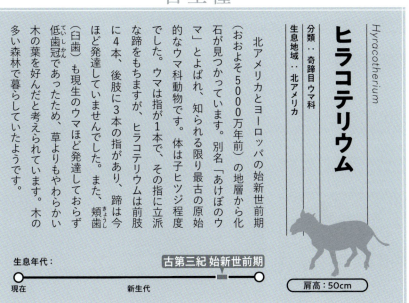

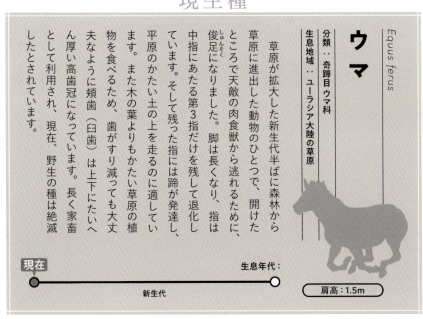

国立科学博物館

メソヒップス

森に棲んでいた初期のウマの仲間で、 足に3本の指がありました。 まん中の指には蹄ができています。

メリキップス

こちらは草原適応した初期のウマの仲間。 まだ3本指ですが、 外側の2本が小さく退化し、 現生のウマの蹄の形に近づいています。

LET'S GO TO

ウマの仲間編

パレオテリウム

この堆積物のブロックには、初期のウマに近いパレオテリウムの化石がおおよそ8個体分密集して入っています。1ヵ所からこれだけの個体の骨格が出たということは、突然の洪水があったのでしょうか。

モロプス

コラム1（84ページ）で紹介した、カリコテリウム科の動物。蹄ではなく鉤爪がありました。ちなみにこの標本の肋骨には骨折し、自然治癒したとみられる跡があるので、ぜひ現地で探してみてください。

ここで会える！

- 国立科学博物館
- 群馬県立自然史博物館
- 豊橋市自然史博物館

他

ウマの進化の展示では、豊橋市自然史博物館もおすすめです

ネコ科動物の歴史

ライオンやトラなどに代表されるように、哺乳類のなかでも優れたハンティング能力をもつネコ科の動物たち。その昔から頂点捕食者の地位に君臨する、肉食動物の強者です。

最初のネコ科動物は2500万年前に生息したプロアイルルスといわれています。ジャコウネコのように体が細長く、比較的短い脚で、木登りを得意とする樹上生活者でした。その後、2000万年前に現れたプセウダエルルスも樹上での活動を得意としていましたが、寒冷乾燥化にともなって森林が縮小し、草原の拡大が進むと、ネコ科の動物は生活の場を地上に移すようになります。さらに、このプセウダ

古第三紀

プロアイルルス
Proailurus lemanensis

Pickup ① » P.092

新第三紀

プセウダエルルス
Pseudaelurus

第四紀

ホモテリウム
Homotherium

Pickup ② » P.094

スミロドン
Smilodon

Pickup ③ » P.096

エルルスはネコ科動物の特徴でもある上アゴの犬歯の発達がみられ、これがその後のスミロドンやホモテリウムといった、アゴからはみ出るほどの長大な犬歯をもったサーベルタイガーとよばれるグループにつながったと考えられています。

　ネコ科の動物は暗殺的な狩りを得意とし、獲物に忍びよると、その優れた瞬発力で瞬時に獲物の喉元《のどもと》に咬みつき、窒息死《ちっそくし》させます。160万〜1万年前まで生息していたスミロドンは足の遅い動物でしたが、ガッシリとした体形と分厚い皮膚をも突き破れる長大な犬歯で、大型の獲物を狙っていたと思われます。しかし、獲物にしていたマンモスなどの大型の動物がいなくなり、小型ですばしっこい草食動物が多くなると、その環境の変化についていけず、絶滅してしまいました。

　現在は足の速いチーターや、集団で狩りをするライオン、ネコ科としてはめずらしく水辺を好むジャガーなど、さまざまなタイプのネコ科の動物がいます。そして大昔から変わらず、動物を狩るハンターとして生き続けています。

現在

ジャガー
Panthera onca

トラ
Panthera tigris

Pickup ④ » P.098

チーター
Acinonyx jubatus

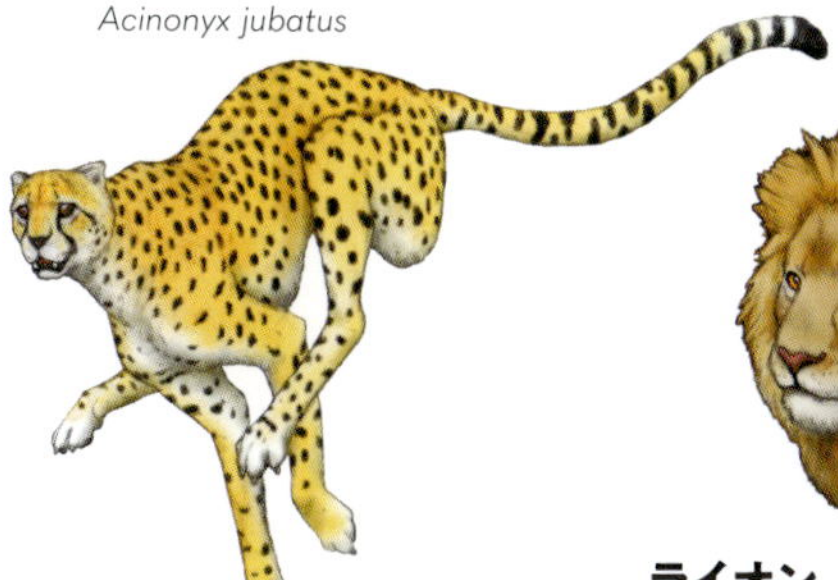

Pickup ⑤ » P.100

ライオン
Panthera leo

Proailurus lemanensis

プロアイルルス

分類： 食肉目 ネコ科

生息地域： アジア、ヨーロッパ

ネコ科の動物はほぼすべてが肉食性です。捕食動物として高度に特殊化したグループで、狩りを得意とする身体的特徴をいくつももっています。歯だけを見ても、犬歯は長大で鋭《するど》く尖《とが》り、さらに「臼《うす》の歯」と書いて本来はすり潰す役目をもった臼歯もハサミの刃のようになっていて、肉を切り裂くのに適した形をしています。ネコ科の動物に限らず、肉食性の動物の臼歯はたいていこのような切り裂き機能が強調されており、それは「裂肉歯《れつにくし》」とよばれています。プロアイルルスはおおよそ2500万年前に登場した最初のネコ科の動物で、化石はスペインやドイツ、モンゴルなどで発見されています。ユーラシア大陸を広く分布していたようです。飼い猫よりやや大きいくらいのサイズで、サバンナなどにいる現生のネコ科の動物にくらべると小柄でした。体は細長く、さらに長い尾をもっていたことから、ジャコウネコのような姿をした動物だったといわれています。プロアイルルスは知られる限りの最古のネコ科の動物ですが、系統的にみれば、本来の系統樹からは側枝に逸《そ》れた種で、スミロドンのようなサーベルタイガーや、現生のネコ科の動物との直接的なつながりはないと考えられています。現生のネコ科の最初の祖先となるのは、おおよそ2000万年前に現れたプセウダエルルス（90ページ）といわれています。

生息年代：

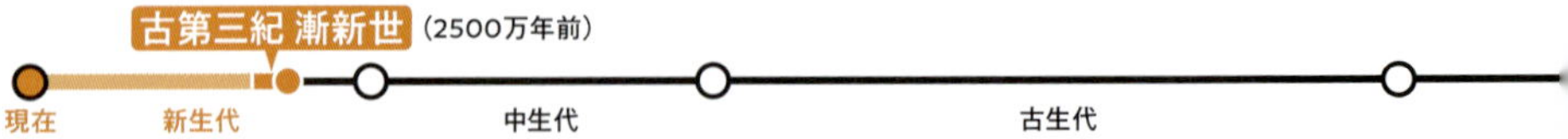

最初期のネコは樹上生活を好んだ

体長：不明

Homotherium

ホモテリウム

分類：食肉目 ネコ科

生息地域：アフリカ、ヨーロッパ、アジア、北アメリカ、南アメリカ

ネコ科動物の獰猛《どうもう》さを象徴するのは、今も昔も、口を開けたときにのぞく尖った犬歯です。大昔にはこの犬歯が長大化したサーベルタイガー（剣歯虎）とよばれるネコ科動物たちが猛威《もうい》をふるった時代があり、ホモテリウムはその一種でした。特にホモテリウムの犬歯は薄いナイフのようになっていて、前後の縁に鋸歯《きょし》とよばれるノコギリの刃のような細かいギザギザがありました。ステーキナイフのような、肉を切り裂くのに都合のよい形をしていたのです。この犬歯のつくりから、咬みついて獲物を仕留めるライオンとは異なる狩りをしたといわれています。ホモテリウムの体格はライオンよりもひとまわり小さいくらいでしたが、獲物としたのは大型で、しかも皮膚のかたいマンモスなどの草食獣でした。たとえばライオンの犬歯なら文字通り歯が立たない相手ですが、特有の犬歯で切り裂いて傷口から大量に出血させたり、腹を切り裂いて内臓を落とすことで仕留めていたと考えられています。実際、米テキサス州の洞窟《どうくつ》からはホモテリウムとその子供の化石が発見されていて、家族で洞窟をねぐらにしていたことがわかっていますが、そこからはマンモスの乳歯の化石がたくさん見つかっています。マンモスの子供をよく狩り、仕留めた獲物をねぐらの洞窟まで運んでいた証拠とされています。

生息年代：

第四紀 更新世

現在　新生代　中生代　古生代

皮膚のかたいマンモスも ナイフのような歯で ザックリ

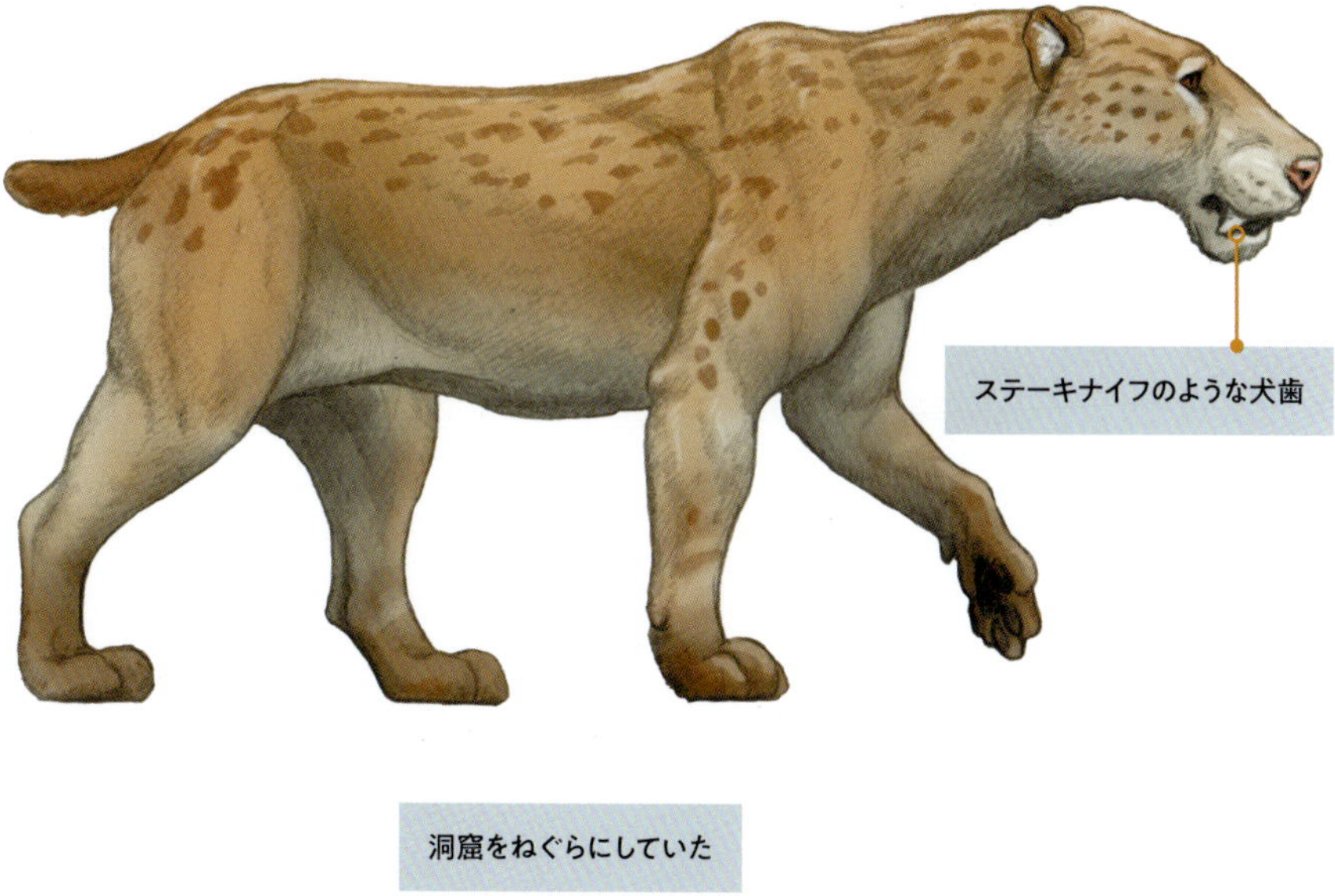

体長：2m

Smilodon

スミロドン

分類：食肉目 ネコ科

生息地域：北アメリカ、 南アメリカ

サーベルタイガーといえばたいていはこのスミロドンを指して説明されるほど、代表的な種です。体格はライオンと同じかそれ以上で、体重は2倍近くあったともいわれています。上アゴには長さ24㎝にもなる長い犬歯をもち、それに合わせてアゴは90度以上も大きく開けることができました。口をガッと開いて獲物の喉元に長い犬歯を突き刺し、窒息させたと考えられています。また前肢や肩が発達していたことから、捕えた獲物を力強く抑えることができたと思われ、ネコ科の動物のなかでも格闘《かくとう》に特化した種だったようです。その一方で、短い後肢や、背中が前から後ろへ傾斜《けいしゃ》する体形、走るときにバランスを取る役目をする尾が短いなど、走行には向かない体つきをしていました。このことから、すばやく軽快な小型草食獣よりも動きの遅いマンモスなどの大型草食獣を捕食するのが得意だったとみられています。スミロドンの最後の化石として米フロリダ州の約8000年前のものが見つかっていますが、そのころの北アメリカはすでに氷河期が終わって気候がすっかり変わり、またユーラシア大陸から渡ってきた人類の影響によって、マンモスなどの大型草食獣の多くが瞬く間に絶滅していきました。それらを獲物にしていたスミロドンも食性の変化に対応できず、次第にその姿が見られなくなりました。

生息年代：

第四紀 更新世

現在　新生代　中生代　古生代

口をガッと開いて 長大な犬歯で 獲物を一刺し

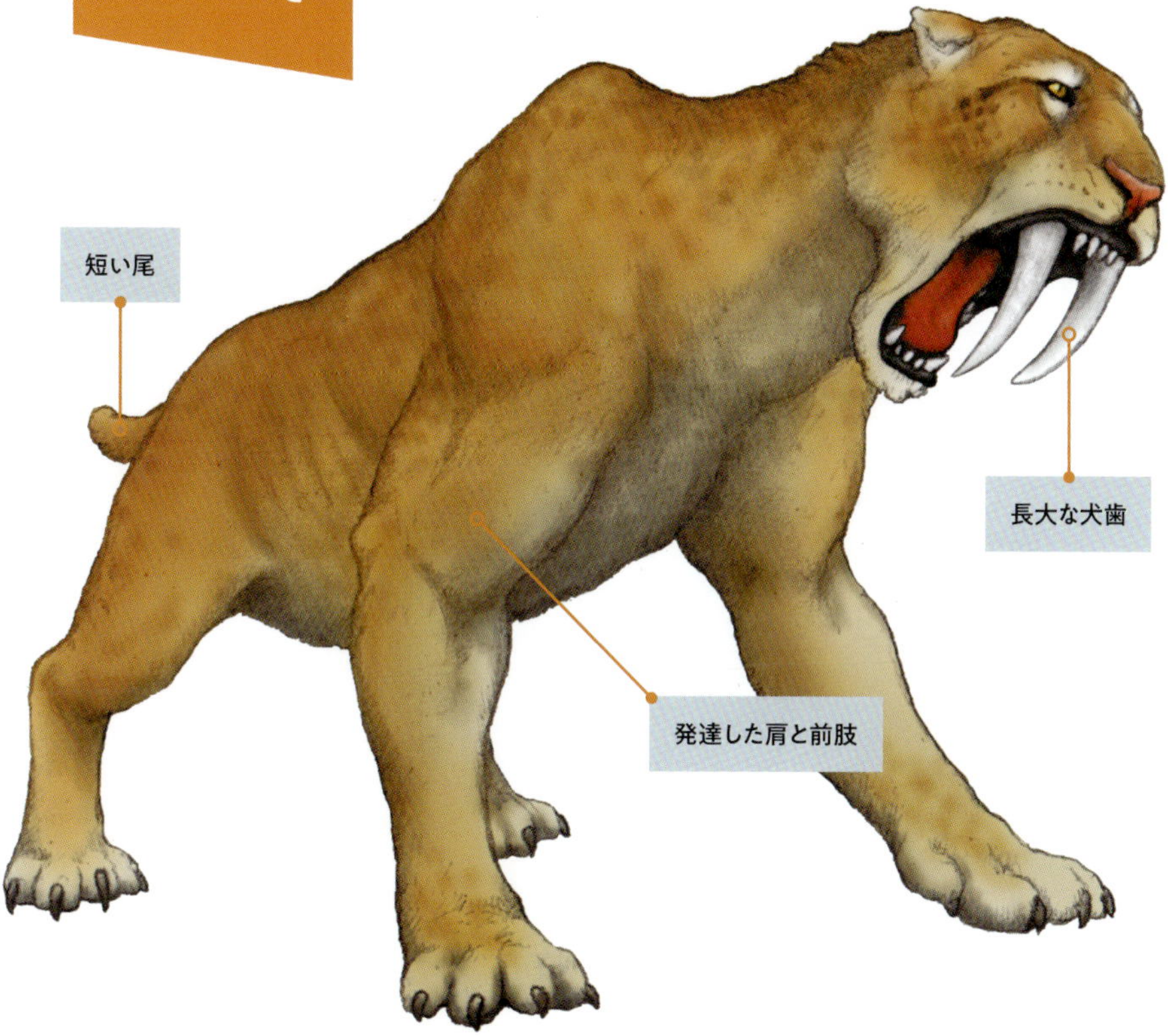

体長：2m

Acinonyx jubatus

チーター

分類： 食肉目 ネコ科

生息地域： アフリカ（熱帯雨林除く）、イラン

走りに特化したネコ科動物で、地上においてもっとも速く走ることができます。インパラやガゼルなどの小型草食獣を狙い、100〜300mくらい間合いを詰《つ》めて、俊足を生かして一気に襲い掛かります。その速さは、逃げる獲物を追跡しはじめてわずか2秒で時速70kmに達するほどで、最高速度は時速100km以上という記録も残っています。これは100mを3〜4秒で走る速さです。そんなチーターの体を見ると、やはり速く走るための機能がいくつも備わっています。走っている間の呼吸量を確保するために鼻腔《びくう》は広くなっており、その分、犬歯は小さくなっています。また、通常ネコ科動物の爪は鞘《さや》に引っ込む構造をしていますが、チーターの爪は走行用のスパイクとして使えるように、引っ込められない構造になっています。このように、武器となるものを捨ててまで速く走ることにこだわったことで、チーターはほかのネコ科動物よりも、足を生かした狩りの成功率が高いのです。しかしその一方で、ライオン（100ページ）やハイエナなど力の強い肉食動物にせっかく仕留めた獲物を奪われることもよくあります。こんなとき、チーターは敵わない相手とわかっているため、獲物をあきらめて逃げます。抵抗して致命的なケガを負うよりも、もう一度、狩りをするほうが賢《かしこ》い選択だからです。

生息年代：

現在

現在　新生代　中生代　古生代

走るために進化した サバンナ随一の 俊足ハンター

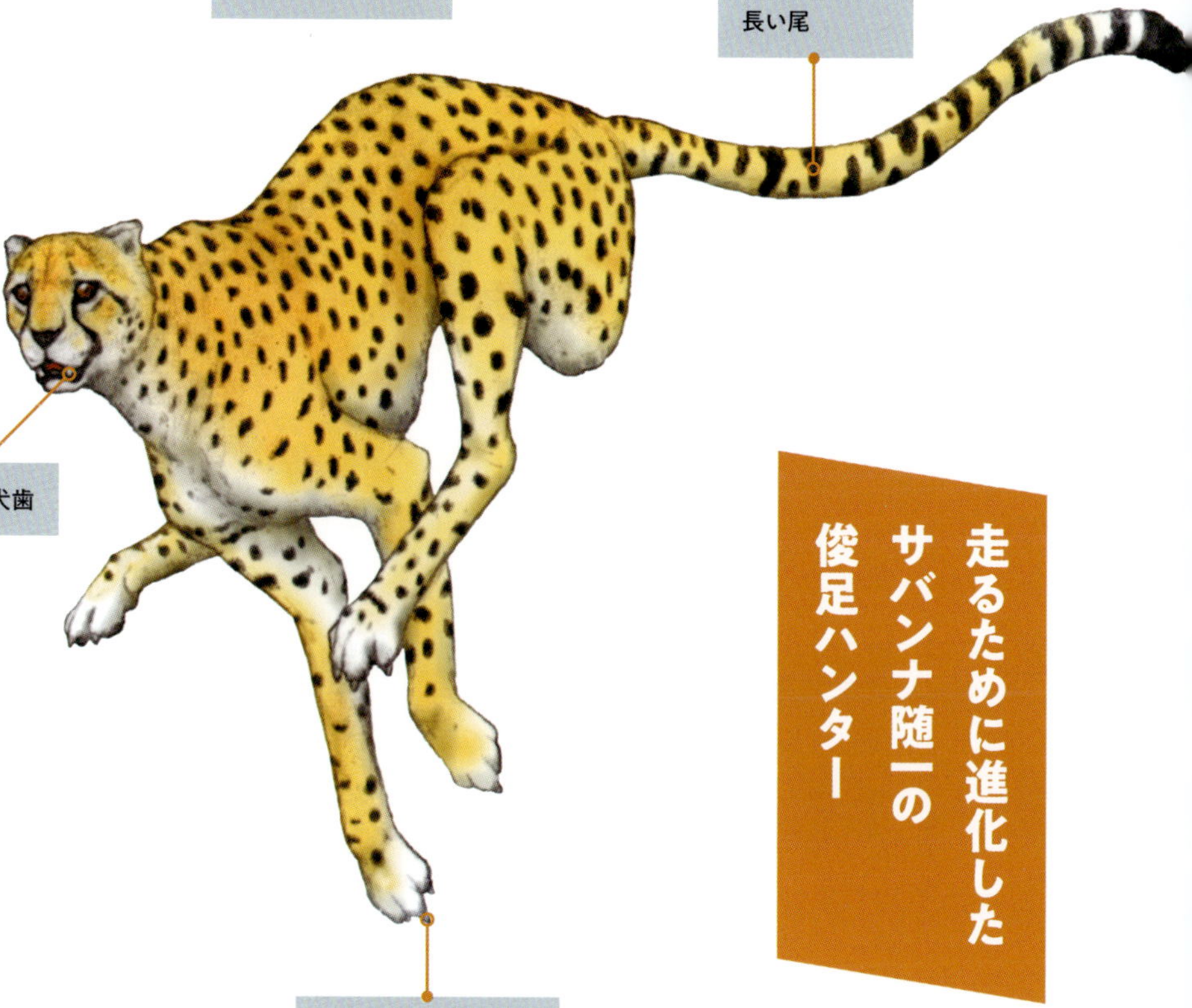
最高時速は100km
走るときに
バランスを取る
小さな犬歯
爪は引っ込められない

体長：1.5m

Panthera leo

ライオン

分類：食肉目 ネコ科

生息地域：サハラ砂漠以南のアフリカ、インド北西部

主にアフリカの草原や砂漠などに生息していますが、インド北西部にもわずかながら生息しています。現生においてはトラとならぶ最大のネコ科動物で、さらにネコ科のなかではオスとメスの見た目の差が大きいのも特徴です。オスは頭部から頸部《けいぶ》にかけて立派なタテガミをもちます。その迫力のある風貌から「百獣の王」とよばれ、人類の歴史上あらゆる場面で強さや権力、恐怖などの象徴として、紋《もん》章《しょう》などによく用いられてきました。また、ネコ科動物の多くは単独で行動しますが、ライオンはめずらしく群れで行動する社会性を備えており、オス1～2頭と複数のメス、そしてその子供からなる10～15頭の「プライド」とよばれる群れをつくります。狩りはメスの仕事で、複数頭で獲物のまわりを散開《さんかい》しながら忍び寄り、一方が獲物を追いかけ、一方が待ち伏せて獲物を捕らえるなど、仲間同士で連係《れんけい》して行います。オスもまれに狩りに協力しますが、その立派なタテガミが目立ちすぎ、狩りには向いていません。オスのタテガミは、狩りというよりも自分を大きく見せて威圧《いあつ》的《てき》に振る舞うためのもので、アフリカのサバンナでライバル関係にあるブチハイエナから獲物を横取りするのにはとても役立ちます。より色濃く、より毛の多いタテガミをもつオスは健康的で強く、メスによくモテます。

生息年代：

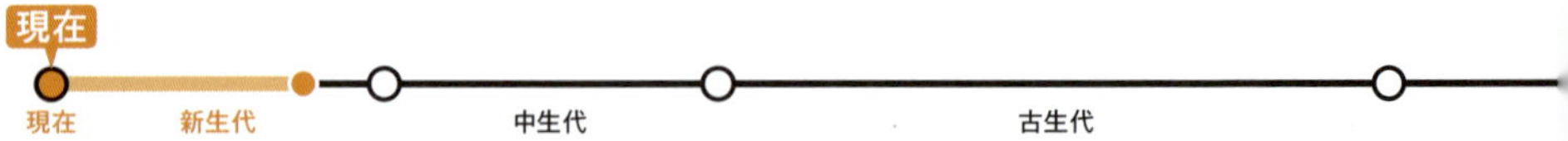

威風堂々たるタテガミで百獣の王とよばれるネコ

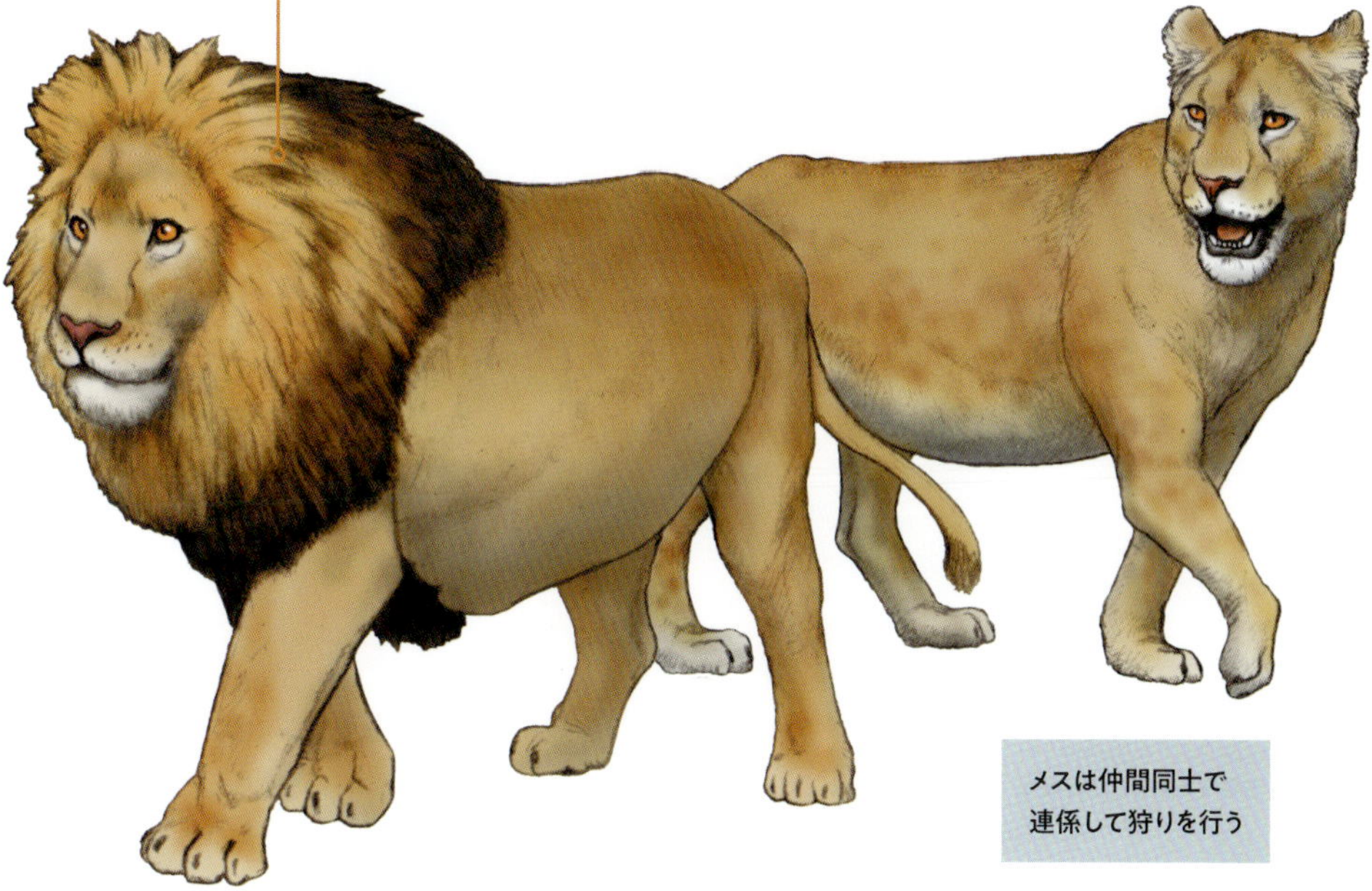
タテガミはオスの特長

体長：2m

スミロドン

国立科学博物館のスミロドンは下アゴをガッと開いています。
上アゴの長大な剣歯が迫力ありますね。

LET'S GO TO

ネコ科動物編 I

ミュージアムパーク茨城県自然博物館

ホモテリウム

Pickup②（94ページ）で紹介したホモテリウムの頭骨。こちらの犬歯も痛そう。

スミロドン

ロサンゼルス郡立自然史博物館から借り受けている実物の全身骨格を展示（写真はレプリカ）。

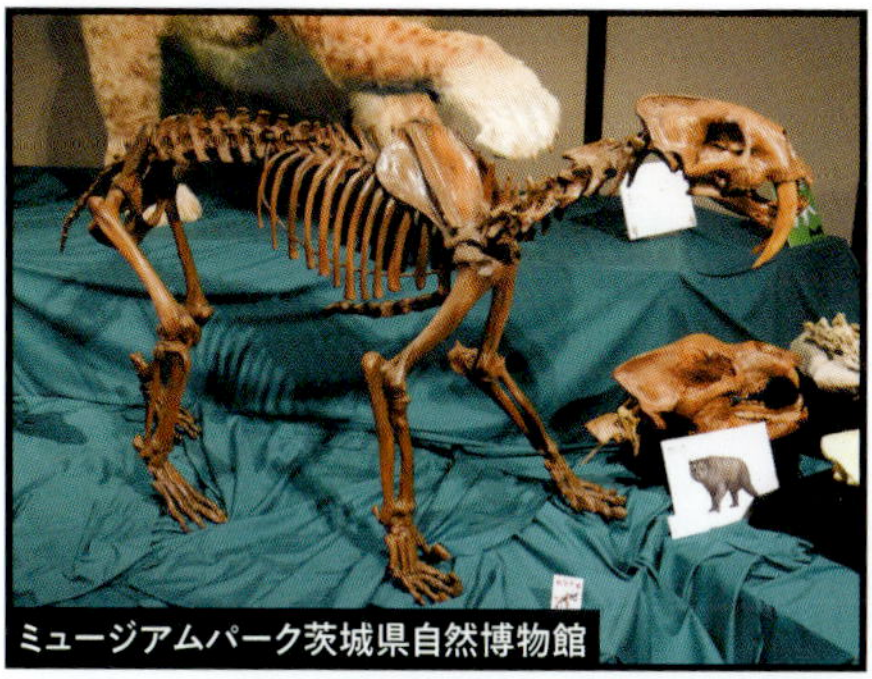

ミュージアムパーク茨城県自然博物館

エウスミルス

スミロドンよりも原始的な剣歯虎。アメリカの古第三紀の漸新世の地層から見つかった産状化石です。

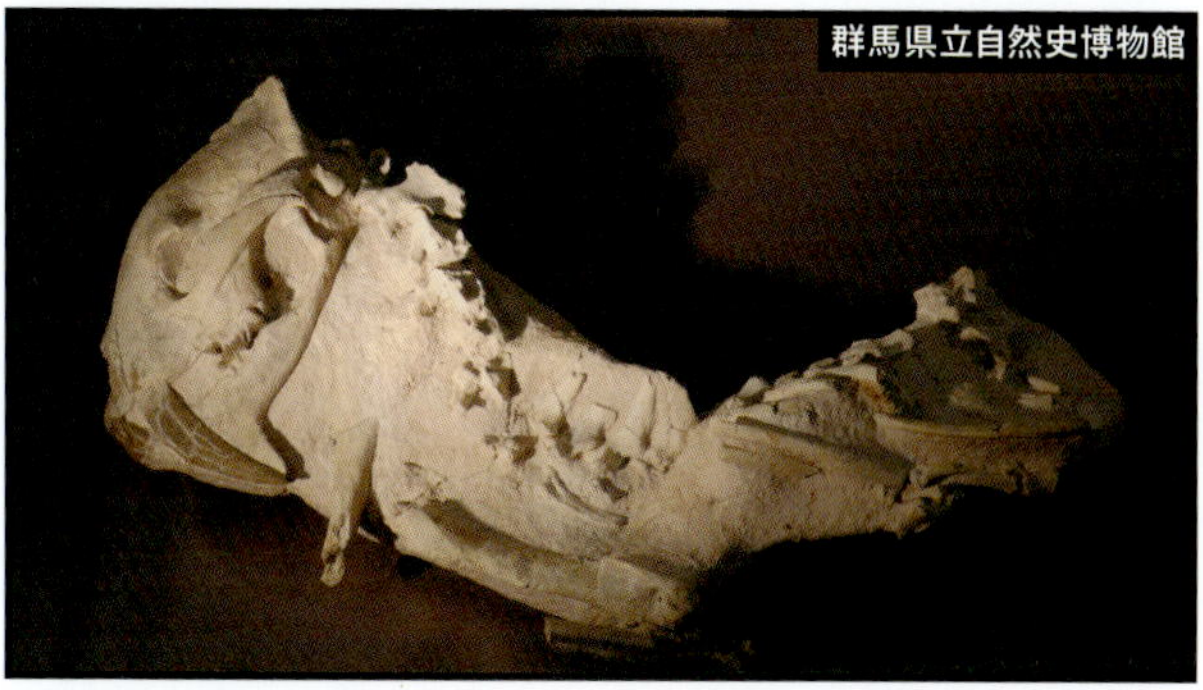

群馬県立自然史博物館

ホプロフォネウス スミロドンに似ていますが、厳密には別系統。もっと古く、古第三紀の始新世後期～漸新世前期にかけて生息していました。

ホプロフォネウス属の未定種

ネコ科動物編 II

LET'S GO TO

神奈川県立生命の星・地球博物館

ライオン

人気エリア「恐竜から哺乳類へ」の中心にいるのがこの3頭です。ネコ科だけでなく、いろいろな哺乳類に会えます。

ジャガー

クロヒョウならぬクロジャガー。ジャガーの黒化個体です。黒くてもちゃんと柄があります。

神奈川県立生命の星・地球博物館

ここで会える!

- 神奈川県立 生命の星・地球博物館
- 群馬県立自然史博物館
- 国立科学博物館
- ミュージアムパーク 茨城県自然博物館
- 北九州市立 いのちのたび博物館
- 豊橋市自然史博物館
- 瑞浪市化石博物館

他

豊橋市自然史博物館には古第三紀のネコの仲間、ディニクティスが展示されています

column 2

食肉類は見かけによらない

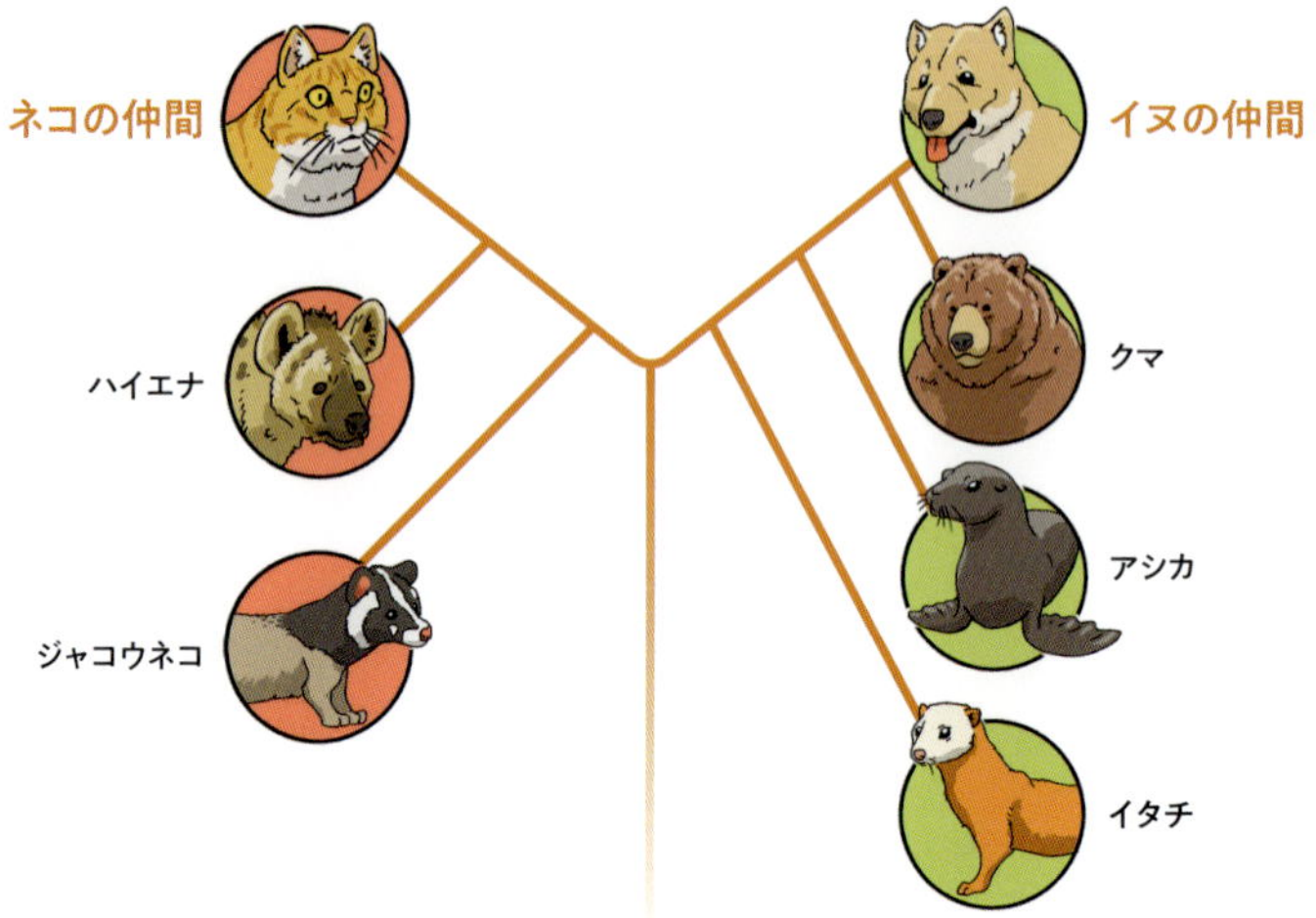

食肉類にはネコやイヌ、ハイエナやアザラシなどがいて、そのほとんどが名前のとおり肉食の動物です。発達した犬歯をもつのはもちろんのこと、臼歯にあたる頬歯は肉を切り裂くためにナイフのように鋭利になっています。そして、この食肉類は２つに大きく分けられています。「ネコの仲間」と「イヌの仲間」です。以前はネコやイヌなどの陸生の食肉類は「裂脚類《れっきゃくるい》」、アザラシやアシカなどの海生の食肉類は「鰭脚類《ききゃくるい》」と分けられていましたが、アザラシやアシカがクマ類に近縁であることが明らかになり、そのクマ類がイヌの仲間に分けられていることから、最近ではアザラシもアシカもイヌの仲間に含まれるようになりました。では、ハイエナはどうでしょうか。見た目や社会性の強さからイヌの仲間にも思えてしまいますが、実はネコの仲間に分類されています。

このように食肉類の仲間分けは外見上では判断できなくなってきています。ではどこで分けているかというと、耳の奥の構造です。耳の鼓《こ》膜《まく》より奥を「中耳《ちゅうじ》」といいますが、この中耳をおおう「鼓室骨《こしつこつ》」とよばれる骨の成り立ちが、ネコの仲間とイヌの仲間では異なるのです。ネコの仲間の場合、もともと鼓膜を支えていたリング状の骨が変化して鼓室骨ができています。一方、新たに付け加わった骨で鼓室骨がつくられたのがイヌの仲間です。鼓室骨がもつ特徴がどちらを示すかによって、その食肉類がネコの仲間なのか、イヌの仲間なのかを分けています。

ハイエナはネコの仲間、アザラシはイヌの仲間

Question

何の動物の祖先でしょう？

答え 次ページ

クレトゾイアルクトス・ベアトリクス

[Answer]

こたえ

ジャイアントパンダ

古生種

クレトゾイアルクトス・ベアトリクス

Kretzoiarctos beatrix

分類：食肉目 クマ科

生息地域：ヨーロッパ

1100万年前の湿潤な森林に生息していた、もっとも古いパンダの仲間です。化石は歯のみがスペインで発見され、外見や生態などは詳しくわかっていませんが、歯の特徴からジャイアントパンダに近い動物であるといわれています。この発見により、パンダの起源はジャイアントパンダが生息する中国ではなく、ヨーロッパにあったという説が有力になりました。ジャイアントパンダと違い、体重60kgほどの小さな動物で、すばやく木に登って、肉食動物から逃げていたと考えられています。

体長：1m

生息年代：新第三紀中新世

現在　新生代

現生種

ジャイアントパンダ

Ailuropcda melanoleuca

分類：食肉目 クマ科

生息地域：中国南西部

野生種は中国南西部の竹林のある標高1200～3900mの山奥にのみ生息していますが、化石は北京からベトナムまで広い範囲で発見されています。300万年前からその姿はあまり変わらず、食性も、魚や昆虫、果実などをわずかに食べるだけで、ほぼ竹ばかりを食べて生きてきました。氷河期の気候変動による食糧不足のときに、入手しやすい竹を好んで食べるようになったためといわれています。消化しにくい竹は栄養摂取の効率が悪く、大量に食べる必要があるため、一日の半分を食事に費やしています。

体長：1.2～1.5m

生息年代：現在

新生代

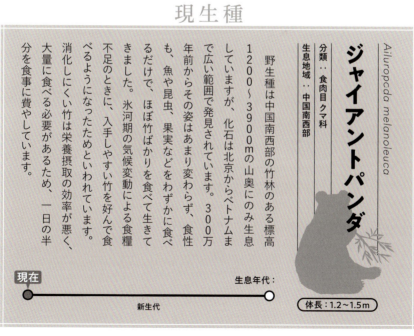

くらべてみよう！

巨大ネズミの昔と今

ホゼフォアルティガシアは、知られる限りの史上最大のネズミで、推定体重は1tともいわれています。以前には、2003年に南米のベネズエラで発見されたフォベロミスが史上最大とされていましたが、その推定体重は700kg。それをはるかに凌ぐ大きさのホゼフォアルティガシアは、2008年に同じく南米のウルグアイ

体長：3m

ホゼフォアルティガシア

Josephoartigasia monesi

分類：齧歯目 パカラナ科

生息地域：南米（ウルグアイ）

新生代

中生代

白亜紀

ジュラ紀

三畳紀

から頭蓋骨が発見され、その長さは53㎝にも及ぶものでした。400万~200万年前の沼沢地《しょうたくち》に生息していたとされ、やわらかい植物や水生植物、果実などを食べていたと考えられています。

　現生のネズミの仲間で世界最大の種として有名なのは、カピバラです。水辺で暮らす彼らは鼻の穴が上向きにあり、水面に鼻だけを出して水中に身を潜《ひそ》めたり、その状態で眠ることもできます。また、オスの鼻の上には臭腺《しゅうせん》があり、交尾期になると鼻を木の葉などにこすりつけて、メスを惹きつけます。カピバラの妊娠期間はネズミの仲間としては長く、150日もあります。

カピバラ

Hydrochaerus hydrochaeris

分類：齧歯目 カピバラ科
生息地域：南アメリカのアマゾン川流域など

現 在　　新第三紀 鮮新世~第四紀 更新世

第四紀　新第三紀　古第三紀

ゾウとナマケモノの分岐点。

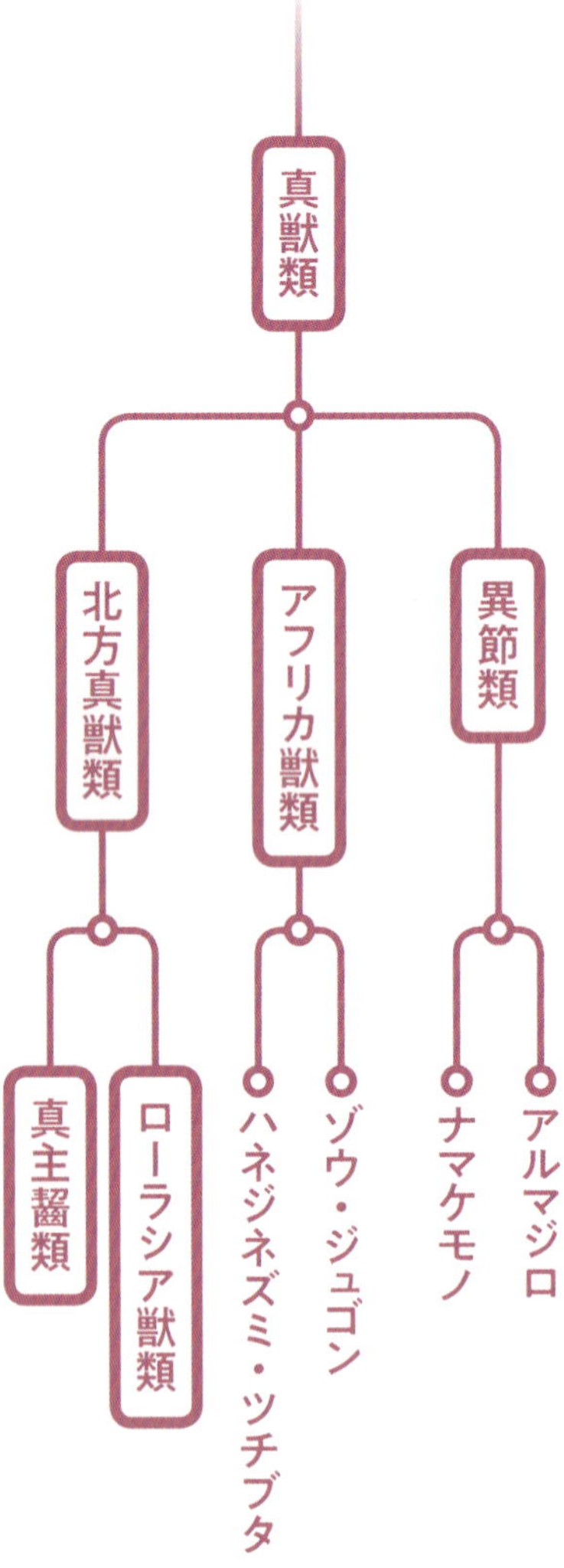

地球上の大陸がすべて陸続きになった、パンゲア大陸。その大陸があった大昔、最初の哺乳類が誕生しました。その後、大陸移動によってパンゲア大陸は南北に分かれ、北はローラシア大陸、南はゴンドワナ大陸になりました。さて、1章、2章ではおおよそ北のローラシア大陸を進化の舞台とした真獣類《しんじゅうるい》のおはなしをしてきましたが、3章ではもう一方の南のゴンドワナ大陸での真獣類の進化に目を向けます。

ゴンドワナ大陸は後に、アフリカ、南アメリカ、オーストラリア、南極に分裂することになる大きな大陸です。このうち、もっとも早く分離したオーストラリア大陸では、真獣類が進出した形跡もわずかに確認されるものの、その後の繁栄はなかったようで、現在では代わりに、コアラやカンガルーに代表される「有袋類《ゆうたいるい》」の楽園となっています。一方、アフリカ大陸と南アメリカ大陸が分裂すると、海を隔てて離ればなれになった真獣類たちは、それぞれの大陸で独自の進化をしていきました。そのうち、アフリカ大陸にいた真獣類を起源とするグループを「アフリカ獣類」とよび、このグループにはアフリカから世界各地へ分布を広げていったゾウ、水中生活に適応したジュゴンやマナティー、アフリカ特有の哺乳類として知られるツチブタやハイラックスなどがいます。もう一方の南アメリカ大陸の真獣類には「異節類《いせつるい》」とよばれるナマケモノ、アルマジロ、アリクイなどがおり、現在でも南アメリカ大陸固有の動物として知られています。このように、ひとつの大きな大陸が分裂していくことに合わせて、哺乳類は多種多様になっていきました。

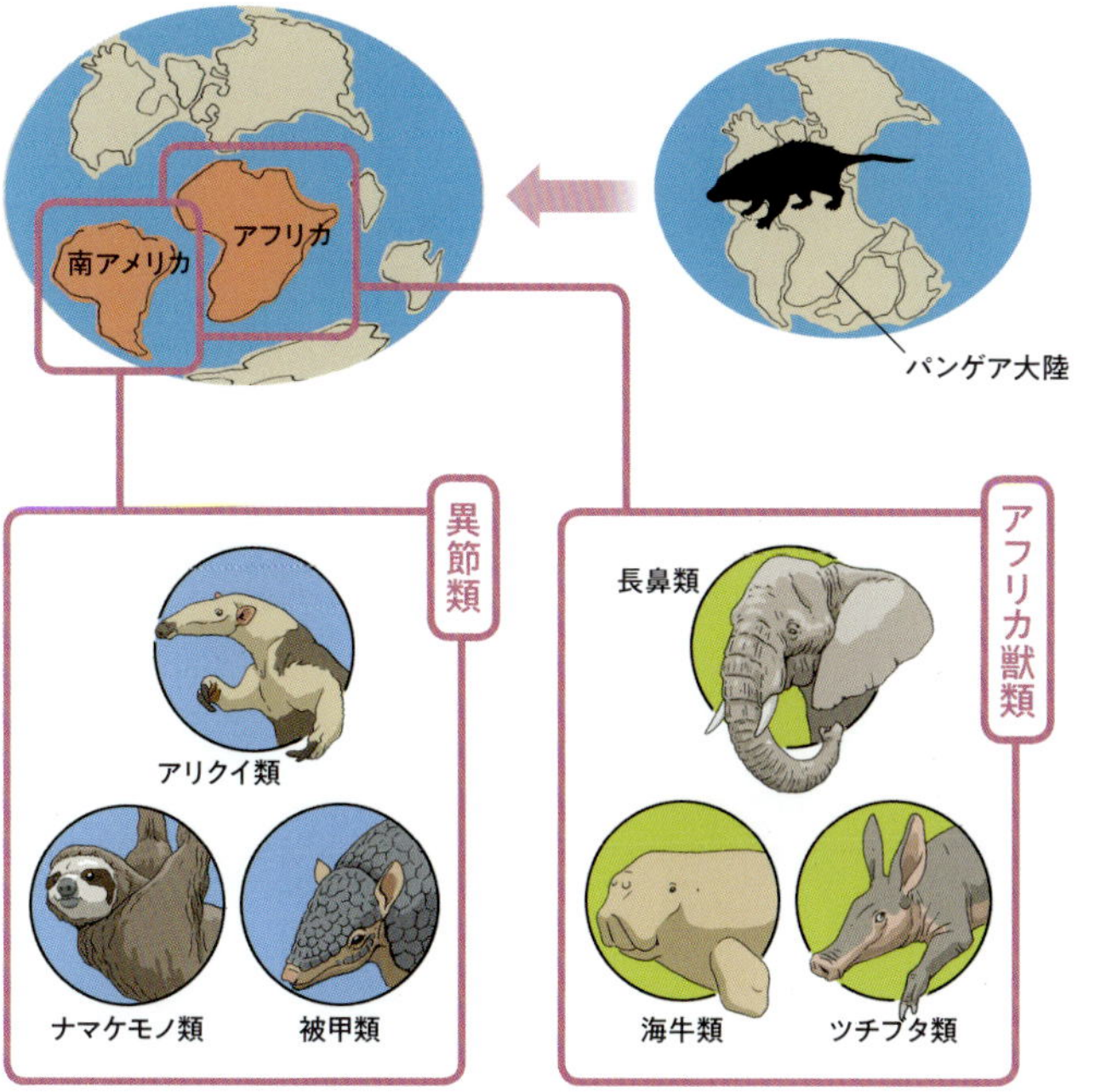

ゾウの仲間の歴史

現生のゾウの仲間はアフリカゾウとアジアゾウの2種だけですが、大昔には知られているだけでも170ほどの種がいました。もっとも原始的なものは5800万年前の北アフリカに生息したフォスファテリウムで、水辺で水生植物を食べて暮らしていたようです。脚は短く、イヌほどの大きさで、生態も見た目も小型のカバのようでした。平原に進出した彼らは、体

古第三紀

Pickup ① » P.116

フォスファテリウム
Phosphatherium escuilliei

新第三紀

Pickup ② » P.118

プラティベロドン
Platybelodon

第四紀

ステゴドン
Stegodon

ゴンフォテリウム
Gomphotherium

Pickup ③ » P.120

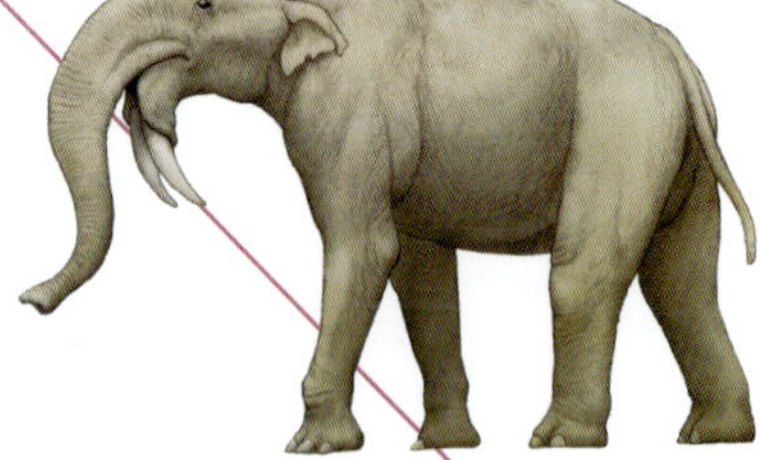

デイノテリウム
Deinotherium

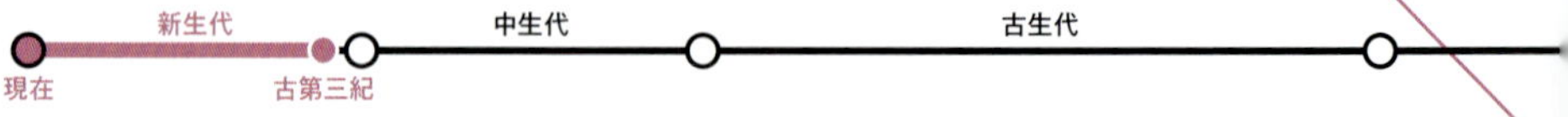

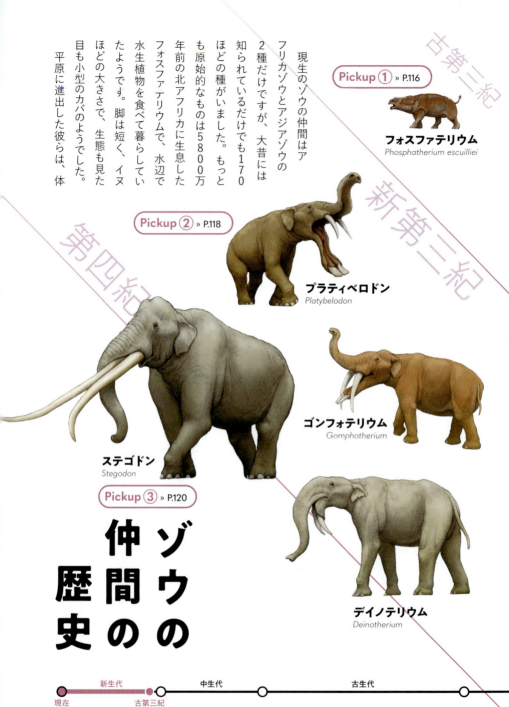

が大きくなり、それに合わせて円柱形の長くてしっかりした脚をもつようになります。体高が増して頭の位置が高くなり、地面の植物や飲み水に口が届かなくなると、首の短かったゾウの仲間たちは鼻を長くし、その鼻先を器用に使うようになりました。そしてなかには、ゴンフォテリウム科の動物のように下アゴを長く発達させた種も現れます。下アゴとそこに生えたキバを使って、地面の植物をすくい取ったり、地面を掘り起こして植物の茎《くき》を採ったり、木の枝を切り取って木の葉などを食べていたようです。ゴンフォテリウム科は北半球のほぼ全域に広く生息し、日本でもアネクテンスゾウやセンダイゾウとよばれるゴンフォテリウム科の化石が発掘されています。また、このゴンフォテリウム科からステゴドン科と、マンモスや現生のアジアゾウなどのゾウ科が派生しました。彼らの化石も日本で見つかっていて、アジアゾウと近縁のナウマンゾウは有名です。

　約５００万年前、世界的な寒冷化が始まると、ゴンフォテリウム科は適応できず滅びてしまいました。長い毛を生やしたマンモスなどは寒冷にも適応して生き残っていましたが、狩猟やその後の温暖化によって、結局彼らも絶滅してしまいます。そして現在、数少なくなったゾウもキバを求めた密猟が絶えず、絶滅が危ぶまれています。

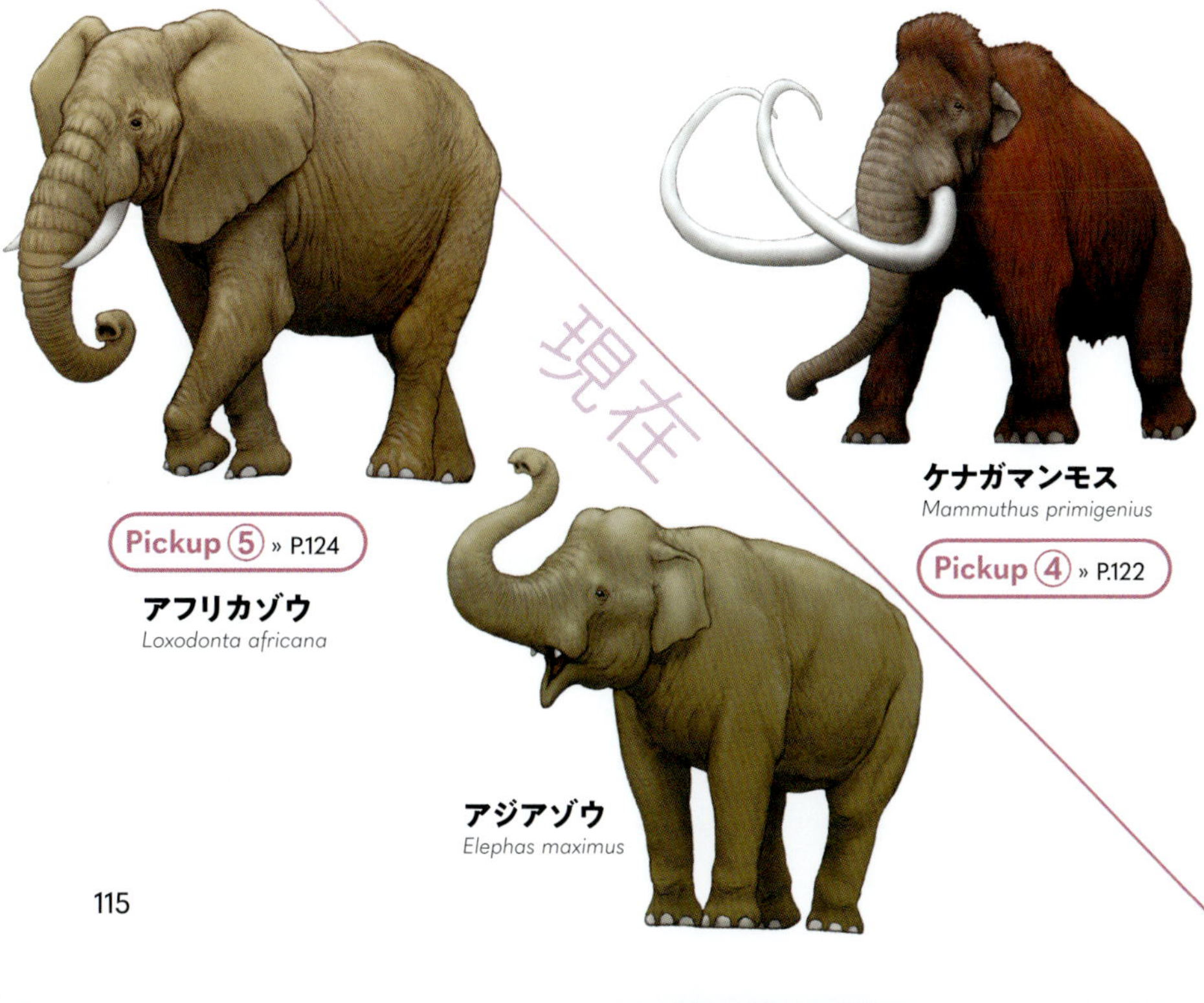

ケナガマンモス
Mammuthus primigenius
Pickup ④ » P.122

Pickup ⑤ » P.124
アフリカゾウ
Loxodonta africana

アジアゾウ
Elephas maximus

Phosphatherium escuilliei

フォスファテリウム

分類： 長鼻目 ヌミドテリウム科

生息地域： 北アフリカ

知られる限りで、ゾウの仲間ではもっとも古い年代に生息していたといわれています。新生代の最初の時代である暁新世、そのおおよそ５６００万年前の北アフリカで暮らしていました。この時代は特に温暖化が進んだ時代で湿潤な気候でした。原始的な姿をしたフォスファテリウムは、ゾウの仲間でありながら、体長はわずか60㎝ほど。ゾウの特徴である長い鼻や発達したキバはなく、イヌ程度の大きさのカバのような動物だったようです。その暮らしぶりもカバに似て、湿潤な環境のなかで水草などを主食とする水陸両生の動物であったと推測されています。

このフォスファテリウムを含むヌミドテリウム科がゾウの仲間と考えられるようになる前は、おおよそ３６００万年前、フォスファテリウムよりも遅れて出現したモエリテリウムがゾウの仲間の最古の祖先とされていました。フォスファテリウムと同様に胴長で脚は短く、体長は１ｍほどで、こちらも水草などを食べる水陸両生の動物であったと想像されています。しかし、その体形こそ今のゾウとは程遠いものですが、フォスファテリウムよりもゾウの仲間らしい進化をみせていました。ゾウといえばキバ状に伸びた切歯（前歯）のイメージがありますが、フォスファテリウムにはなかったその切歯が長く伸びはじめており、また現生のゾウと同じく、すでに犬歯が消失していました。

生息年代：

古第三紀 暁新世後期

現在　新生代　中生代　古生代

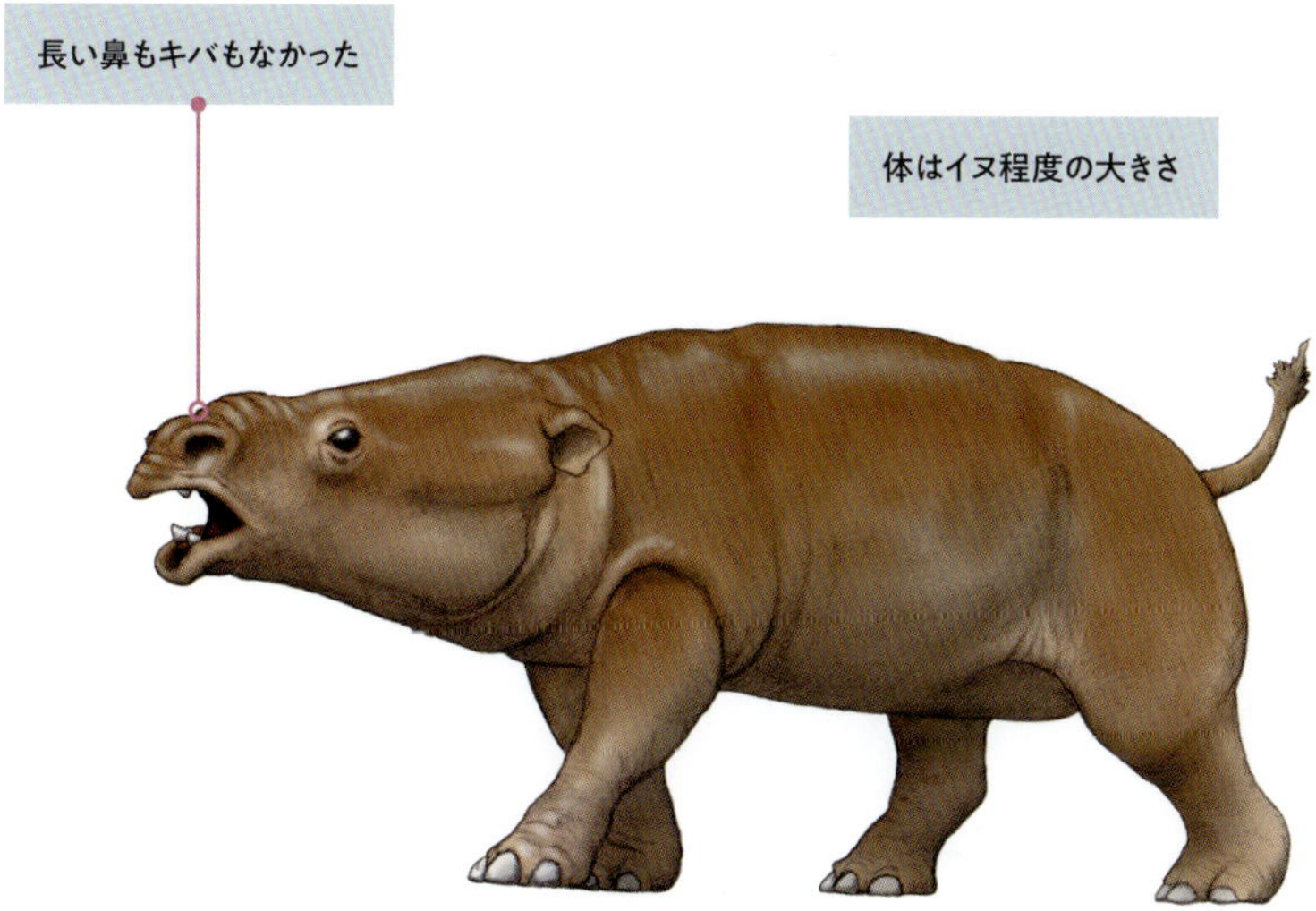
長い鼻もキバもなかった
体はイヌ程度の大きさ

〝らしさ〟ゼロの カバのようなゾウ

体長：60cm

Platybelodon

プラティベロドン

分類：長鼻目 ゴンフォテリウム科

生息地域：アジア、ヨーロッパ、アフリカ、北アメリカ

　森から開けた草原へと生活の場を変えた草食獣たちは、その進化の過程で大型化していきました。そして、ウシやウマなどの仲間は体が大きくなり背が高くなった分、地面の草まで口が届くように頭や首が長くなっていきます。一方、現在のゾウをみると、それらの草食獣とは違う進化をとげたことがわかります。首は短く、代わりに鼻を長くし、それを器用に使って地面の草をむしり取って口まで運びます。このように、特殊な進化をしてきたゾウの仲間ですが、なかでも異質だったのがゴンフォテリウム科のゾウたちです。ゾウの仲間は切歯を発達させた長いキバをもちますが、ゴンフォテリウム科の比較的原始的な種はキバが上アゴだけでなく下アゴにもありました。そしてプラティベロドンにいたっては、立ったままで地面に届くほど下アゴが長く、四角い板のようなキバがその先にあり、大きなシャベルのような形になっていたのです。このキバで植物を根こそぎ掘りおこしていたとか、このキバをナタのように使って木の枝を切り落としていたといわれ、いずれにしても、エサとなる植物を集めるのに使っていたようです。ゴンフォテリウム科より後に登場したゾウの仲間には下アゴのキバはなく、代わりに上アゴのキバがより発達して、主にディスプレイとして使われる傾向になっていきました。

生息年代：

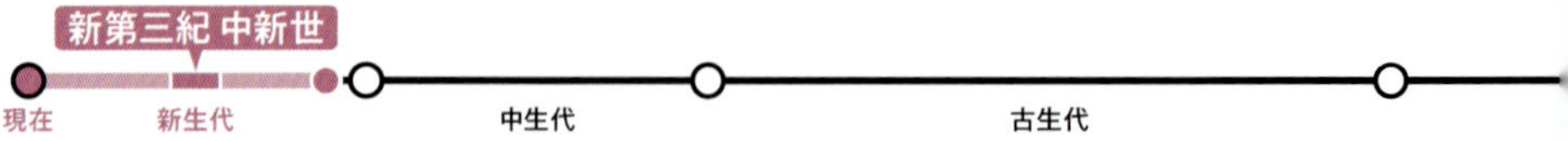

長くなったのは鼻だけではありません

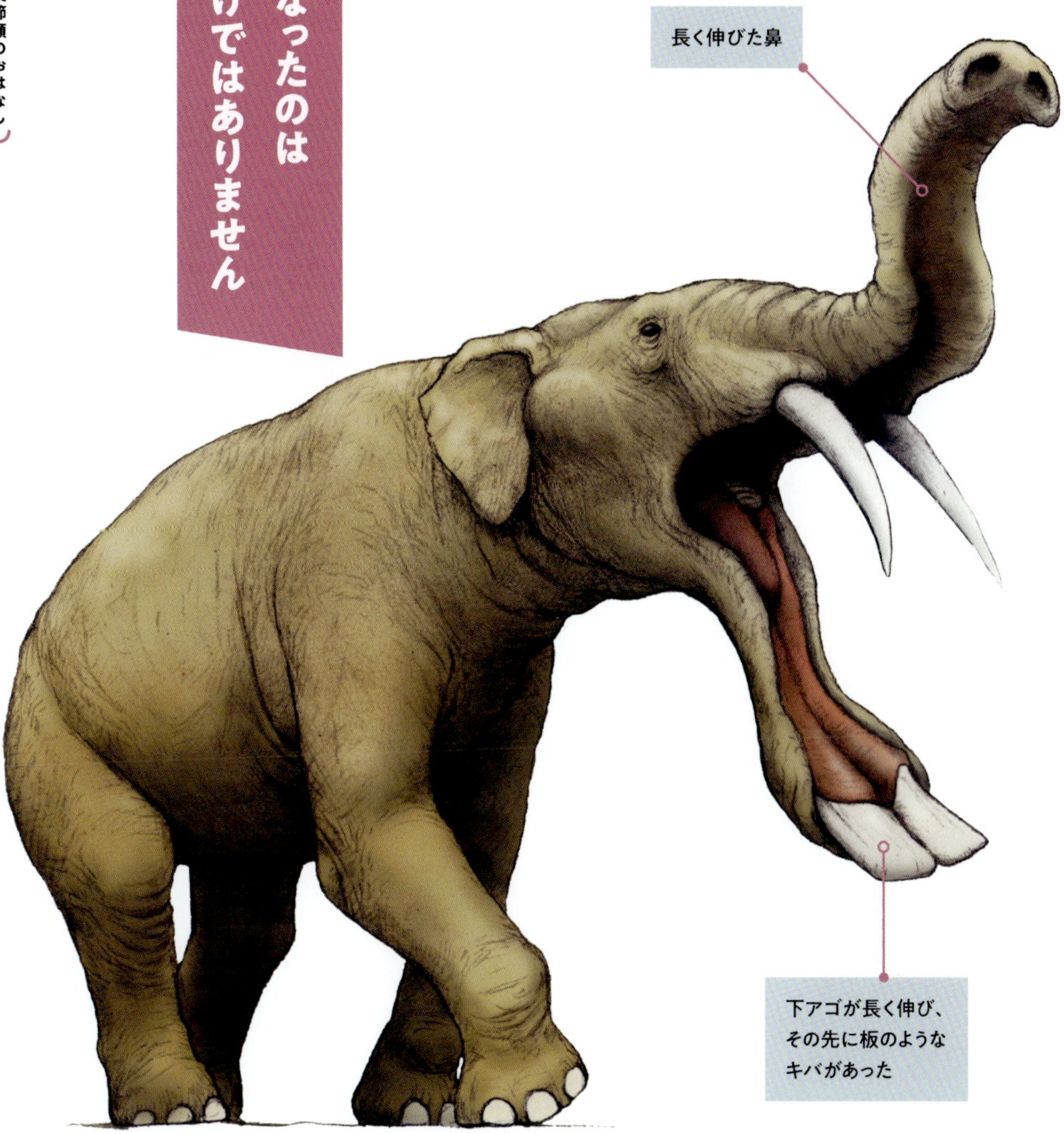
下アゴが長く伸び、その先に板のようなキバがあった

体長：4m

Stegodon

ステゴドン

分類：長鼻目 ステゴドン科

生息地域：アジア

ゾウの仲間にはゾウ科、ゴンフォテリウム科、マムート科などがいて、その起源はアフリカですが、ステゴドン科はアジア（インドシナ半島付近）が起源の地と考えられ、日本でも多くの化石が発見されています。おおよそ200万年前に生息したアケボノゾウは小型のステゴドンで、海外で似た化石が見つかっていないことから、日本固有種と見られています。また大型のステゴドンも発見されており、約400万年前に生息したミエゾウはアフリカゾウと同等、あるいはそれを凌ぐ体長8mもある巨大なゾウでした。さて、ゾウといえば長い鼻やキバなどの特徴のほかに、臼歯にも変わった特徴があります。私たちの歯は乳歯が抜けると下から永久歯が生える垂直《すいちょく》交換ですが、現生のゾウやマンモスなどのゾウ科の臼歯は大きな臼歯が上下左右に1本ずつ生えているのみで、その臼歯が擦り減ると、アゴ骨の中から新しい臼歯が顔を出し、古い臼歯を押し出しながらベルトコンベアーのように前に移動します。この水平《すいへい》

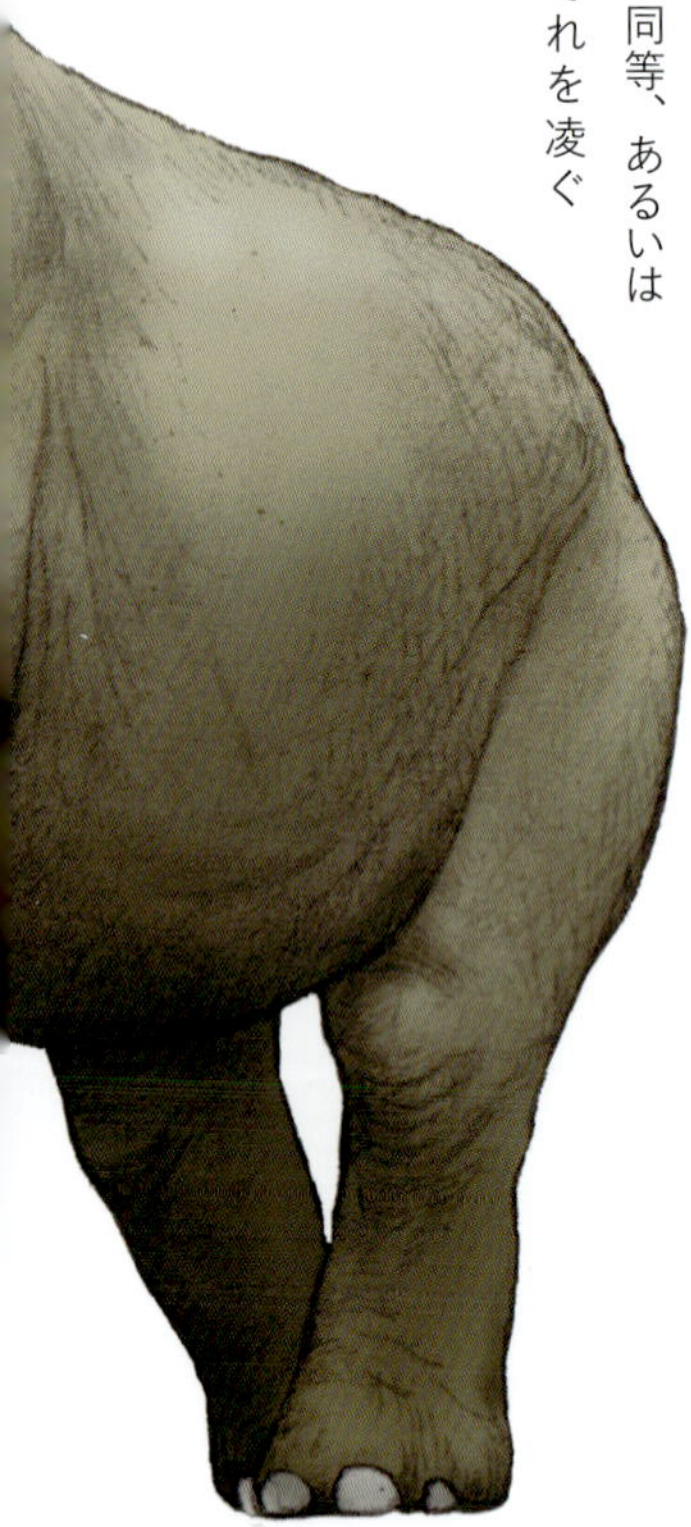

生息年代：

新第三紀 鮮新世～第四紀 更新世

現在　新生代　中生代　古生代

ベルトコンベアー式歯の水平交換システムをすでに採用

交換システムはゾウ科に近いステゴドン科にも同じように備わっていました。体の大きなゾウの仲間は、大量の植物を食べ、また寿命《じゅみょう》も長いため、臼歯を長持ちさせる必要があります。歯を小出しにする水平交換で、それに対応しているのです。

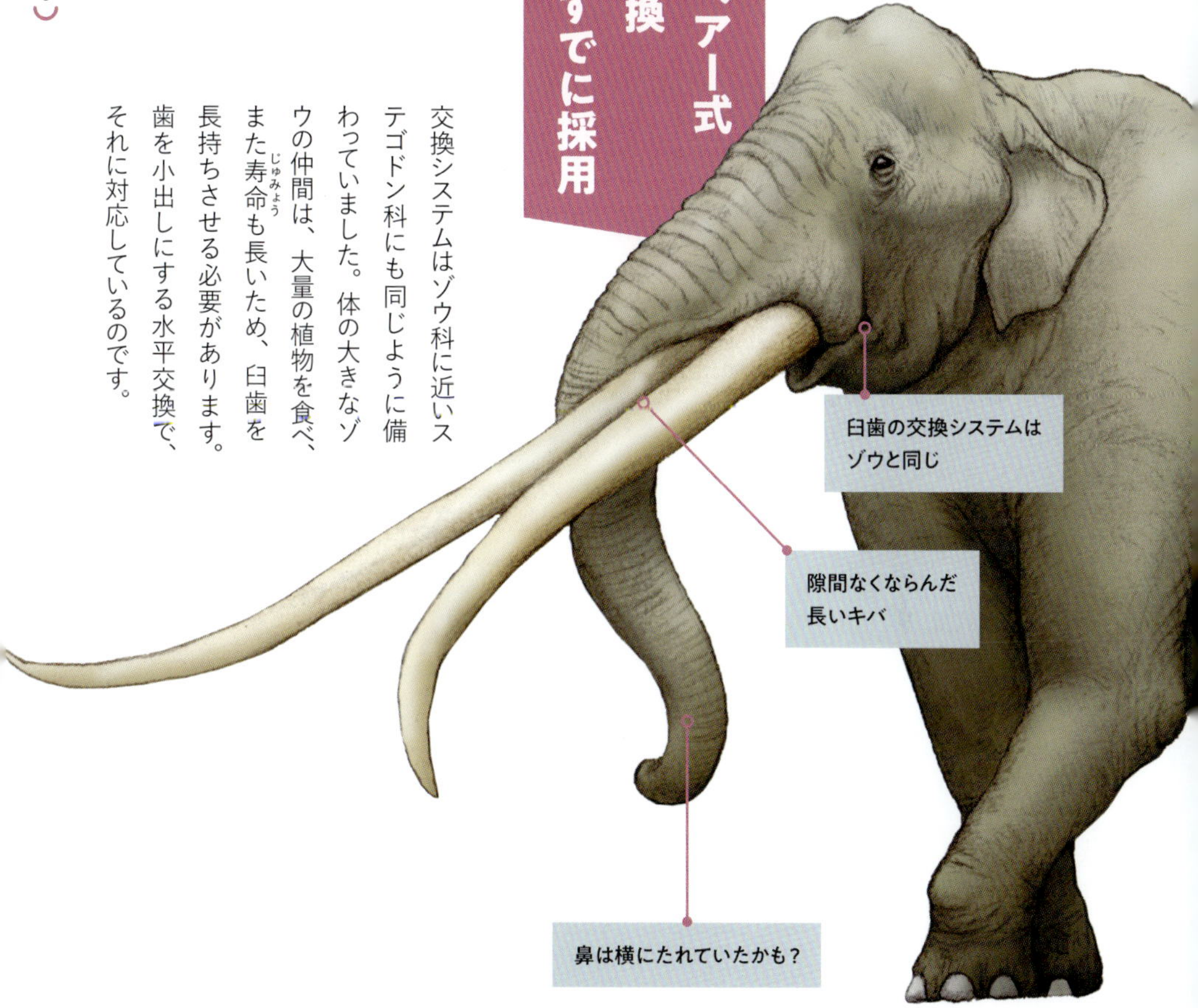
臼歯の交換システムはゾウと同じ
隙間なくならんだ長いキバ
鼻は横にたれていたかも？

体長：8m

Mammuthus primigenius

ケナガマンモス

分類： 長鼻目 ゾウ科

生息地域： ユーラシア大陸北部から北アメリカ北部

マンモスといえば、氷河時代の北の大地で繁栄した、長い体毛でおおわれたこのケナガマンモスがイメージされがちですが、マンモスの仲間には何種類もいて、暖かい環境に生息した毛の生えていないマンモスもいました。それどころか、故郷は我々人類と同じ熱帯のアフリカにあったことがわかっており、また、登場した時期も人類と同様に500万～400万年前と考えられています。アフリカからユーラシア大陸に渡ったのはおおよそ300万年前といわれ、このケナガマンモスが現れたのは、地球に氷河期が訪れた後のおおよそ10万年前です。氷河期のシベリアや北アメリカ北部に広がるマンモス・ステップという草原で寒冷適応したケナガマンモスは、大いに繁栄しました。しかし、裁縫《さいほう》技術をもつようになった人類は防寒具を身にまとい、後を追うようにマンモスの棲む寒さ厳しい場所へ進出するようになります。そして、人類の過剰な狩りで、たちまち存続の危機を迎え、また、追い打ちをかけるように氷河期が終わると、温暖な気候による植生の変化

生息年代：

第四紀 更新世～完新世

現在　新生代　中生代　古生代

氷河期を生き抜いた毛むくじゃらのゾウ

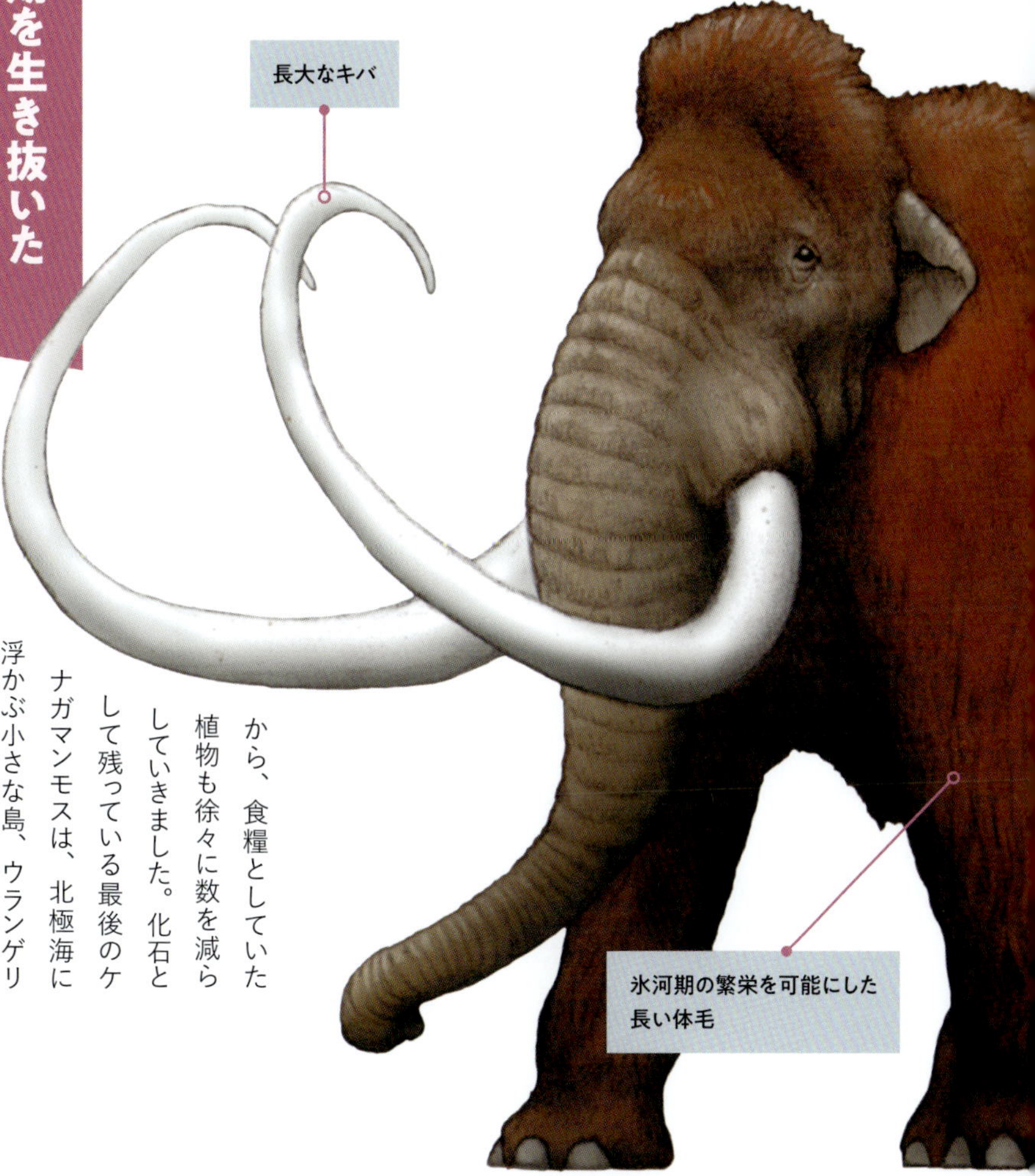

から、食糧としていた植物も徐々に数を減らしていきました。化石として残っている最後のケナガマンモスは、北極海に浮かぶ小さな島、ウランゲリ島で見つかった3700年前のものです。

体長：5m

Loxodonta africana

アフリカゾウ

分類：長鼻目 ゾウ科

生息地域：サハラ砂漠以南のアフリカ

アフリカゾウは、現生の陸生動物のなかでもっとも体の大きな動物です。ゾウの現生種にはほかにアジアゾウがいますが、実際の体格差以上に、その大きな耳が、さらに迫力を与えています。おそらく歴代のゾウの仲間のなかでもこれほどの大きな耳をもつものはいなかったかもしれませんが、この耳には重要な役割があると考えられています。体が大きいため体温がこもりやすく、また、直射日光の強いアフリカの熱帯サバンナでは暑さ対策が不可欠で、耳をパタパタさせることで体の熱を外へ逃がし、体温調節をしているのです。さらに耳を広げて敵へ威嚇することもあるようです。大人のアフリカゾウにはその巨体ゆえに天敵はいませんが、メスは保護下にある子供とともに群れを形成します。また子供のオスは12～16歳になると群れを離れ、単独あるいは若いオスと群れをつくって生活します。さて、東京大学の教授らによる最新の研究で、アフリカゾウの嗅覚《きゅうかく》がとても優れていることが判明しました。空気中のにおい分子を感じ取る嗅覚受容体《きゅうかくじゅようたい》の遺伝子がイヌの2倍、ヒトの5倍多く、イヌが嗅ぎ分けられないにおいまで嗅ぎ分ける能力をもっているそうです。この嗅覚で、アフリカゾウを狩猟の対象としてきたマサイ族の男性と、そうでないカンバ族とを判別し、マサイ族の男性を避けたという話もあります。

生息年代：

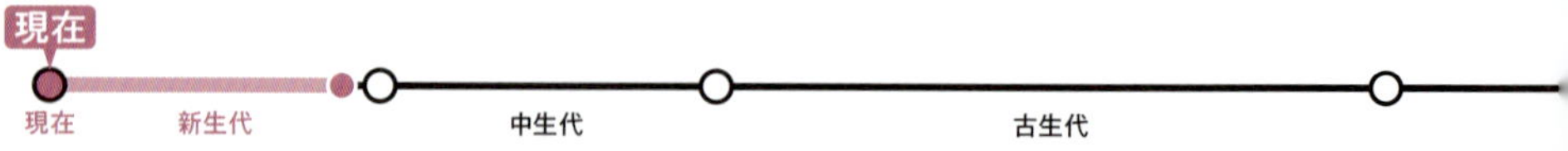

長い鼻と大きな耳を器用に扱う地上最大の動物

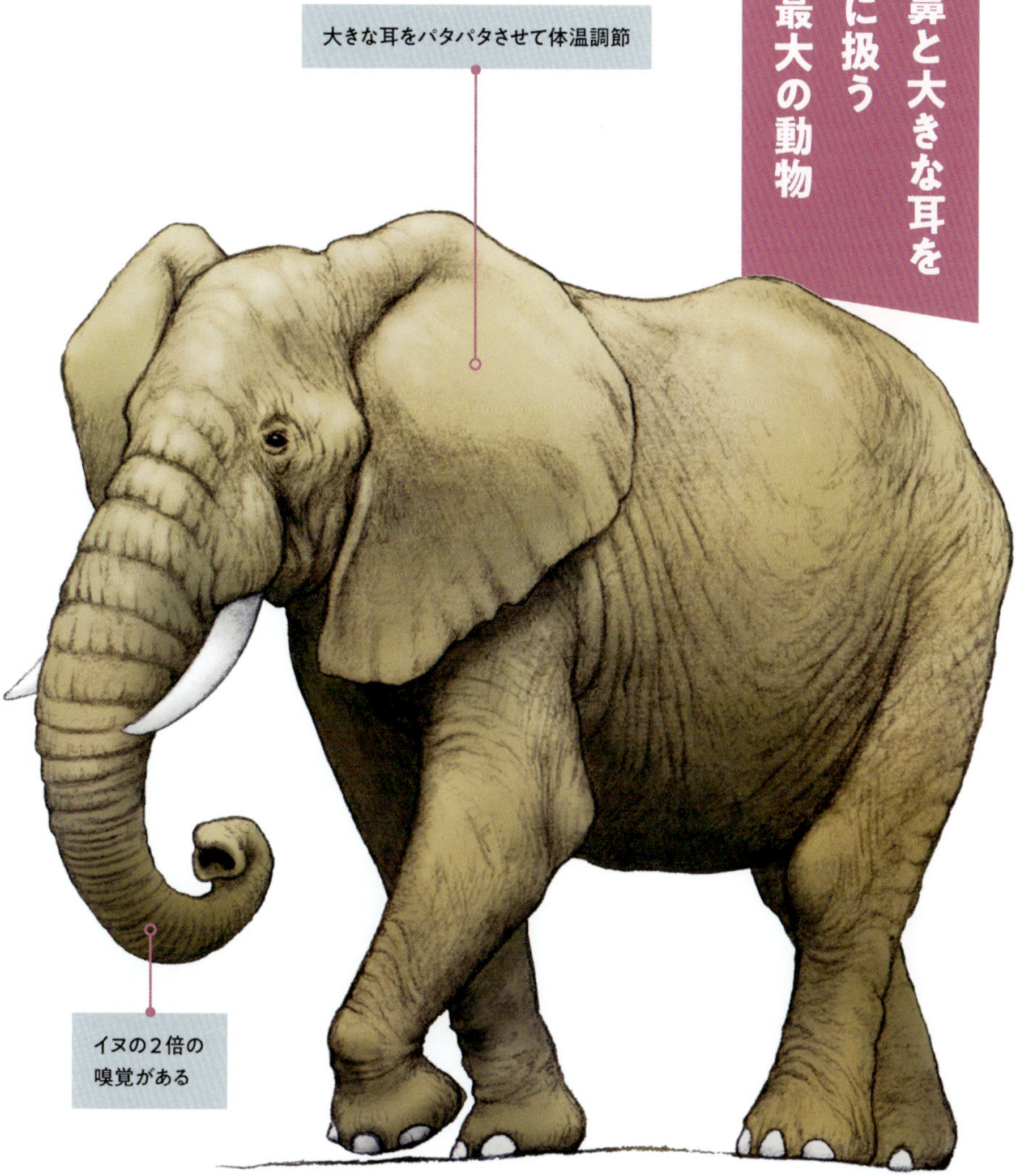
大きな耳をパタパタさせて体温調節
イヌの2倍の
嗅覚がある

体長：7m

大阪市立自然史博物館

ステゴドン

Pickup ④（120 ページ）で紹介した、くっついたキバが特徴的なステゴドン。骨格を見ると確かに鼻が通る隙間はありません。

ゴンフォテリウム・アンネクテンス

ゴンフォテリウム科（114 ページ）のアンネクテンスゾウ。ここにはホロタイプ標本が収蔵されています。

瑞浪市化石博物館

国立科学博物館

アルシノイテリウム

直接の祖先ではないものの、ゾウや海牛類（マナティーなど）に近縁と考えられています。でも、どちらかというと、サイに似ています。

LET'S GO TO

ゾウの仲間編 I

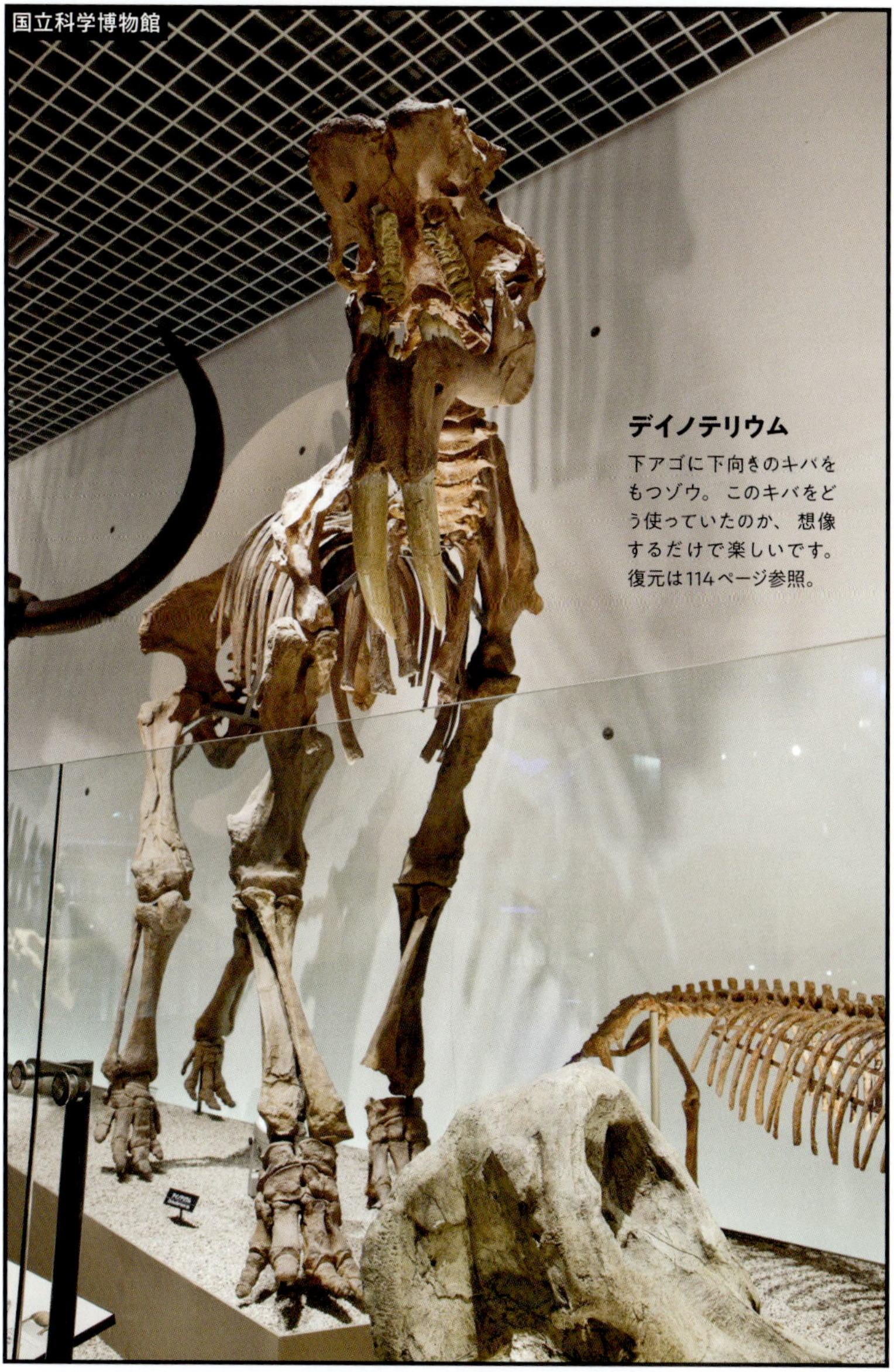

デイノテリウム

下アゴに下向きのキバをもつゾウ。このキバをどう使っていたのか、想像するだけで楽しいです。復元は114ページ参照。

豊橋市自然史博物館

ケナガマンモス

Pickup ③（122ページ）で紹介したケナガマンモス。キバがひときわ立派です。

大阪市立自然史博物館

国立科学博物館

コロンブスマンモス

こちらも立派なキバをもつマンモスの仲間。フロリダで見つかった個体です。

ゾウの仲間編 Ⅱ

LET'S GO TO

ミュージアムパーク茨城県自然博物館

**松花江《しょうかこう》
マンモス**

世界最大のゾウといわれている松花江マンモス（ステップマンモス）。人物が本当に小さく見えます。

ここで会える！

- 大阪市立自然史博物館
- 国立科学博物館
- 瑞浪市化石博物館
- 豊橋市自然史博物館
- ミュージアムパーク茨城県自然博物館
- 北九州市立いのちのたび博物館
- 群馬県立自然史博物館
- 佐野市葛生化石館
- 千葉県立中央博物館

他

ゾウの仲間は種類が多く、複数展示されていることもあるので、骨格の違いを見くらべてみましょうくらべてみよう!

ジュゴンの昔と今

ジュゴンを含む海牛類の祖先は、その昔、歩くことができました。ジャマイカの古第三紀の始新世の地層から化石が発見されたペゾシーレンは、5000万年前のカリブ海とその浜辺に生息していたとみられ、知られる限り最古の海牛類です。その名は「歩く人魚」を意味し、化石が発見された2001年に名づけられ

体長：2m

ペゾシーレン
Pezosiren
分類：海牛目 プロラストムス科
生息地域：ジャマイカ

古第三紀 始新世前期

新生代

新第三紀　古第三紀

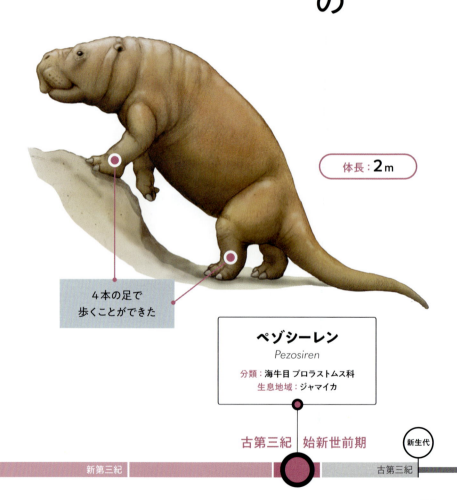

ました。4本の足で地上を歩くことができる、半水生の動物だったと考えられています。主に水中で活動していましたが、胸ビレは現在のジュゴンやマナティーのような形にはなっておらず、完全ではありませんでした。

　海牛類はクジラやアザラシなどの海に棲む海生哺乳類のなかでは唯一の草食獣で、海草や水草を主食としています。ジュゴンはアマモやウミヒルモなどの海草のみを食べる偏食のため、生息するのは海草の生える熱帯地方の浅い海に限られています。繊維が多く、消化しにくい海草を食べるため、ジュゴンは長さ45mにもなる長い腸をもっています。

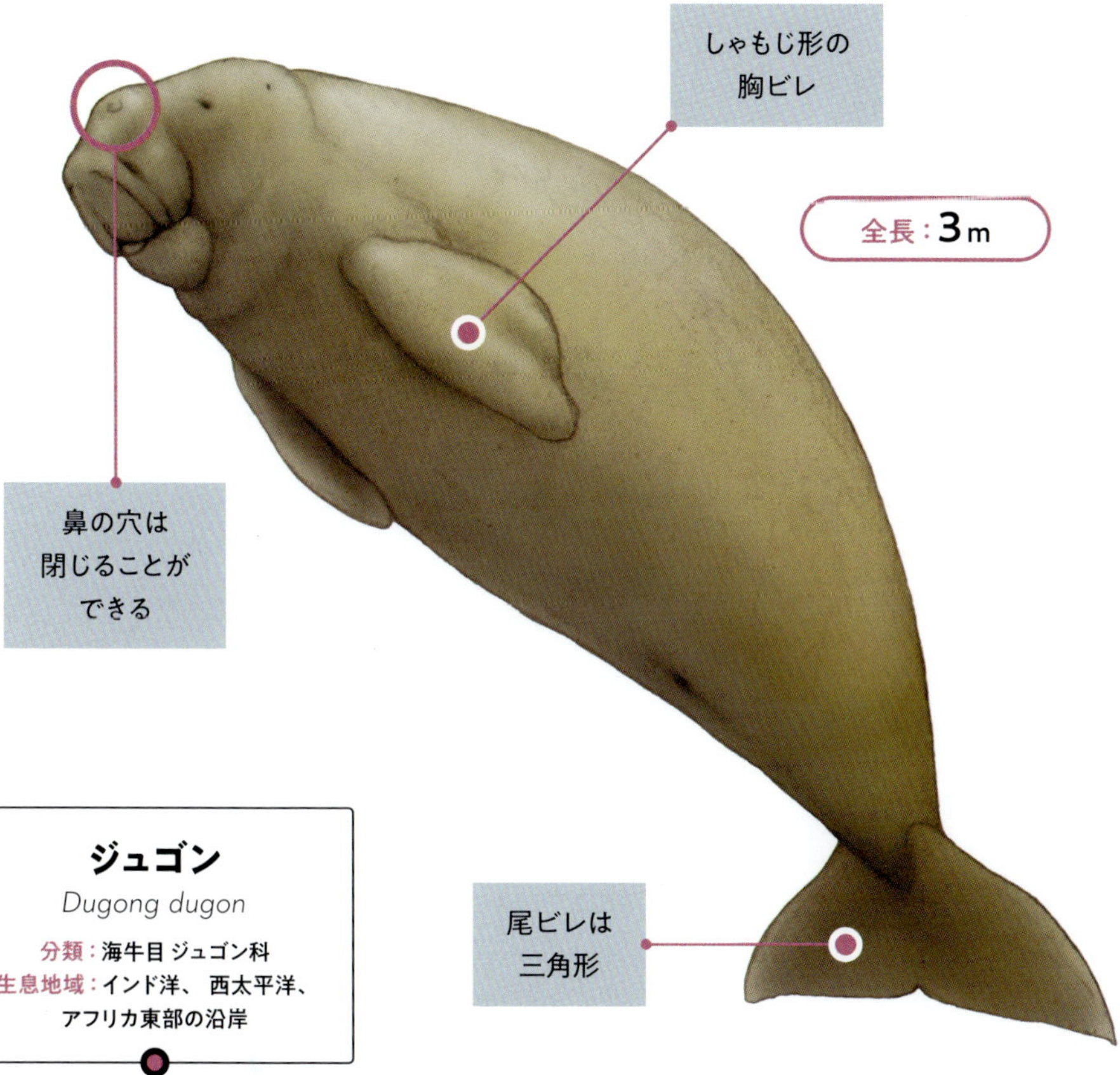

ジュゴン

Dugong dugon

分類：海牛目 ジュゴン科

生息地域：インド洋、西太平洋、アフリカ東部の沿岸

現在

第四紀

くらべてみよう！

アルマジロの昔と今

「異節類」には、鱗《うろこ》状の装甲《そうこう》で身をかためたアルマジロなどの「被《ひ》甲類《こうるい》」と、アリクイやナマケモノなどの「有毛類《ゆうもうるい》」の2つのグループがありますが、先に現れたのは被甲類で、古第三紀暁新世の5600万年前の地層から見つかったリオステゴテリウムが最古の種とされています。新第三紀鮮新世に生息したパノクトゥスは、そ

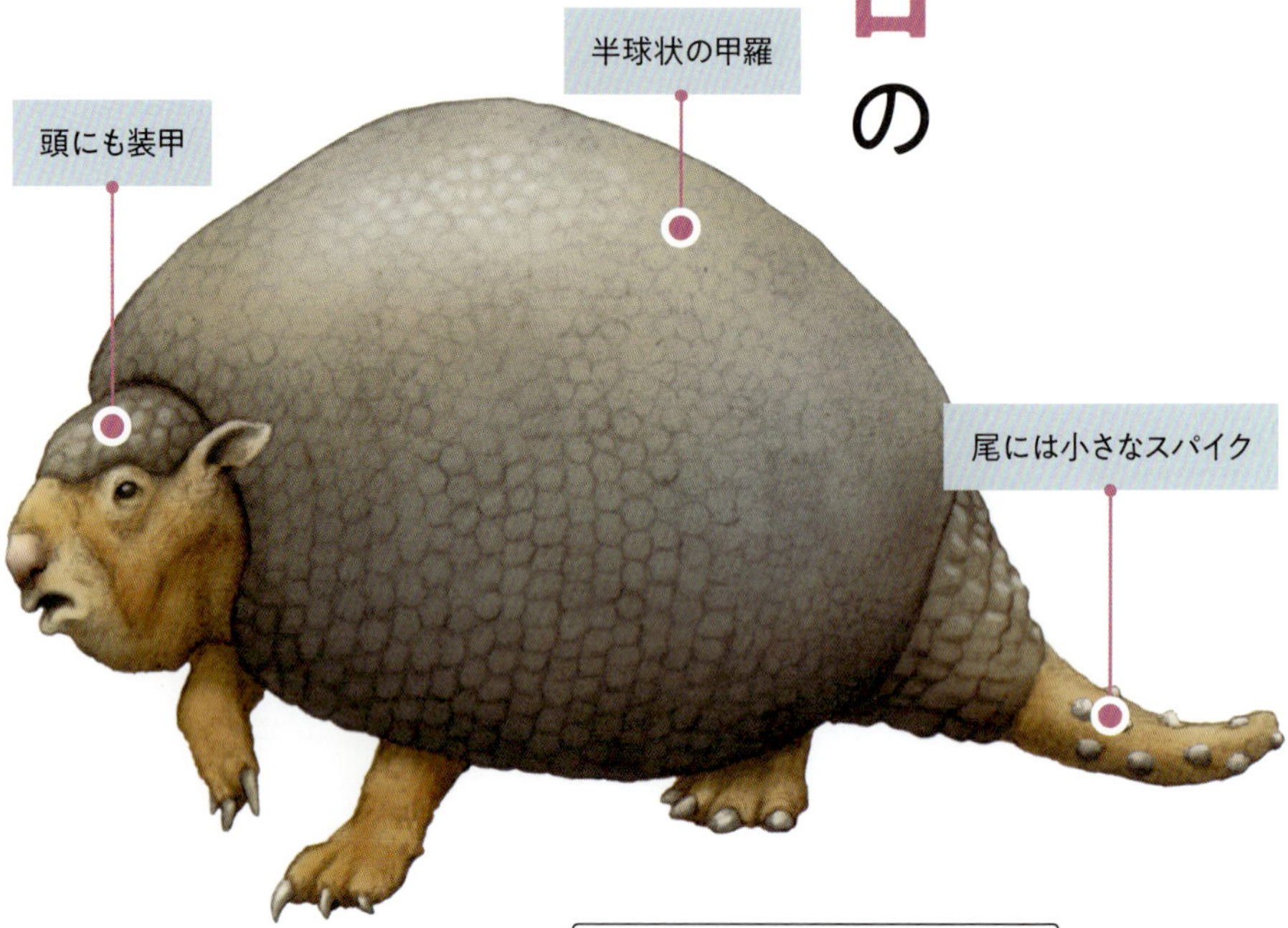

体長：3m

パノクトゥス
Panochthus
分類：異節上目 被甲目 グリプトドン科
生息地域：南米（ウルグアイ）

新生代
新第三紀　古第三紀

の流れを継いだアルマジロの近縁で、半球状の甲羅《こうら》をまとった体長3mほどもある大きな動物でした。頭にも装甲をもち、さらに尾には小さなスパイクがならび、完全防備で敵から身を守っていたようです。

現生のアルマジロの仲間には、パノクトゥスには敵わないものの、尾まで含めると1・5mにもなるオオアルマジロがいます。森林やサバンナに生息し、水辺を好む動物です。力強い前肢には20cmもの長い爪があり、それを使って掘った穴に身を潜め、日中を過ごします。見た目に反して体を丸めることはできませんが、天敵に追われると素早く穴を掘ってそこに逃げ込むことができます。

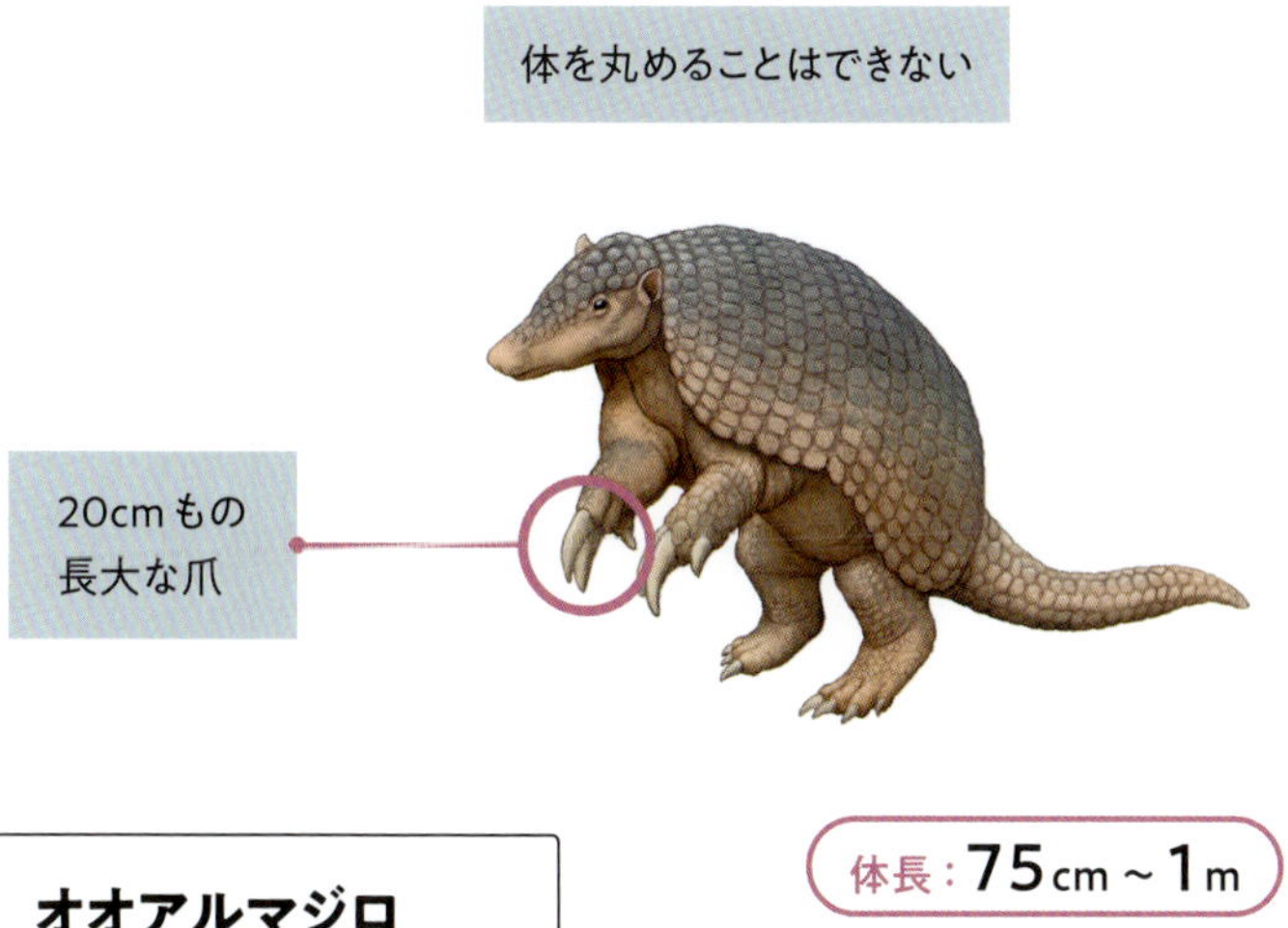

オオアルマジロ

Priodontes maximus

分類：異節上目 被甲目 オオアルマジロ属
生息地域：南アメリカ
（アルゼンチン、パラグアイ）

現在　新第三紀 鮮新世
第四紀

column 3

デスモスチルスのきた道

故郷アフリカを飛び出したテチス獣類たちの、その後

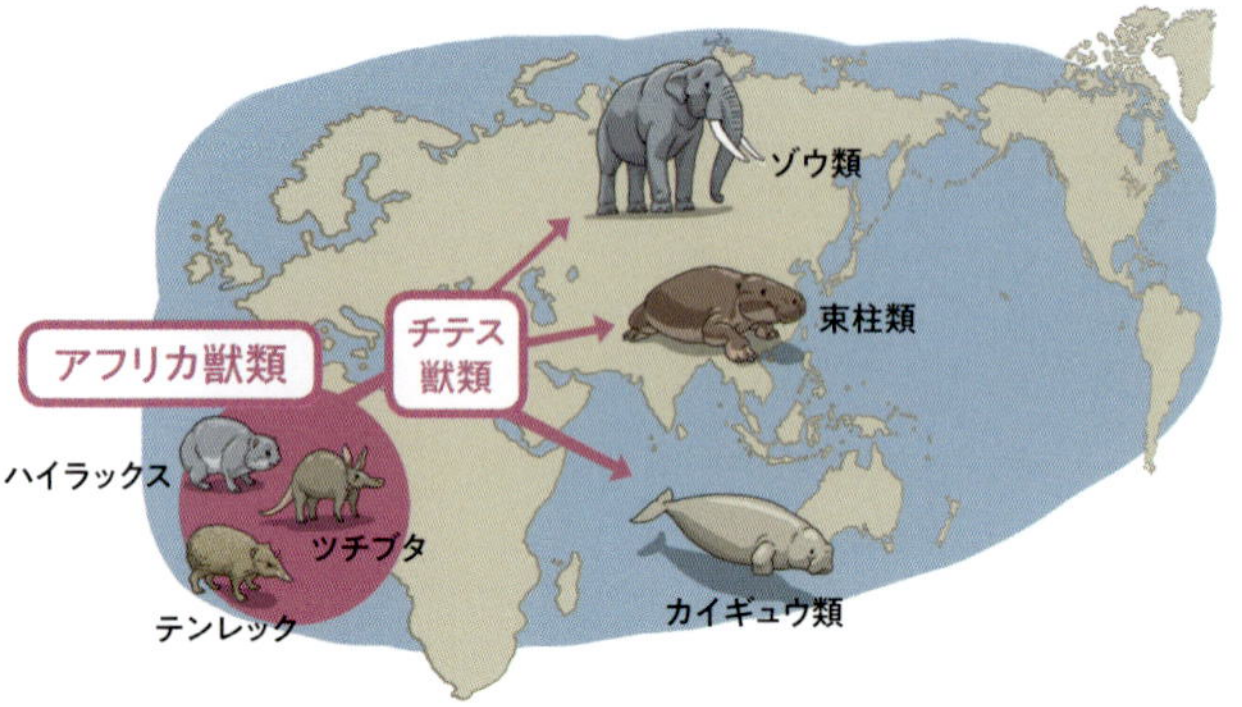

アフリカ大陸やマダガスカルにのみ生息する、ツチブタやテンレック、ハイラックスといった動物をご存知でしょうか。「アフリカ獣類」の仲間で、これまでアフリカから出て世界中に広く分布したことはおそらくなく、アフリカ大陸固有の動物として今にいたっています。一方でアフリカ大陸を出て世界中に分布していったアフリカ獣類もいます。ゾウの仲間とカイギュウの仲間です。ゾウの仲間はアフリカから陸伝いで拡散し、もっとも遠い南アメリカからも化石が発見されるなど、ほぼ世界中に分布を広げていたことがわかっています。また、ジュゴンやマナティーなどで知られるカイギュウの仲間は、クジラのように一生涯を水中で過ごす動物で、彼らも海を通して各地に進出しました。ただ、クジラと違い草食動物である彼らは、熱帯の浅海などに分布するアマモなどの水生植物を好み、遠洋に進出することはなかったようです。

さて、この2つのグループ以外にも、実はアフリカ大陸を出て分布を広げていったアフリカ獣類がいました。「束柱類《そくちゅうるい》」という絶滅したグループです。これらはとても近い類縁関係にあり、進化の舞台が主にテチス海周辺であったことから、「テチス獣類」とよばれています。そして、ゾウは陸生、カイギュウは水生、束柱類は半水生の動物として繁栄しましたが、束柱類のみ、おおよそ1千万年前に絶滅してしまいました。束柱類の代表的な種にはパレオパラドキシアやデスモスチルスが知られ、その復元はカバとアシカを合わせたような姿で描かれています。化石は特に日本から多く産出されており、状態のいい全身骨格も発見されています。日本が世界に誇る化石哺乳類のひとつでもあるのです。

Question

何の動物の祖先でしょう？

答え 次ページ

メガテリウム

[Answer]

こたえ

ナマケモノ

古生種

メガテリウム

Megatherium

分類：異節上目 有毛目 メガテリウム科
生息地域：南アメリカ、北アメリカ

体長：5～6m

メガテリウムはナマケモノの仲間のなかでも最大種で、成長すると体長6m、体重3tにもなったといわれています。そのため、樹上ではなく地上で暮らしていました。太い尾は2本足で立ち上がるときの体の支えにしたと考えられ、後肢の内側には湾曲した鉤爪がありました。動きはとろく、逃げ足は遅かったようですが、体が大きいことに加えて皮膚下には皮《ひ》骨《こつ》の粒子による装甲があったため、同じ時期に生息したサーベルタイガーなどの強力な肉食動物からも十分に身を守ることができたといわれています。

生息年代：第四紀 更新世（新生代）

現生種

ミツユビナマケモノ

Bradypus

分類：異節上目 有毛目 ナマケモノ亜目
生息地域：中央アメリカから南アメリカにかけての密林

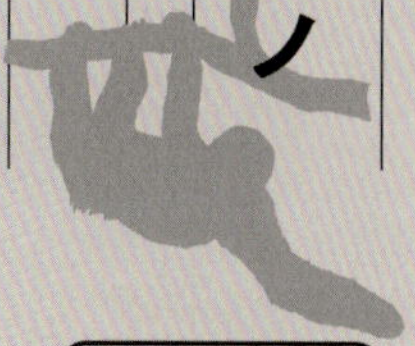

体長：60cm

背中にコケが生えてしまうほど動作が遅い動物。その様子から「怠け者＝ナマケモノ」と名づけられました。ほかの哺乳類のように体温を一定に維持することはなく、気温によって体温を変える変温動物で、かなり省エネタイプです。そのため、一日にわずか8gほどの植物を食べるだけで生きていくことができます。熱帯林に生息するナマケモノは生涯のほとんどを樹上で過ごし、長い爪を枝に引っかけて、食事や睡眠、交尾から出産まで枝にぶら下がったままで行います。

生息年代：現在（新生代）

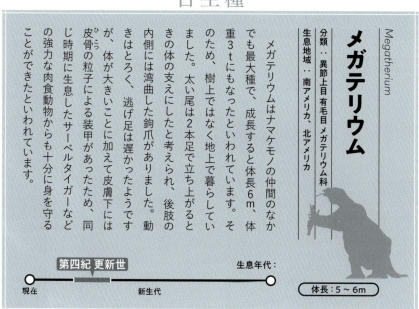

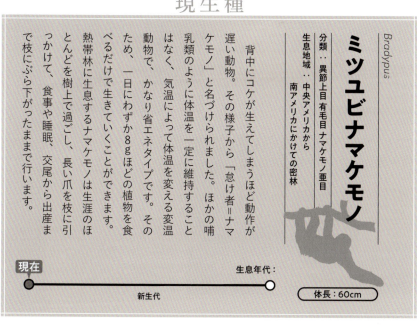

徳島県立博物館

国立科学博物館

メガテリウム

徳島県立博物館ではラプラタの博物館から寄贈された全身骨格を展示。 ナマケモノの仲間とは思えない大きさです。国立科学博物館では頭骨が見られます。

国立科学博物館

グロッソテリウム

ミロドン科のグロッソテリウムもメガテリウムと同時期に栄えたオオナマケモノの近縁種。

LET'S GO TO

異節類編

徳島県立博物館

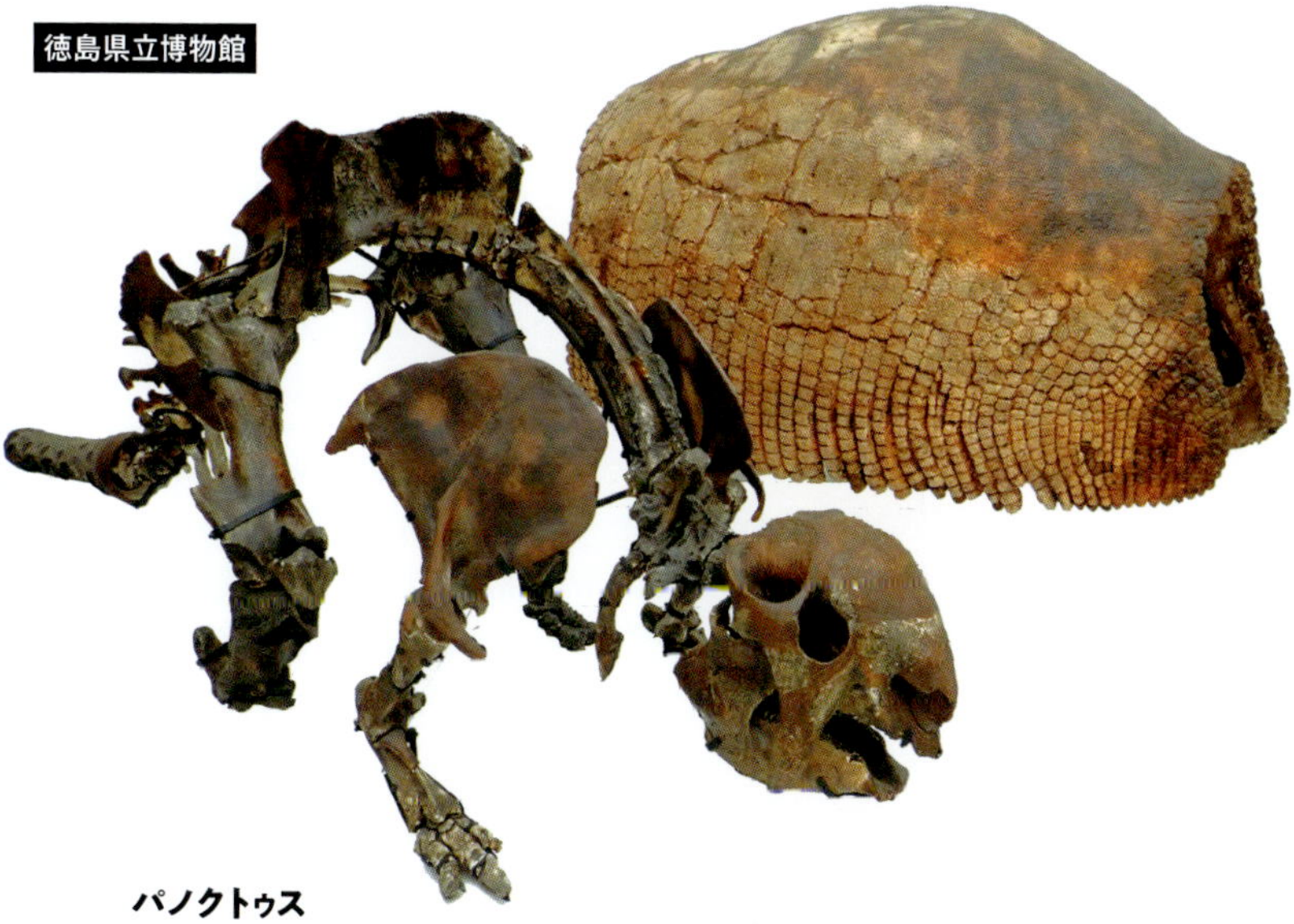

パノクトゥス

アルマジロに近いグリプトドン科の動物。 骨格とともに半球状の装甲も展示してあります。

国立科学博物館

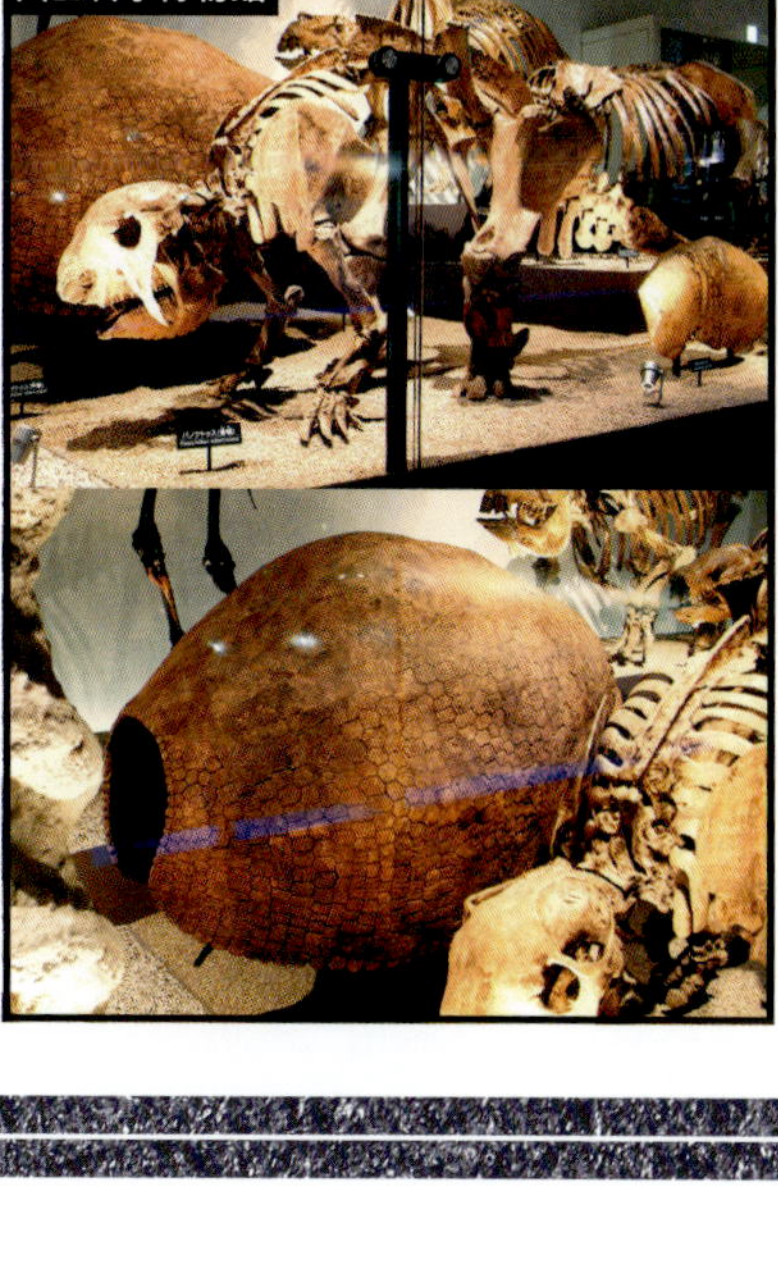

ここで会える!

- 国立科学博物館
- 徳島県立博物館

他

徳島県立博物館では、 ラプラタ大学（アルゼンチン）と県との交流の一環で寄贈された南アメリカ特有の哺乳類化石が多数展示されていますを産める効率のいい繁殖方法が功《こう》を奏《そう》したのかもしれません。

その後、有袋類はオーストラリア大陸で独自の進化をとげ、さまざまな種が現れて繁栄しました。しかし、今のオーストラリア大陸に棲む有袋類をみると、ほかの大陸にいる真獣類と似通った姿をしたものが多くいることに気づきます。たとえば、ユーラシア大陸や北アメリカには木から木へ滑空するリスの仲間、モモンガがいますが、オーストラリアの有袋類にもモモンガに似たフクロモモンガがいて、同じような生活をしています。ほかにもモグラに似たフクロモグラ、アリクイに似たフクロアリクイ、絶滅種にはオオカミに似たフクロオオカミなどもいました。このように、真獣類と有袋類といったまったく別の系統から派生した動物たちが、同じような生態的地位について進化の過程を経ると、それと関係なく似通った姿になることがあるのです。このような現象を、「収斂進《しゅうれんしん》化《か》」といいます。

一方、あらゆる真獣類に似た進化をとげてきた有袋類ですが、その進化の過程でなれなかったものもありました。それはクジラやカイギュウといった水生動物です。唯一、水生適応したミズオポッサムがいますが、一生涯を水中で過ごす完全水生適応した有袋類はいません。たとえばクジラは、出産も水中で行います。産まれてくる赤ちゃんはすぐに泳ぎ、水面を出て肺呼吸を自分で行わないといけません。未熟な状態で生まれてくる有袋類の赤ちゃんには、それは難しいでしょう。そのため、有袋類はクジラになれなかったのです。

クジラになれなかった有袋類

現生での哺乳類の主流は真獣類（有胎盤類）ですが、哺乳類にはもうひとつ、大きなグループがあります。それが「有袋類」です。オーストラリア大陸でよく知られているカンガルーやコアラなどに加え、南アメリカや北アメリカにはオポッサム類が生息しています。真獣類と有袋類の大きな違いといえば、やはり繁殖方法でしょう。我々人類を含む真獣類は妊娠すると、まず受精卵が細胞分裂を始め、引き続き分裂を繰り返して赤ちゃんのもとになっていく細胞と、赤ちゃんに栄養を与える役目をする「卵黄嚢《らんおうのう》」に分かれます。やがて卵黄嚢がなくなって「胎盤《たいばん》」ができると、この胎盤を通じて赤ちゃんは母親から栄養や酸素をもらい、大きく成長して産まれてきます。一方、有袋類にはこの胎盤ができず、赤ちゃんは未熟な状態で産まれます。そして母親の腹部にある「育児嚢《いくじのう》」で母乳をもらいながら育ちます。このように説明すると、有袋類の繁殖は真獣類よりも劣っているようにも聞こえますが、そうとは限りません。妊娠期間が短く済み、赤ちゃんを育児嚢で育てている間にも交尾して妊娠することができるというメリットがあるのです。オーストラリア大陸では大昔、真獣類と有袋類が共存していた時期がありましたが、やがて有袋類に圧《お》されるように真獣類は絶滅しました。生き残った有袋類は、短期間でたくさんの子供

恐竜は滅んでいません。

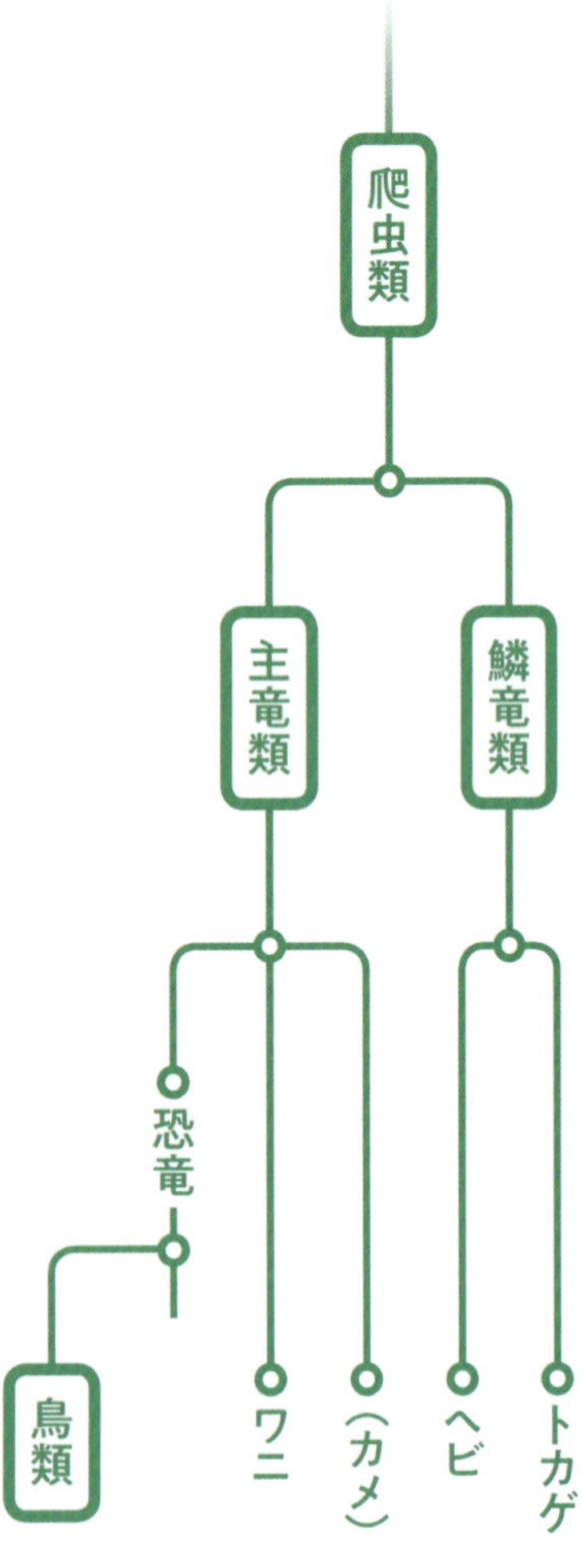
爬虫類
主竜類
鱗竜類
恐竜
鳥類
ワニ
(カメ)
ヘビ
トカゲ

3章までいろいろな哺乳類についてみてきましたが、動物は哺乳類だけではありません。4章では、哺乳類とは系統的にずいぶん離れた鳥類と爬虫類に目を向けます。現生の爬虫類は大きく分けて、トカゲ、ヘビ、カメ、ワニがいますが、大昔にはこれら以外にもたくさんの爬虫類がいました。その絶滅したものたちも含め、爬虫類は大きく2つのグループに分けられています。「鱗竜類《りんりゅうるい》」と「主竜類《しゅりゅうるい》」です。現生の爬虫類をこれに当てはめると、ヘビとトカゲは鱗竜類、ワニは主竜類に含まれます（カメは遺伝解析から主竜類とわかりましたが、異なる意見もあり、ここではあえて触れないでおきます）。いわば、ヘビとトカゲは鱗竜類の生き残り、ワニは主竜類の生き残りというわけです。そして、その主竜類には鳥類も含まれています。つまり、ワニは同じ爬虫類であるヘビやトカゲよりも鳥類と近い親戚関係であるのです。とはいえ、見てのとおり、その姿かたちはまったく違います。なぜ、近い関係でありながらこんなにも違っているのでしょうか。それは、ワニと鳥類の間には大きな空白があるからです。その空白には「絶滅した恐竜」が含まれています。およそ2億3000万年前にワニに近い爬虫類から原始的な恐竜が登場し、その後、繁栄してさまざまな姿に進化していった恐竜の一部から、鳥類が登場しました。そのころの鳥類は恐竜グループの一員として1億年以上にわたり、ほかの恐竜たちと共存していたのですが、6600万年前、ユカタン半島に巨大隕石《いんせき》が衝突して地球環境が一変したことで、鳥類以外の恐竜は絶滅してしまいます。しかし、恐竜のDNAを引き継いだ鳥類はその後も広く繁栄し、今では空を支配する存在になりました。

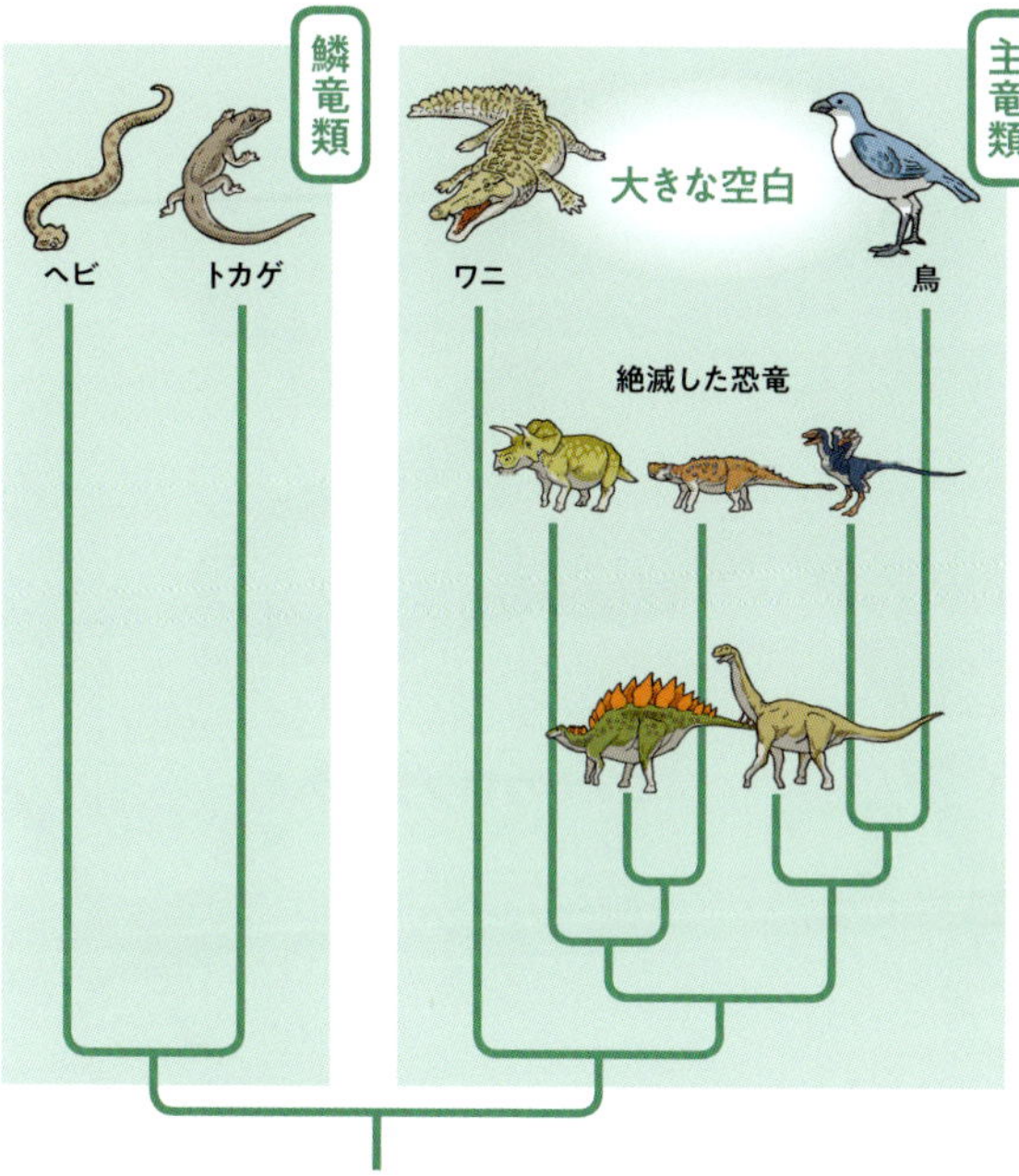

鳥類と恐竜の歴史

鳥は恐竜から進化した——それは揺るぎのない定説となっています。これを裏づけたのが、「獣脚類《じゅうきゃくるい》」の「コエルロサウルス類」とよばれるグループに属するシノサウロプテリクスで、1995年に全身の化石が発掘されたとき、背中から尾にかけて羽毛のあとが認められました。全身(少なくとも背筋)が羽毛でおおわれていたとみられ、恐竜と鳥類が類縁関係にあるという

ジュラ紀 後期

Pickup ① » P.146

始祖鳥
Archaeopteryx

白亜紀 前期

孔子鳥
Confuciusornis

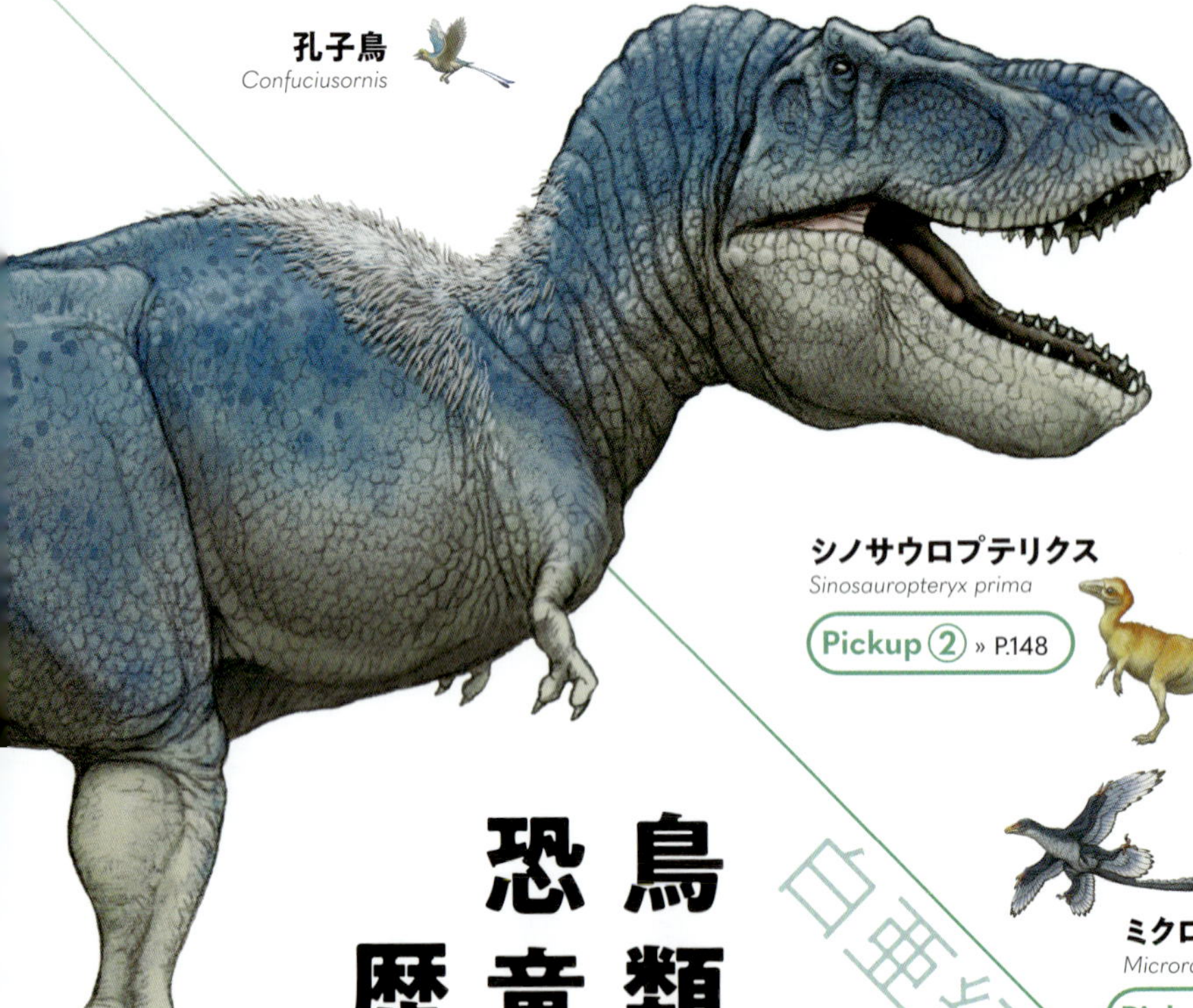

シノサウロプテリクス
Sinosauropteryx prima

Pickup ② » P.148

白亜紀 後期

ミクロラプトル
Microraptor gui

Pickup ③ » P.150

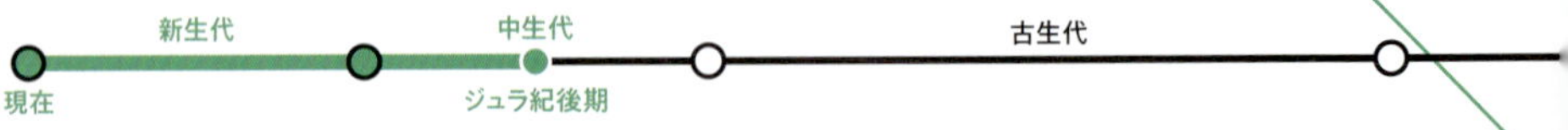

説を有力なものとしたのです。

　また、8000万年前に生息したオビラプトルは巣で卵を産み、抱卵《ほうらん》していたことをうかがわせる化石が発見されています。コエルロサウルス類のなかでももっとも鳥類に近い「ドロマエオサウルス類」に属するミクロラプトルは、前肢だけでなく後肢にも翼があり、空を飛ぶことができました。これらのコエルロサウルス類は体が小さく、骨格を軽量化した身軽な恐竜グループでしたが、一方で、全長12m、体重6tのティラノサウルスも属していました。実はこのティラノサウルスのもっとも原始的な仲間には、小さい体で羽毛をもっていたとされる種もいて、ティラノサウルスの子供にも羽毛があった可能性が指摘されています。

　羽毛をもつ恐竜の化石は白亜紀の地層で多く発見されていますが、恐竜から進化した最古の鳥類、始祖鳥《しそちょう》が現れたのは、ジュラ紀後期、1億5000万年前です。現生の鳥類に似ていますがアゴには歯がならび、翼に鉤爪をもつ3本の指があり、尾は長く、恐竜に似た特徴ももっていました。その後、鳥類は恐竜とともに繁栄しましたが、白亜紀末に起こった大量絶滅期に恐竜は絶え、環境が変化しても飛んで移動することのできた鳥類のみが生き残りました。そして繁殖相手を探して分布域を広げ、現在まで長く繁栄しています。

ティラノサウルス
Tyrannosaurus rex
Pickup④ » P.152

現在

オビラプトル
Oviraptor philoceratops
Pickup⑤ » P.154

カワセミ
Alcedo atthis
Pickup⑥ » P.156

オオタカ
Accipiter gentilis

ヒクイドリ
Casuarius casuarius

Archaeopteryx

始祖鳥

分類：アーケオプテリクス目 アーケオプテリクス科

生息地域：ヨーロッパ（ドイツ）

鳥類は恐竜の生き残りです。今やあたり前になったその説のキーとされているのが「最初の鳥」として有名なこの始祖鳥で、現在、鳥類は「始祖鳥よりも進化的な恐竜」と一般的に定義されています。それはひとつに、始祖鳥が立派な翼をもちながらも羽ばたき能力をもたず、木から木へ滑空するだけの、とても原始的な鳥であったという見立てに基づいています。羽ばたきには相応の筋肉が必要ですが、その筋肉を支える竜骨突起《りゅうこつとっき》という骨が始祖鳥にはないのです。ただ、脳の構造から三半《さんはん》規管《きかん》は発達していたとみられ、空を飛ぶのに大切なバランス感覚は優れていたようです。

始祖鳥の化石は、1861年にドイツのジュラ紀後期の地層から最初のものが見つかって以来、保存状態のよいものがいくつも発見されています。それらからは風切羽《かざきりばね》も確認され、パッと見は鳥類のようですが、アゴには鋭い歯、翼には鉤爪のある3本の手指、また長い尾など、恐竜や爬虫類に近い特徴も多く見られました。チャールズ・ダーウィンが「現在にみられるさまざまな生物はつながりがあり、それぞれが長期間をかけて変化して生まれてきたもの」とする進化論を説いた『種の起源』を発表したのは、始祖鳥発見前の1859年でした。鳥類と爬虫類の特徴をもつ始祖鳥の発見は、それを強く裏づけるものとなったのです。

生息年代：

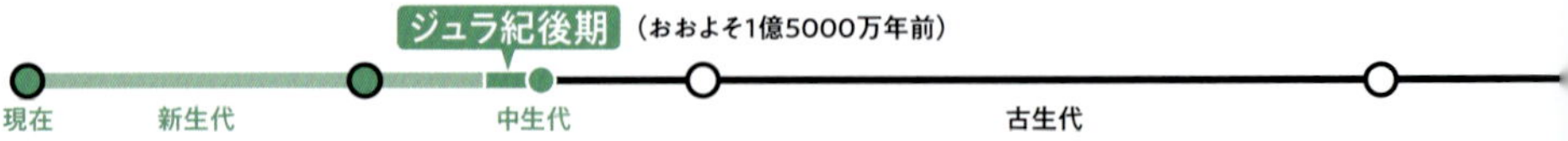

恐竜と鳥類をつなぐ〝進化の証人〟

全長：50cm

Sinosauropteryx prima

シノサウロプテリクス

分類： 獣脚類 コエルロサウルス類

生息地域： 中国

シノサウロプテリクスの化石は1996年、中国の遼寧《りょうねい》省《しょう》にある熱河層群《ねっかそうぐん》という地層から、驚きとともに発見されました。その化石には羽毛の痕跡《こんせき》が認められ、鳥類以外の恐竜に羽毛があったことが決定づけられたのです。これを皮切りに羽毛をまとった恐竜化石が中国を中心に続々と発見され、今では羽毛恐竜という言葉はあたり前のように使われるようになりました。シノサウロプテリクスの羽毛は鳥類の羽のような複雑な構造ではなく、長さ5㎜ほどの繊《せん》維状《いじょう》のもので、このような羽は「原羽毛《げんうもう》」とよばれています。長い尾を含めて全長わずか1mほどととても小柄だったシノサウロプテリクスは、その小さな体から体温が奪われるのを防ぐため、羽毛でおおうことで保温性を高めていたと考えられています。シノサウロプテリクスの羽毛に関してはその後さらに研究が進められ、2010年、色素のひとつであるメラニンを生成する細胞小器官「メラノソーム」があることが確認されました。それまで恐竜などの古生物の体の色は想像で描かれてきましたが、メラノソームの形状やその分布を現生の動物と比較することで色彩パターンが推測できるようになり、そこからシノサウロプテリクスは腹側が明るく、背中と目のまわりは暗いオレンジ色で、尾はシマ模様であったことがわかりました。

生息年代：

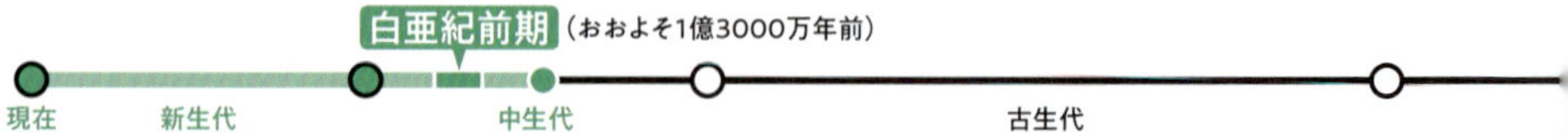

フワフワでカラフル？ イメージを覆した 羽毛恐竜の発見

メラノソームの発見で
シマ模様が明らかに
羽毛には保温効果があった

全長：1m

Microraptor gui

ミクロラプトル

分類： 獣脚類 コエルロサウルス類 ドロマエオサウルス科

生息地域： 中国

鳥が空を飛ぶ起源について、始祖鳥（146ページ）以来の重要な発見が2003年に報告されました。それがこのミクロラプトル・グイです。ミクロラプトル・グイは鳥類に近い恐竜のひとつですが、その全身が残された化石からは、現生の鳥類に通じる飛行用に発達した風切羽が、前肢の翼とさらに後肢にも同じように確認されたのです。つまり、四肢それぞれに計4枚の翼をもった恐竜であったことがわかりました。このミクロラプトル・グイの報告を機に、アンキオルニスやカンギュラプトルなど4枚の翼をもつ恐竜の新種が報告されるようになったほか、ミクロラプトル・グイの報告後間もない2006年には、最初の鳥とされる始祖鳥も後肢に羽をもった四翼だったという指摘がされるようになりました。4枚の翼をもった姿は奇妙にも見えますが、飛翔《ひしょう》をはじめた初期の鳥類やそれに近い恐竜ではスタンダードなスタイルだったのかもしれません。ミクロラプトル・グイも始祖鳥と同様に翼を羽ばたかせるのに必要な筋肉を支える骨がありませんでした。その代わりに4枚の翼をもつことで、翼の面積を大きくし、滞空《たいくう》時間の長い滑空を可能にしていたようです。その後、羽ばたき能力が向上して後肢の翼が退化した鳥類が現われるようになり、今の飛翔する鳥類につながったものと考えられています。

生息年代：

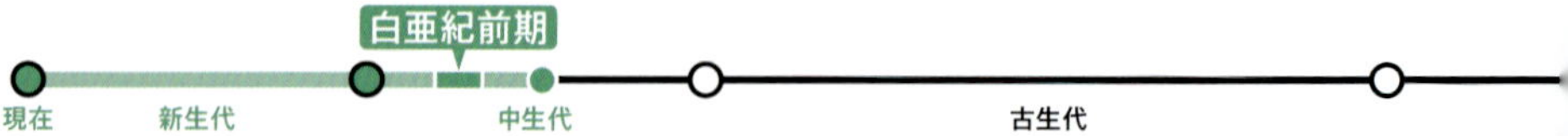

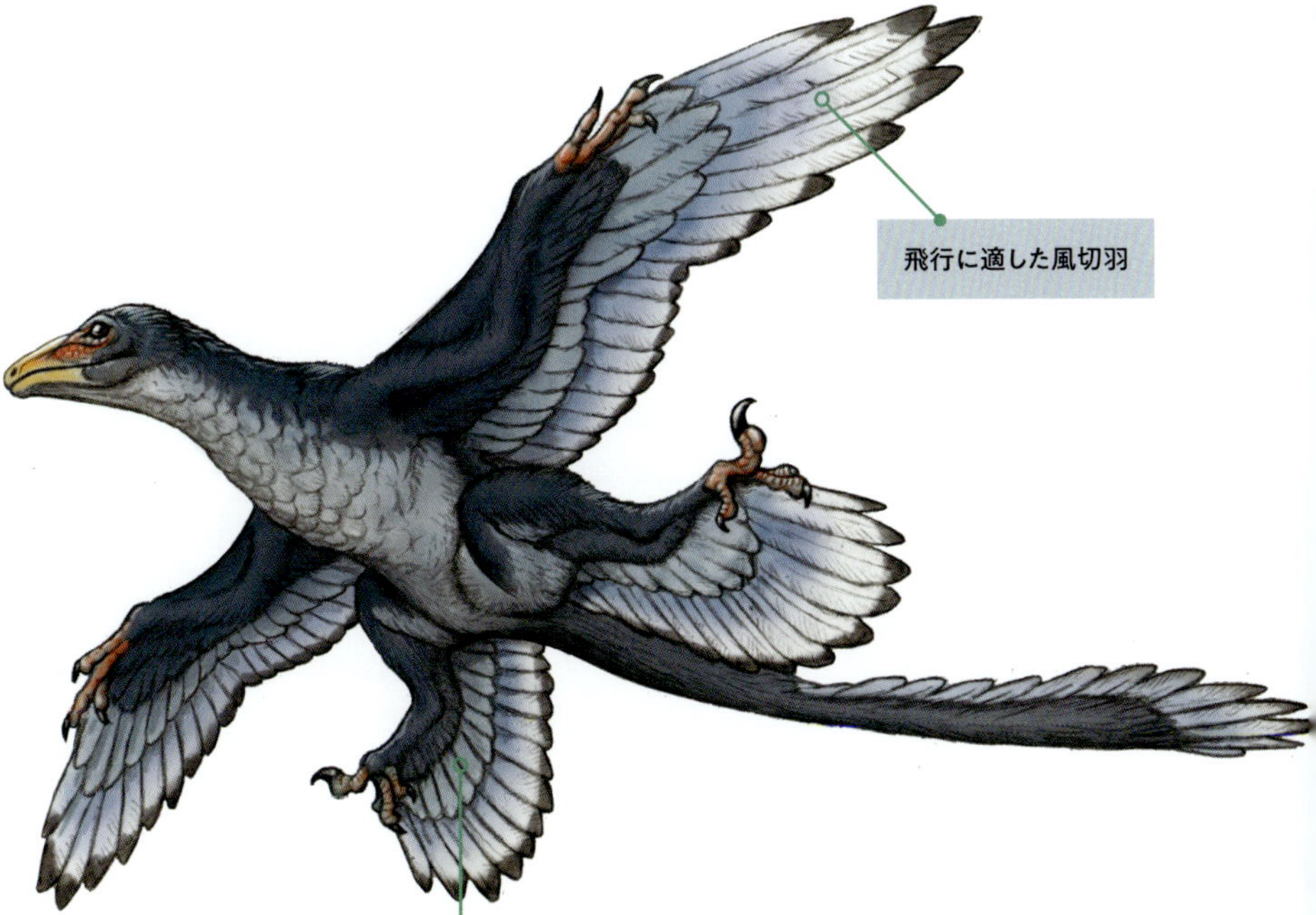
四翼の恐竜として世界に初めて紹介された

四翼に風切羽をもつ 滑空のスペシャリスト

全長：80cm

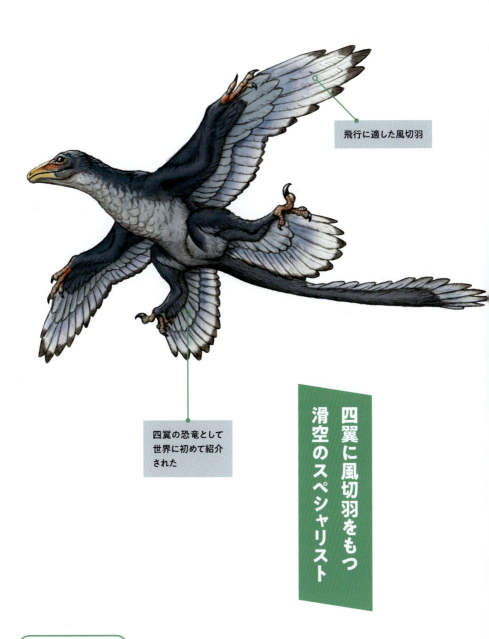

Tyrannosaurus rex

ティラノサウルス

分類：獣脚類 コエルロサウルス類 ティラノサウルス科

生息地域：北アメリカ

ティラノサウルスは恐竜時代最末期に生息した最大級の肉食恐竜です。コエルロサウルス類の仲間ですが、このグループはほとんどが小型の羽毛恐竜が占め、実は鳥類もこのグループに含まれています。そのなかで、ティラノサウルスは大きな体といい、かなり異質な進化をとげたことがわかります。「最強の恐竜」とも

全長：12m

生息年代：

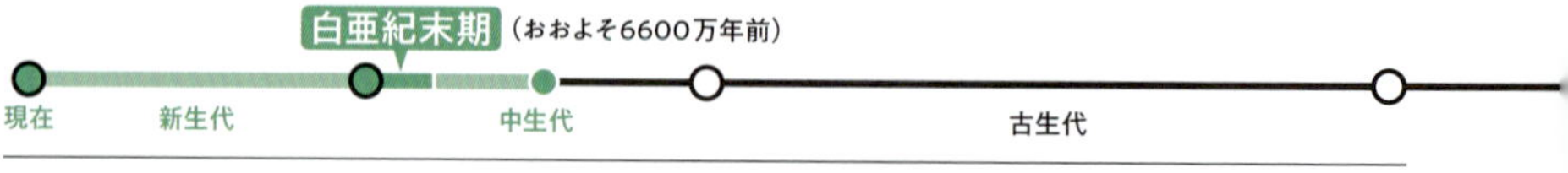

小型羽毛恐竜のグループから登場した最強の恐竜

コエルロサウルス類には
異例の大きな体

いわれるように肉食恐竜としてのスペックは相当なもので、後ろ半分が急激に幅広くなったその頭部には極太のアゴの筋肉が収まっており、それによって凄《すさ》まじいほどの咬む力をもっていました。たとえば、咬む力が強い動物といえばワニが思い浮かびますが、特に大きなイリエワニ（１９４ページ）の咬む力は１６０００Ｎ（ニュートン）です。それに対し、ティラノサウルスは５７０００Ｎであったと試算されています。またその歯も極太で鈍器《どんき》のようであり、切り裂くような鋭さこそないものの、プレス機のごとく獲物を骨ごと咬み砕いていたようです。実際、ティラノサウルスのものと思われる糞《ふん》化石の多くに骨片が含まれていたことが確認されています。また、ティラノサウルスの脳函《のうかん》（脳を包む骨）を調べると、その脳に不釣り合いなほど嗅球《きゅうきゅう》が大きく発達していたことがわかりました。遠くにいる獲物や物陰に隠れた獲物などを、においで察知《さっち》できていたと考えられています。

Oviraptor philoceratops

オビラプトル

分類：獣脚類 コエルロサウルス類 オビラプトル科

生息地域：モンゴル

オビラプトルとは、「卵泥棒」という意味です。このような意味の名前がついた経緯には、この化石が卵のある巣の化石の近くで見つかったことが関係しています。また太くて短いクチバシがかたい卵の殻を割るのに適したと思われ、これらの状況からほかの恐竜の卵を盗んで食べていたと考えられたのです。ところが1993年、オビラプトルが巣の卵におおいかぶさるような姿で発見され、また同時にその卵の中身が孵化《ふか》直前のオビラプトルの子供であったことが確認されました（ただし、オビラプトルと思われたこの化石は現在、近縁種のシティパティとされています）。以降、卵泥棒説は訂正され、

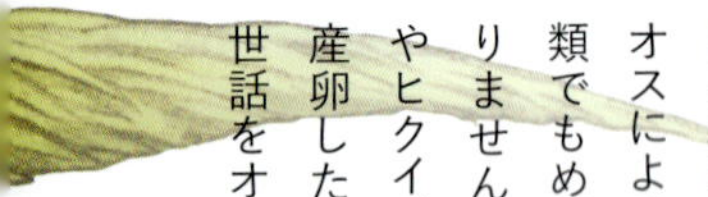

鳥と同じように抱卵していたと考えられるようになりました。また、後の研究で、卵を温めていたのはオスらしいということもわかりました。卵を産むには、卵殻のもととなるカルシウムが多く必要になります。そのため鳥類では、産卵期を迎えたメスの骨の中に「骨髄骨《こつずいこつ》」というカルシウムの貯蔵庫《ちょぞうこ》ができます。抱卵した状態で見つかったオビラプトルには骨髄骨が確認できず、そこからオスである可能性が指摘されているのです。オスによる子育ては現生の鳥類でもめずらしいものではありません。たとえばエミューやヒクイドリなどは、メスが産卵したあと、抱卵やヒナの世話をオスが行います。

生息年代：

白亜紀後期（おおよそ7500万年前）

現在　新生代　中生代　古生代

稀代の卵泥棒 その正体はイクメンパパだった!?

卵の殻を割って食べていたと
誤解された丈夫なクチバシ
抱卵していた

全長：3m

Alcedo atthis

カワセミ

分類：ブッポウソウ目 カワセミ科

生息地域：ヨーロッパ、アフリカ北部からインド、東南アジアにかけて

ユーラシア大陸南部やアフリカ北部、東南アジアなどに広く分布するスズメほどの小さな鳥で、日本でも愛好家が多いことで知られています。川や池などの水辺によく生息するカワセミは、翼や背中は光沢のあるコバルトブルー、腹側は鮮やかなオレンジ色で、その色彩から「清流の宝石」ともよばれています。魚や水生昆虫、淡水性の甲殻類《こうかくるい》を好み、水面を見下ろせる木の枝などの高い場所からそれらの獲物を見つけると、水中へ一直線に飛び込んで捕食します。カワセミのクチバシは空中から水中へ飛び込むときに抵抗なくすんなり潜れるよう、鋭く細長くなっていますが、この形状は新幹線500系の先頭車両の騒音を抑えるためのデザインのヒントにもされたそうです。巣はネズミやイタチなどの天敵が近づけない砂地や土の崖などに横穴を掘ってつくります。巣穴の長さは数十㎝ほどで、奥には産室があり、そこに6~7個ほどの卵を産みます。かつては都市部でもよく見られましたが、高度経済成長期に生活排水や工場排水で多くの川が汚染され、また、川辺で護岸《ごがん》工事が進められたことでカワセミが巣をつくっていた土の崖がコンクリートなどで固められてしまい、繁殖できる場所が減っていきました。しかし、郊外や比較的自然が残る場所では、今もその美しい姿を観察することができます。

生息年代：

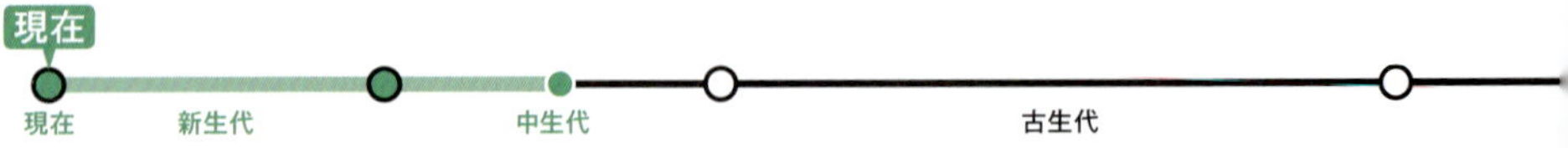

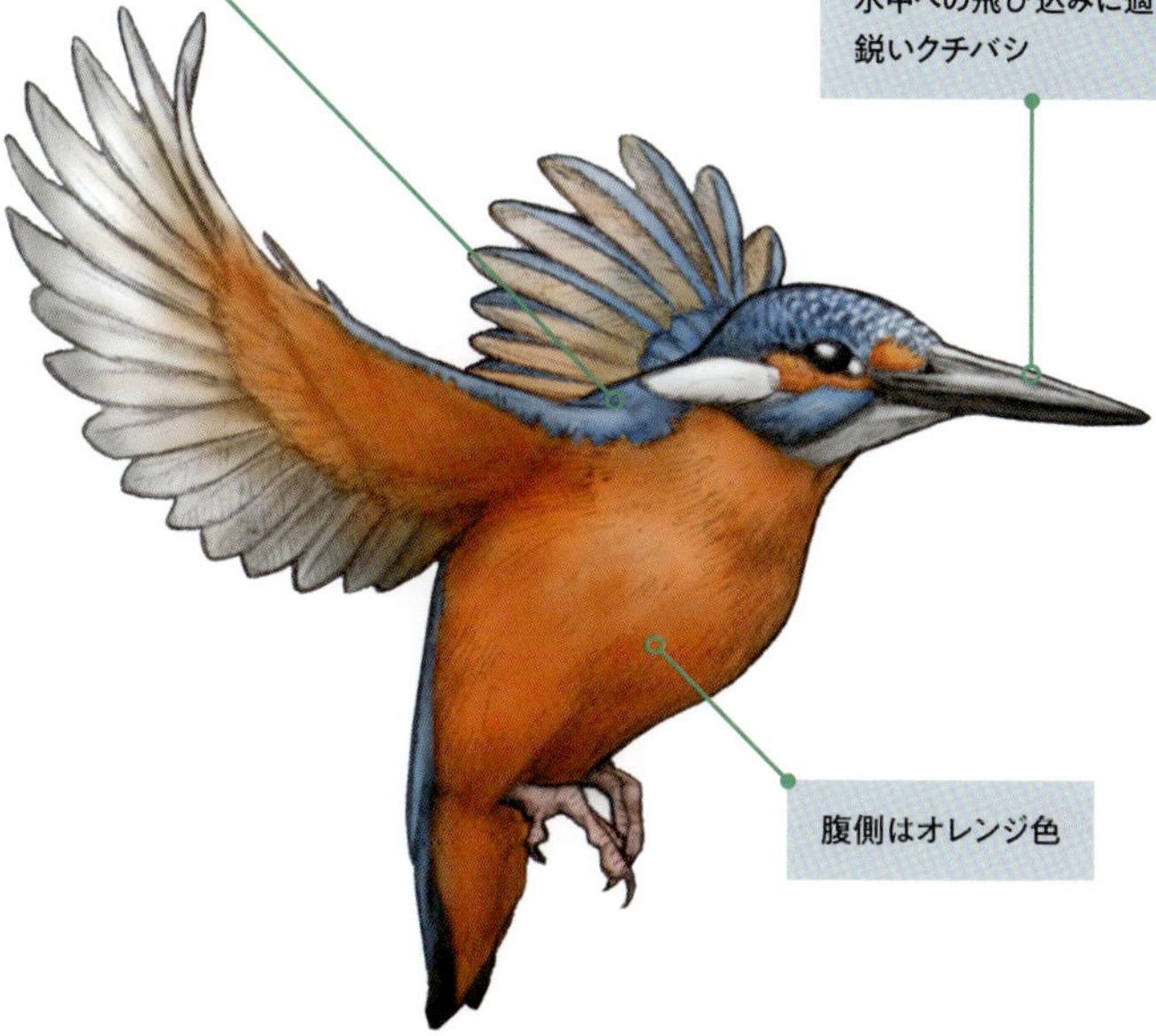
背面はコバルトブルー
水中への飛び込みに適した

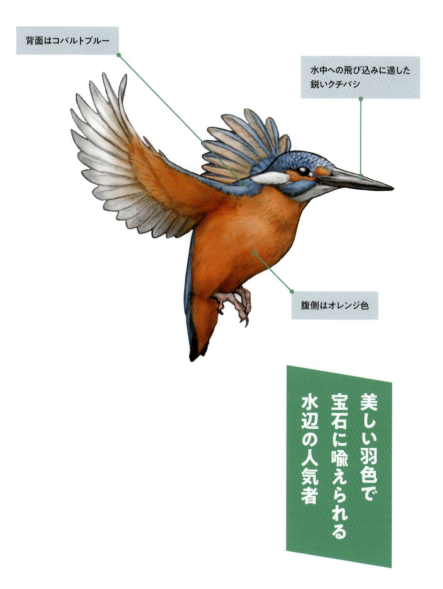

美しい羽色で 宝石に喩えられる 水辺の人気者

翼開長：25cm

群馬県立自然史博物館

始祖鳥生体復元（右）
復元骨格（下）

生体復元は羽の色が判明する前に作られたものですが、躍動感があります。復元骨格も展示されています。

始祖鳥（バイエルン標本・レプリカ）

始祖鳥といえばベルリン標本やロンドン標本が有名ですが、ここでは1992年にバイエルンで発見された比較的新しい標本のレプリカを見ることができます。ちなみにベルリン標本のレプリカも展示されています。

群馬県立自然史博物館

LET'S GO TO

鳥と恐竜の仲間編 I

始祖鳥と孔子鳥の展示

豊橋市自然史博物館

恐竜の特徴をあわせもった原始的な鳥である始祖鳥と孔子鳥。両方の化石と復元骨格を見くらべることができる、おすすめ展示です。後ろのスクリーンでは始祖鳥の復元映像も。

孔子鳥

復元骨格の下に展示されている孔子鳥の化石は実物化石です。

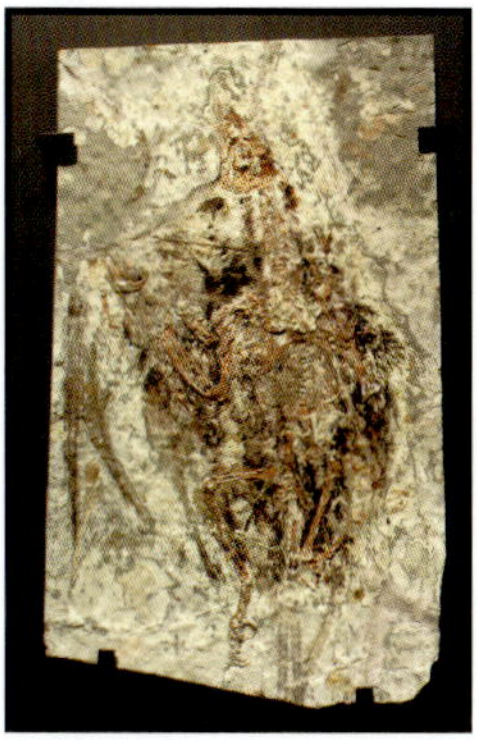

始祖鳥（ベルリン標本・レプリカ）

1876年に発見されたベルリン標本は、もっとも美しい全身骨格を残した有名な化石。ほかにロンドン標本のレプリカの展示もあります。

ミクロラプトル

Pickup③（150ページ）で紹介したミクロラプトルは、 四肢に翼をもち、滑空することができた恐竜。 こんな姿をしていたようです。

豊橋市自然史博物館

ミクロラプトル（産状）

貴重な羽毛が残された骨格化石のレプリカ。 前肢と後肢、 そして尾に羽毛の痕跡が確認できます。

LET'S GO TO

鳥と恐竜の仲間編 II

豊橋市自然史博物館

シノサウロプテリクス

Pickup②（148ページ）で紹介。羽毛恐竜の羽毛を証明した有名な種の化石レプリカを展示。

**ミュージアムパーク
茨城県自然博物館**

モーリシャスドードー

特徴的なくちばし、ふっくらした体つきを思わせる骨格はまさにドードー。復元は168ページ参照。

千葉県立中央博物館

カワセミ

青や緑に輝く羽根が美しい、人気の鳥。剥製と骨格を両方見ることができます。

博物館に会いに行こう

ミュージアムパーク茨城県自然博物館

ティラノサウルスの親子の復元ロボット（上）
ティラノサウルス復元骨格（左）

2017年3月にリニューアルされた復元ロボット。大人ティラノは首や背中から前肢にかけて、子ティラノは顔以外の全身に羽毛が生えました。全身骨格も展示。

群馬県立自然史博物館

動くティラノサウルス

群馬でもティラノが動きます。成体の実物大で、すごい迫力。

ティラノサウルス全身骨格

国内ではめずらしく、「ワンケル・レックス」ことMOR555の全身骨格レプリカに会えます。初めて完全な前肢が見つかった個体として有名。

豊橋市自然史博物館

LET'S GO TO

鳥と恐竜の仲間編 III

ミュージアムパーク茨城県自然博物館

トリケラトプス復元ロボット

第2展示室内「恐竜たちの生活」で、親子ティラノとともに恐竜時代のリアルなワンシーンを熱演。

ここで会える！

- ☒ 北九州市立 いのちのたび博物館
- ☒ 群馬県立自然史博物館
- ☒ 豊橋市自然史博物館
- ☒ 千葉県立中央博物館
- ☒ ミュージアムパーク 茨城県自然博物館
- ☒ 大阪市立自然史博物館
- ☒ 神奈川県立 生命の星・地球博物館
- ☒ 国立科学博物館
- ☒ 佐野市葛生化石館
- ☒ 徳島県立博物館

他

豊橋市自然博物館は、羽毛恐竜の展示が充実しています

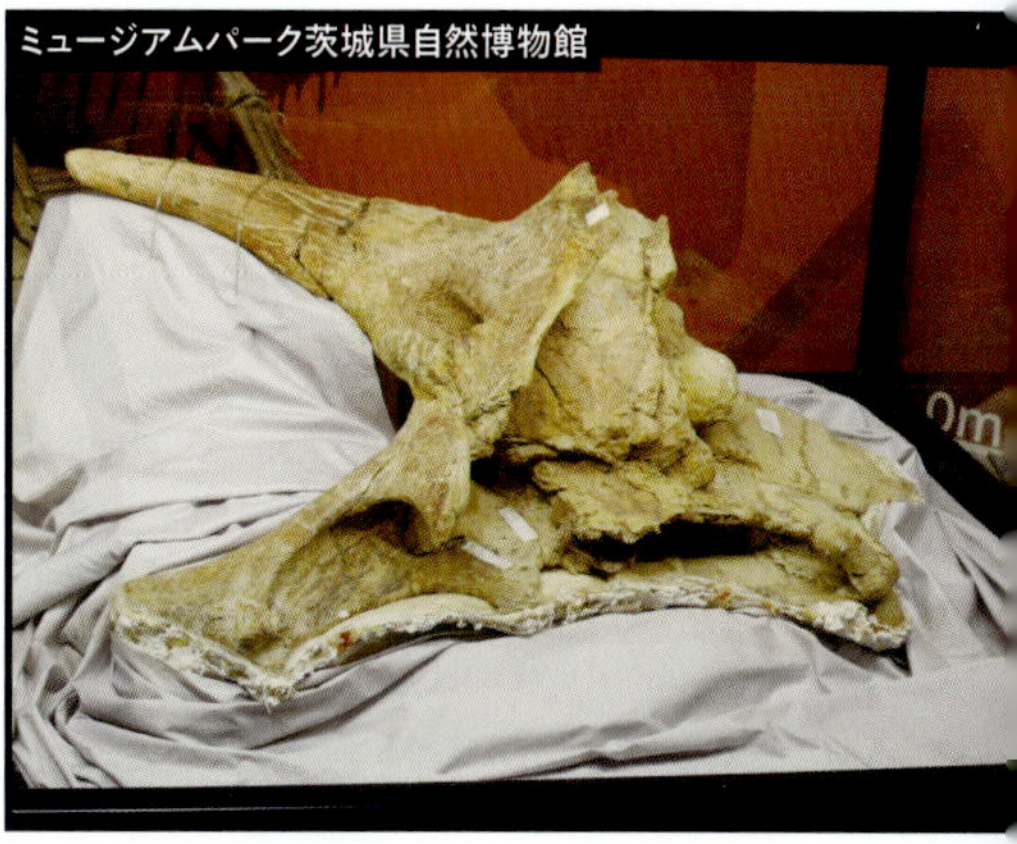
ミュージアムパーク茨城県自然博物館

トリケラトプス頭骨

石膏ジャケットにおおわれた実物頭骨。貴重な展示です。

column 5

恐竜時代の「ネズミ」たち

多丘歯類の頭骨
複雑な歯のつくり
バリッグキ
いやっ
あんなん
食べてはるぅ

種数や個体数の観点から現生の哺乳類をみたとき、もっとも繁栄しているといえるのは、ネズミなどの「齧歯類《げっしるい》」です。ねずみ算式に増えるという言葉があるように、とても繁殖力が強く、南極以外のすべての大陸に分布しています。船などに忍び込み、世界のほとんどの島に侵入して、多くの生態系に大きな影響を及ぼしてきたグループです。

そんな齧歯類が登場したのは、新生代の始新世といわれています。そして、同じころに急速に衰退《すいたい》し、絶滅した哺乳類のグループがありました。それが「恐竜時代の齧歯類」とよばれる「多丘歯類《たきゅうしるい》」です。多丘歯類は、真獣類（有胎盤類）や後獣類（有袋類）とは別の大きなグループで、地上にそれらが蔓延《はびこ》る以前に繁栄した哺乳類でした。

化石記録に基づけば、真獣類はジュラ紀後期の約1億6000万年前、後獣類は白亜紀中頃の1億1000万年前に現れています。地上は恐竜に支配されていましたが、しかしその足元の世界では、ネズミそっくりな姿をした多丘歯類がそれなりの一大勢力になっていました。いずれ真獣類から齧歯類という競合相手が登場し生態的地位を奪われることになるのですが、それ以前は北アメリカやヨーロッパを中心に世界中に分布を広げていたといわれています。その繁栄の秘密は、当時の真獣類や後獣類にはなかった複雑な歯をもったことでしょう。下アゴには前方に長く伸びる切歯をもち、臼歯は丘のような低い突起が何列にもならび、これが「多丘歯」という名の由来になっています。また多くの種には扇形の鋭く大きな臼歯もあり、種や球果《きゅうか》などの殻のかたい植物を食べるのに適していました。この機能性の高い複雑な歯で、エサを選《え》り好みせずなんでも食べていたことが、一時、生存競争においてほかの哺乳類に差をつけることができた勝因だったのかもしれません。

歯の形で他を圧倒した、今はなき哺乳類グループ

LET'S GO TO THE MUSEUM

博物館に会いに行こう

恐竜時代の小さな哺乳類編

ミュージアムパーク茨城県自然博物館

この博物館で人気の展示といえば、親子ティラノのロボット。中生代の様子を再現したこの一角に、ひっそりと哺乳類が紛れているのをご存知でしょうか。恐竜たちが闊歩する地上で、小さな小さな存在として生きていた哺乳類の姿です。

ティラノサウルスの足元をよく見ると……

後獣類の仲間

（モデル：*Didelphodon vorax*）

モデルとなっているディデルフォドン属は、中生代の白亜紀に絶滅した原始有袋類の一種。この時代の哺乳類としては大型で、ネコくらいの大きさがありました。

ミュージアムパーク茨城県自然博物館

多丘歯類の仲間

（モデル：*Mesodma sp.*）

中生代に繁栄した絶滅哺乳類グループ。齧歯類との競争にもし勝っていたならば、その後の地球の生態系はどうなっていたでしょうか。

ミュージアムパーク茨城県自然博物館

真獣類の仲間

（モデル：*O'Leary et al.* (2013) の仮想的な真獣類の祖先）

真獣類の祖先、つまり、我々ヒトの先祖の先祖の先祖……はこんな動物だったようです。

くらべてみよう！

ペンギンの昔と今

ペンギンは泳ぎが得意で、鳥ですが飛びません。2500万年前に生息したペンギン科のカイルクも、魚を捕食するのに適した体をしていたと考えられています。1977年にニュージーランドの南島で最初の化石が見つかり、その後いくつかの骨格化石が発見されましたが、それをもとに復元された姿は胸幅がせまく、翼は長

長細いクチバシ
体は全体的に
スラッとしていた

背の高さ：1.3m

カイルク
Kairuku
分類：ペンギン目 ペンギン科
生息地域：ニュージーランド

新生代 | 白亜紀 | ジュラ紀 | 三畳紀 | 中生代

く先細りし、細長いクチバシをもっていて、現生のペンギンにくらべて全体的にスラッとしたものでした。

　現生のペンギンもエサの魚やイカを求めて海中を潜水しますが、キングペンギンはなんと水深１００〜３００ｍ（最高記録は３２２ｍ）まで潜ることができます。ヒナは「クレイシ」とよばれる集団保育所で、つき添いの２〜３羽の大人からエサを与えてもらいながら１年以上にわたって大切に育てられます。ヒナの胃は体の半分以上あり、よく食べて大人と変わらない大きさにまで成長します。体に脂肪を蓄え、エサの少ない冬に寒さと飢えをしのぐのです。

大人なみに大きく
成長したヒナ
水深300mまで潜水できる

キングペンギン

Aptenodytes patagonicus

分類：ペンギン目 ペンギン科
生息地域：大西洋南部、インド洋南部の島

背の高さ：**90**cm

現在　古第三紀 漸新世

第四紀　新第三紀

くらべてみよう!

ハトの昔と今

駅や公園などでよく目にするハトは、和名をカワラバトといいます。もともとユーラシア大陸や北アフリカの乾燥した地域に生息した鳥で、人によくなれたため食用やペットとして長く飼われてきました。優れた帰《き》巣《そう》本能をもつことから通信手段にも利用され、伝書鳩としても知られています。古くから人とかかわりが深く、

翼は退化し
飛ぶことはできなかった

全長：1m

ドードー

Raphus cuculatus

分類：ハト目 ドードー科

生息地域：モーリシャス島

新生代　白亜紀　ジュラ紀　三畳紀　中生代

再び野生に戻った現在も都市部で繁殖し、人と密接して生活しています。

さて、その昔には人によって絶滅に追い込まれたハトの仲間もいました。一説に、「ドゥードゥー」という鳴き声がそのまま名前になったとされるその鳥は、大航海時代の幕開け、1507年にインド洋にあるモーリシャス諸島でポルトガル人によって発見されました。天敵のいない小さな島で翼は退化し、よたよた歩きながらのんびり暮らしていたようです。しかし、食用などに乱獲《らんかく》され、さらに人が持ち込んだイヌやネズミに卵を食い荒らされるなどし、発見から180年経たずに絶滅しました。

優れた帰巣本能をもつ

全長：30cm

カワラバト

Columba livia

分類：ハト目 ハト科
生息地域：アジア、ヨーロッパ、北アフリカ

現在

第四紀（1681年絶滅）

第四紀　新第三紀　古第三紀

カメの仲間の歴史

三畳紀に突如として現れたカメ。その起源は長い間、謎につつまれたままでした。わりと近年まで「最古のカメ」とされてきたのは2億1000万年前に生息したプロガノケリスで、一部に原始的な特徴をもつものの、その姿は現生のカメとほぼ変わらなかったからです。しかし2008年、中国でプロガノケリスよりも1000万年古い地層から腹側だけ甲羅《こうら》をもったオドントケリスの化石が発見され、さらに2018年、同じ中国のさらに古い地層か

三畳紀

プロガノケリス
Proganochelys quenstedtii

エオリンコケリス
Eorhynchochelys sinensis

Pickup ① » P.172

オドントケリス
Odontochelys semitestacea

Pickup ② » P.174

白亜紀

アーケロン
Archelon ischyros

Pickup ③ » P.176

新第三紀

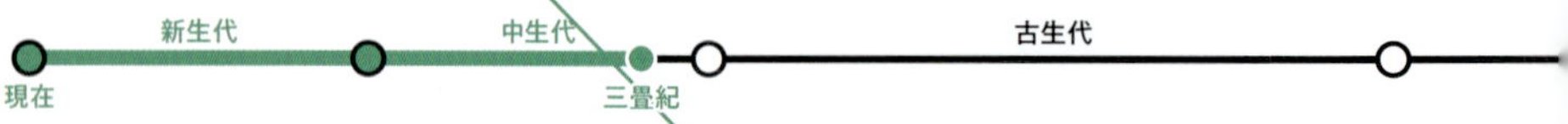

ら今度は甲羅をもたないエオリンコケリスの化石が発見されたことで、起源のシナリオは大きく見直されることとなりました。

甲羅の中に首と手足を隠す現代型のカメは、ジュラ紀半ば、1億8000万年前に現れ、大きく「潜頸《せんけい》亜目《あもく》」と「曲頸《きょくけい》亜《あ》目《もく》」に分けられています。潜頸亜目はヌマガメやリクガメ、ウミガメなどよく知られているカメの仲間で、首をまっすぐ甲羅に引っ込めるタイプです。大昔のウミガメの仲間には、1億1000万年前に現れたアーケロンがいますが、この種は前ヒレを広げると全幅《ぜんぷく》5mにもなり、カメ史上最大だったと考えられています。これらのウミガメの仲間は、甲羅が縮小傾向にあり、アーケロンなどのプロトステガ科と近縁といわれる現生のオサガメも、弾力のある皮膚でおおわれ、かたい甲羅はありません。

曲頸亜目は、現在ではオーストラリア、南アメリカ、アフリカの南半球寄りの大陸にのみ生息するカメの仲間で、あまりなじみがないグループです。長い首を横に曲《ま》げて甲羅に頭を隠すタイプで、オーストラリアナガクビガメは特に長い首をもっています。この仲間にも、全長ではアーケロンを凌《しの》ぐともいわれるスチュペンデミスという巨大ガメが600万〜500万年前の南アメリカで生息していました。最大のものは甲長2・4m、首の長さは1mを超えていたといわれています。

オサガメ
Dermochelys coriacea

Pickup ④ » P.178

スチュペンデミス
Stupendemys geographicus

現在

ワニガメ
Macroclemys temmincki

ガラパゴスゾウガメ
Geochelone nigra

Pickup ⑤ » P.180

オーストラリアナガクビガメ
Chelodina longicollis

Eorhynchochelys sinensis

エオリンコケリス

分類： カメ目

生息地域： 中国

エオリンコケリスは、中国南西部にある貴州省《きしゅうしょう》の約2億2800万年前の地層から、ほぼ全身がそろった骨格化石が発見されました。カメ類でも初期に現れた種で、おなじみの甲羅はまだありませんでした。カメの甲羅は背骨や肋《ろっ》骨《こつ》などの骨が板状に変化し、その表面を「鱗板《りんばん》」という鱗でおおった独特のつくりをしています。エオリンコケリスにはそのような甲羅はありませんでしたが、肋骨が広く平らで、胴体が円盤状になったその体形からは、甲羅の原型ともいえる骨格が準備されていたようにもみえます。またカメといえば、歯がない代わりに鳥のような発達したクチバシをもつことでも知られますが、初期のカメであるエオリンコケリスの口にはまだ歯が残っていた一方、現生のカメと同様に発達したクチバシもありました。カメの祖先については、約2億5000万年前にほかの爬虫類から分かれ、独自の進化をはじめたと考えられていますが、その後に現れた甲羅がない、あるいは不完全な状態の初期のカメ類には、ハッポケリスやオドントケリス（174ページ）などが知られ、いずれもクチバシはありません。初期のカメのなかで初めて見つかった「発達したクチバシ」をもった種だったことから、「クチバシをもつ最古のカメ」という意味のエオリンコケリスという名が与えられました。

生息年代： 三畳紀後期

現在　新生代　中生代　古生代

防御よりもエサを優先？
発達したクチバシをもつ
甲羅のない最古のカメ

円盤状の体には、まだ甲羅はなかった
初期のカメでは初めて発達したクチバシが見つかった

全長：2.5m

Odontochelys semitestacea

オドントケリス

分類：カメ目 オドントケリス科

生息地域：中国

2億2000万年前に生息した、甲羅をもつようになった初期のカメです。カメの甲羅は肋骨などの骨が板状に変化して、それらが隙間なくつながって一体化したものですが、オドントケリスの背甲《はいこう》（背中側の甲羅）には板状になった骨と骨の間に隙間があり、不完全なものでした。一方で、腹側にはしっかりとした甲羅がすでにみられました。腹側を守る必要があまりない陸上の動物、たとえばアルマジロ（133ページ）などをみると、背中だけに甲羅が発達しています。そう考えれば、オドントケリスの腹側の甲羅は、水中を泳ぐときに下から敵に襲《しゅう》撃《げき》されるのを防ぐためのものであったのかもしれません。

化石もかつて海だった地層から発見されており、水生であったという説は納得できるものです。しかし、ウミガメやスッポンなどの現生の水生のカメがもつ特徴とくらべると、疑問が残る部分もあります。たとえば、水生のカメは手足をヒレに進化させるか、または指の間に水かきを発達させるために指の骨が長くなる傾向があります。また、エサを大量の水と一緒に飲み込む習性があり、その際、喉を広げるのに使う筋肉は舌骨《ぜっこつ》という骨が支えることから、水生のカメの舌骨は大きくなるのが通常です。オドントケリスにはこれらの特徴がみられず、陸生であった可能性も指摘されています。

生息年代：

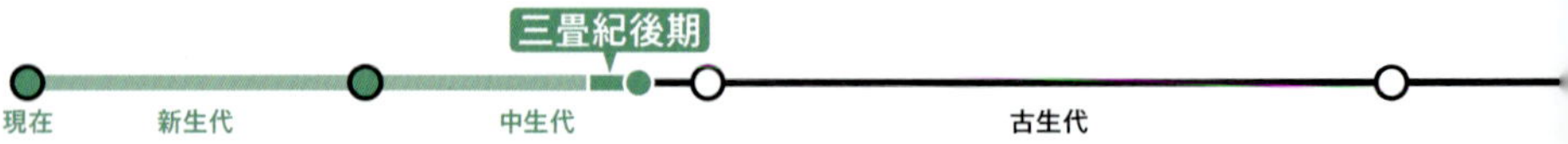

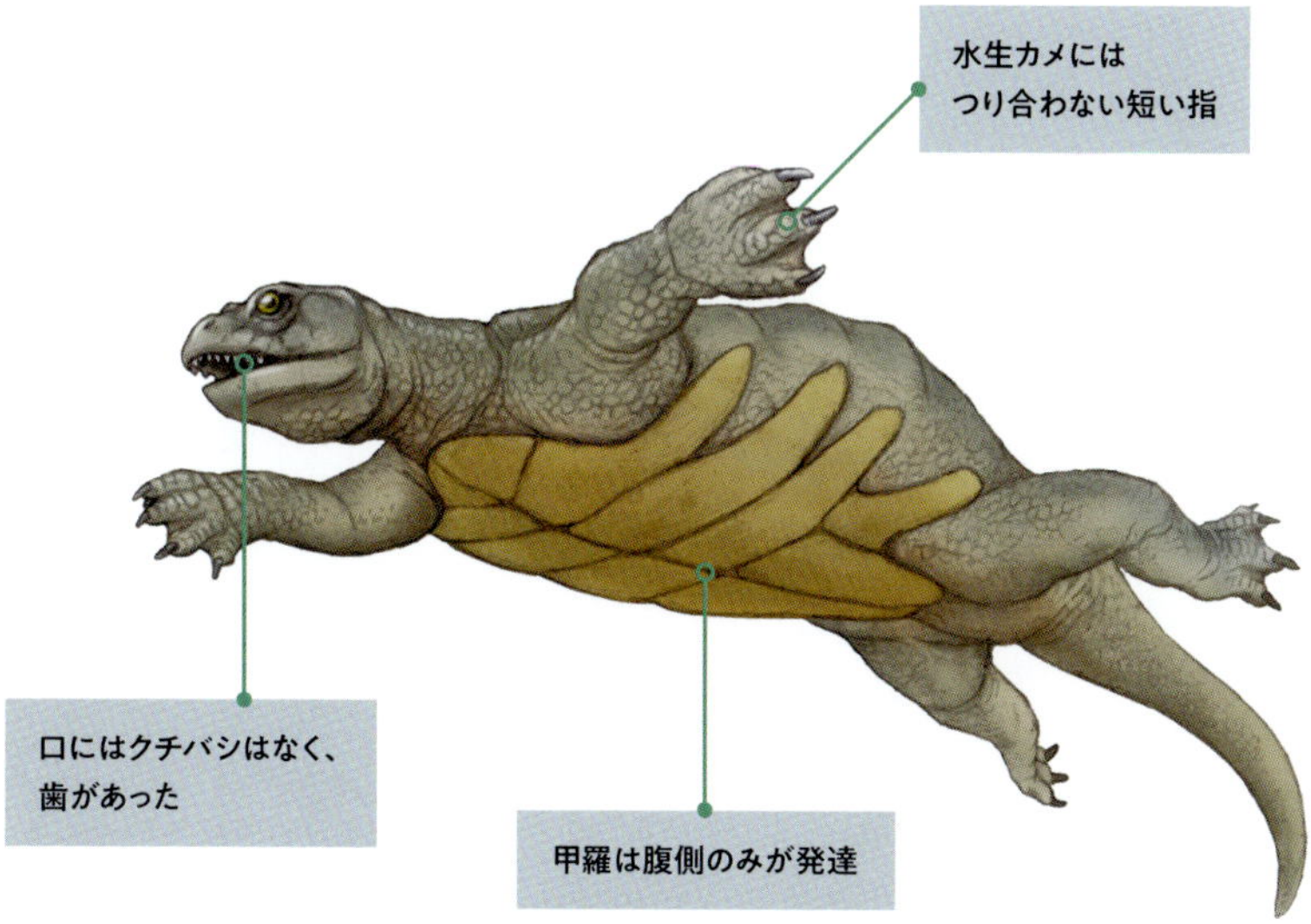
水生カメには
つり合わない短い指
口にはクチバシはなく、
歯があった
甲羅は腹側のみが発達

背中よりも先に お腹を守ったのは 海で泳いでいたから？

全長：**40**cm

Archelon ichyros

アーケロン

分類： カメ目 プロトステガ科

生息地域： 北アメリカ

7500万年前に生息した巨大なウミガメです。全長4m、甲長は2・2mもあり、横幅は前ビレを広げると差し渡し5m近くにもなりました。カメの仲間では全時代を通じて最大であったといえます。頭部だけでも長さ80㎝もあり、尖ったクチバシはまるでタカやワシなどの猛禽類《もうきんるい》のような鋭さがありました。このクチバシと強靭なアゴの力で、アンモナイトを殻ごと咬み砕くことができたといわれています。ところで、アーケロンはウミガメながら、その化石が発見されたのはアメリカのサウスダコタ州やコロラド州といった海からずいぶん遠く離れた内陸にある地層です。アーケロンが生息した時代は海水準が現在よりもずっと高く、浸水してできた内海《ないかい》が北アメリカ大陸を東西に真っ二つに分けてしまうほどでした。ここではモササウルス類や首長竜といった巨大海生爬虫類、サメや6mほどもある巨大魚など、存在感のあるさまざまな海生生物の化石が数多く発見されていますが、アーケロンもそのひとつでした。また、アーケロンの化石はこの内海でつくられた地層でのみ発見されていることから、ここの固有種のような存在であったと考えられています。現生のウミガメは海洋で広い分布域をもっていますが、アーケロンにはそれほど遊泳《ゆうえい》能力はなく、遠洋を回遊《かいゆう》するような習性はなかったようです。

生息年代：

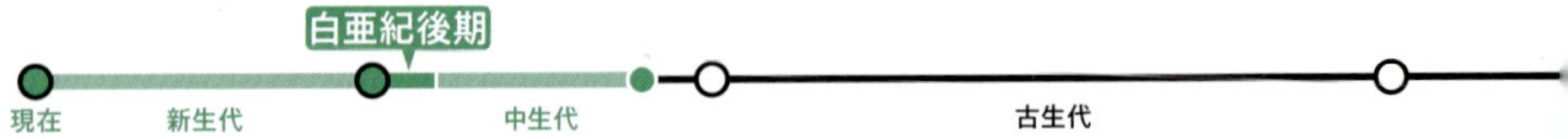

アンモナイトの殻も砕いた史上最大かつ最強のウミガメ

遊泳能力は高くなかった
前ビレを広げると横幅は5mにも達した

全長：**4**m

Dermochelys coriacea

オサガメ

分類：カメ目 オサガメ科

生息地域：太平洋、大西洋、インド洋、地中海

現存するカメのなかでもっとも大きく、体重は1t近くにもなります。しかし、オサガメの特徴は体の大きさだけではありません。泳ぎがとても速いのです。甲羅はなめらかな紡錘形《ぼうすいけい》で、背面に7本、腹側に5本のキールとよばれる筋状の盛り上がりが前後に走り、これが水の抵抗を抑えて速い泳ぎを可能にしています。また、主に熱帯から温帯にかけての海域で広く分布し、ウミガメのなかでもっとも長い距離を移動することでも知られています。その距離は数千kmにもなるそうです。さらには潜水能力にも長け、水深1000mまで潜ることができます。骨質の甲羅が退化して体はゴムのように弾力があるため、深海の水圧にも耐えられるのです。オサガメは栄養価の低いクラゲを主食としていますが、必要な栄養を量で補うように一日100kgも食べるといわれています。大量のエサを求めて、海での行動範囲が広がったのかもしれません。さて、オサガメ科の化石は世界中で発見されていて、その歴史は1億年以上にもなります。息の長い、巨大なグループだったのです。しかし現在は、オサガメ1種を残すのみとなってしまいました。そして、そんなオサガメも卵の乱獲や延縄漁《はえなわりょう》での混獲《こんかく》、プラスチックなどの漂流ゴミの誤飲《ごいん》などで大幅に数を減らしていて、絶滅の危機にあるといわれています。

生息年代：

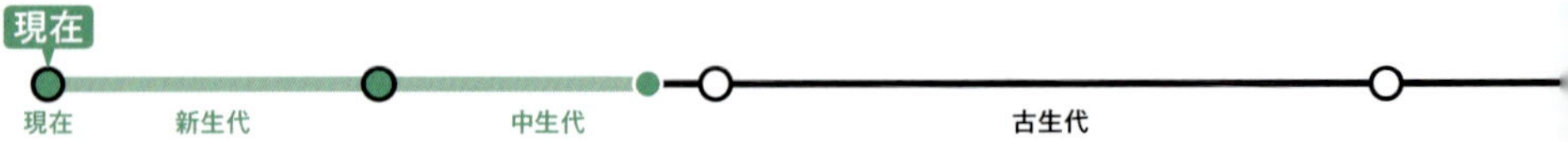

速く泳いで、深く潜って一日100kgのクラゲを捕食

背中に7本、腹側に5本のキールがある
一日の食事量は
ゴムのような体で深海にも潜る

甲長：1.8m

Geochelone nigra

ガラパゴスゾウガメ

分類：カメ目 リクガメ科

生息地域：ガラパゴス諸島

カメの仲間

Pickup ⑤

南アメリカ大陸に生息しているナンベイリクガメの一種ですが、南アメリカ大陸本土より西へ９００㎞も離れたガラパゴス諸島に生息しています。おそらく、ナンベイリクガメの卵をのせた流木などがペルー海流に乗り、その流れ着いた先のガラパゴス諸島で生息するようになったのでしょう。そこで独自の進化をとげたのがガラパゴスゾウガメであると考えられています。ガラパゴスゾウガメはリクガメのなかでもっとも大型になった種ですが、それは天敵やエサを獲りあうライバルが少ない「島」という、特殊な環境に生息していたからといわれています。

また、いくつもの島からなるガラパゴス諸島は、島によって植生がそれぞれ異なり、草や葉、サボテンなどの植物食であるガラパゴスゾウガメもそれに合わせるように、棲む島によって甲羅の形状に違いが見られます。草が多く生える島では甲羅がドーム状になった個体が多く、丈の高いサボテンや低木が多く生える島では、それらを食べるときに首を上げやすいよう甲羅の前縁が大きくせり上がった個体が多くなりました。かつてガラパゴス諸島に滞在していたチャールズ・ダーウィンは、このように生物が環境に応じて形を変えて多様になった様子を目の当たりにし、後に提唱することになる「進化論」への大きなヒントにしたといわれています。

生息年代：

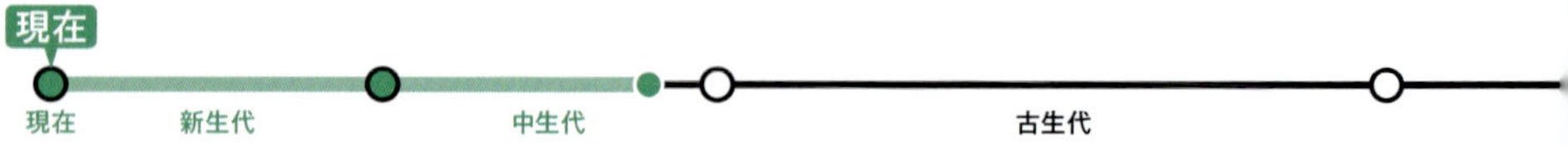

ダーウィンに進化論のヒントを与えた〝生ける伝説〟

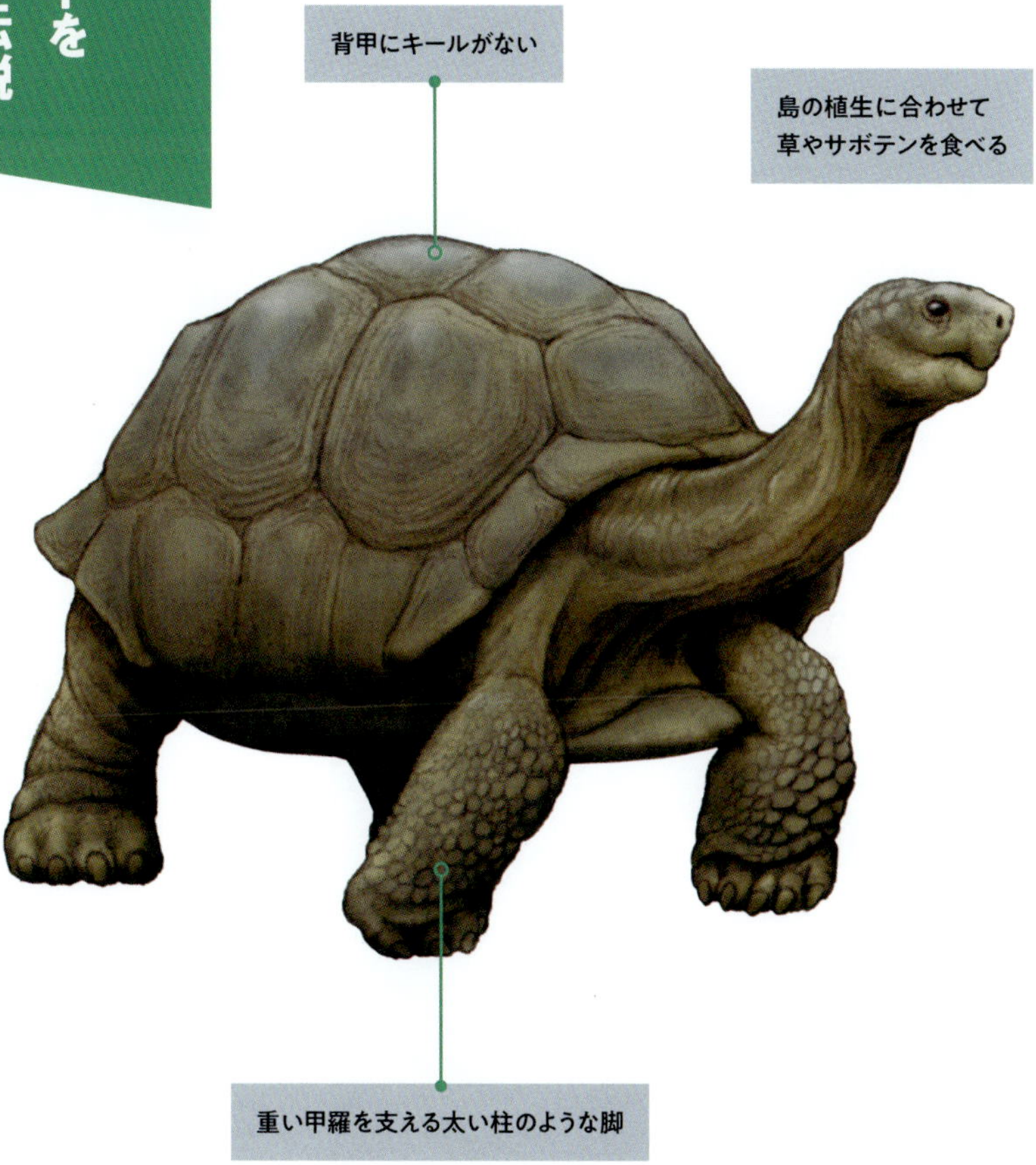
背甲にキールがない
島の植生に合わせて草やサボテンを食べる
重い甲羅を支える太い柱のような脚

甲長：1.3m

国立科学博物館

千葉県立中央博物館

アカウミガメ

こちらは現在のウミガメ。中生代のウミガメと姿かたちはあまり変わりません。

LET'S GO TO

カメの仲間編

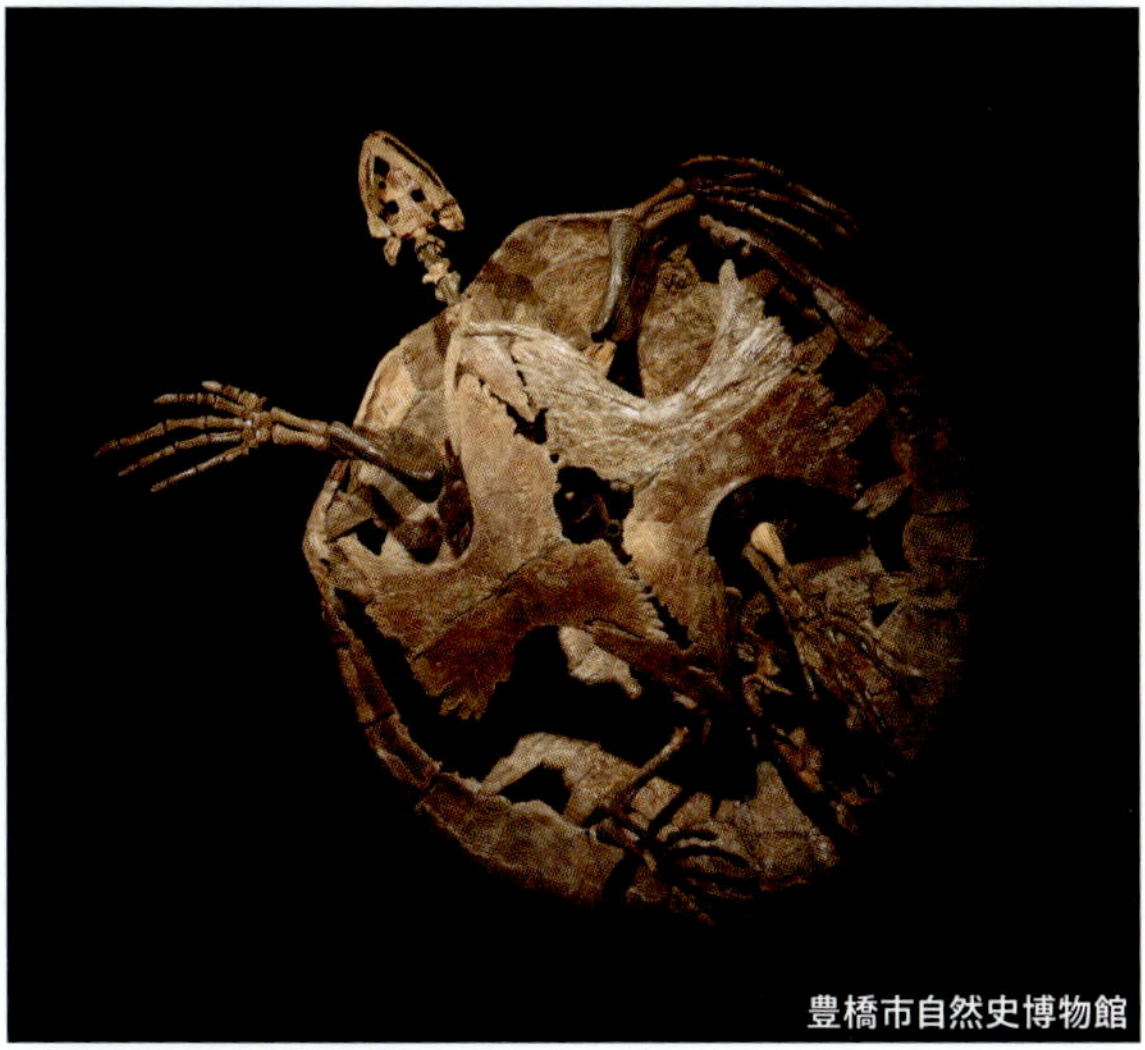

豊橋市自然史博物館

トクソケリス

アーケロンと同時期に生息した、こちらも中生代を代表するウミガメです。貴重な実物化石を常設展示しています。

アーケロン

Pickup③（176ページ）で紹介した巨大ウミガメ。前ビレを広げ優雅に泳いでいるかのような姿は、迫力があります。

ここで会える!

- 国立科学博物館
- 千葉県立中央博物館
- 豊橋市自然史博物館
- 北九州市立 いのちのたび博物館
- 群馬県立自然史博物館
- 佐野市葛生化石館

他

葛生化石館では、佐野市で発見された第四紀更新世のカメ類に会えます

千葉県立中央博物館

ニホンイシガメ

小さなカメにも注目。お腹の甲羅を開いた展示がユニークです。日本固有種。

ワニの仲間の歴史

変温動物であるワニの仲間は、現在、熱帯地域の水辺などごく限られた地域で生息しています。寒さに適応できないためです。しかし、現在よりも温暖であった中生代には、世界中のさまざまな地域で分布域を広げ、その姿も多種多様でした。

最初にワニの仲間が現れたのは三畳紀中期です。2億2800万年前、わりと初期のころに現れたスフェノスクス科のヘスペロスクスは、

三畳紀

Pickup ① » P.186

ヘスペロスクス
Hesperosuchus agilis

ジュラ紀

メトリオリンクス
Metriorhynchus

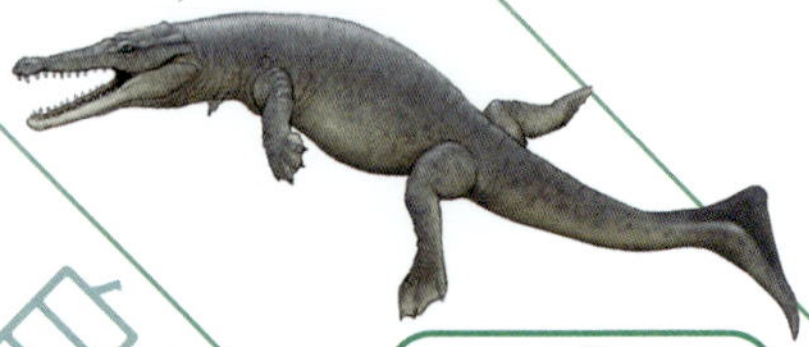

Pickup ② » P.188

白亜紀

カプロスクス
Kaprosuchus saharicus

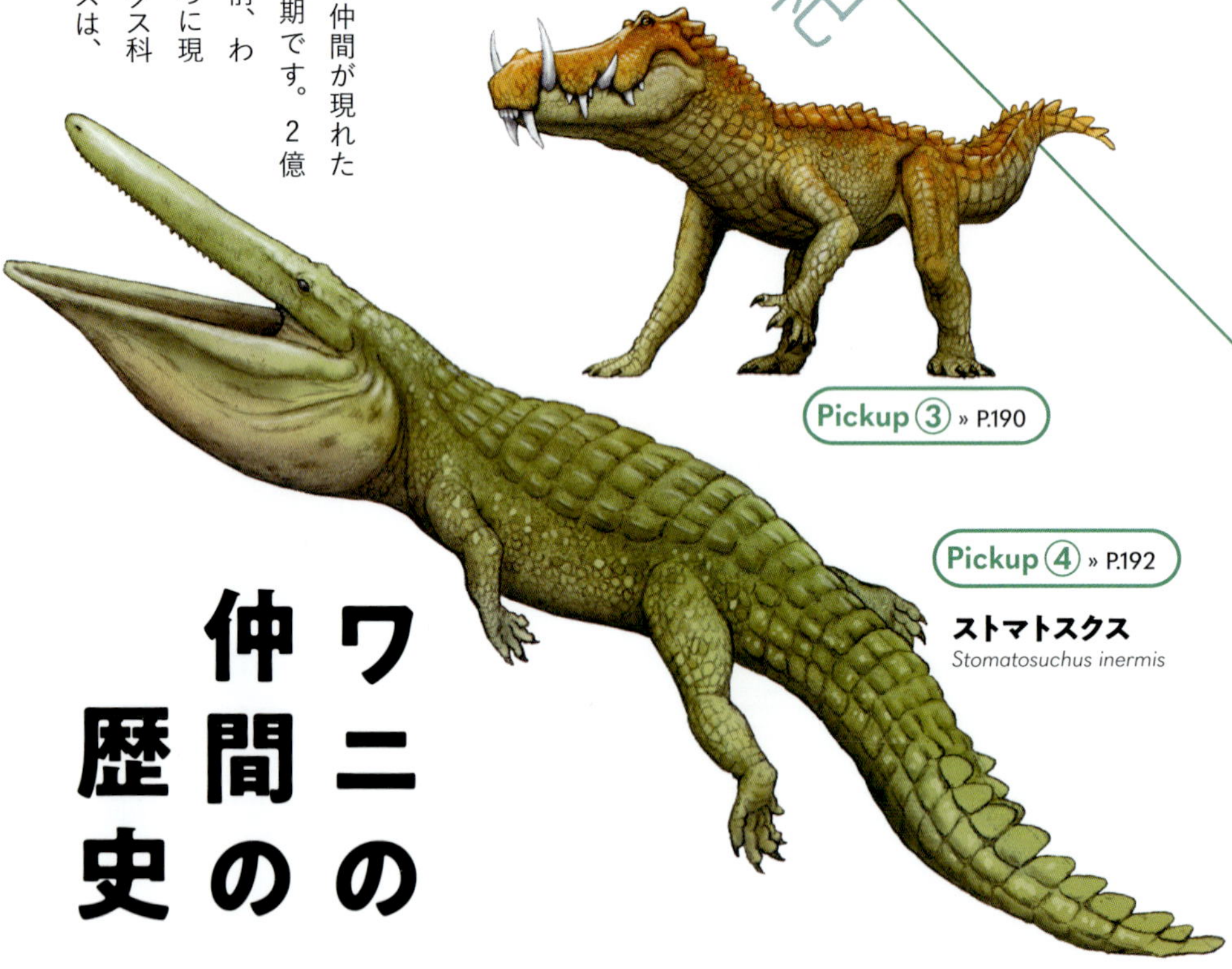

Pickup ③ » P.190

Pickup ④ » P.192

ストマトスクス
Stomatosuchus inermis

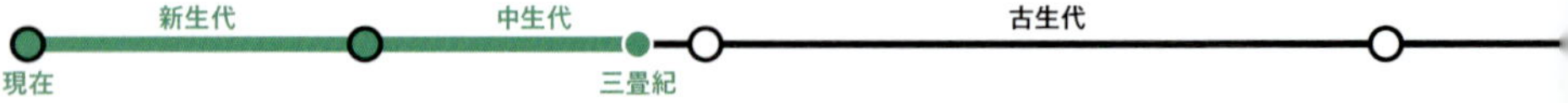

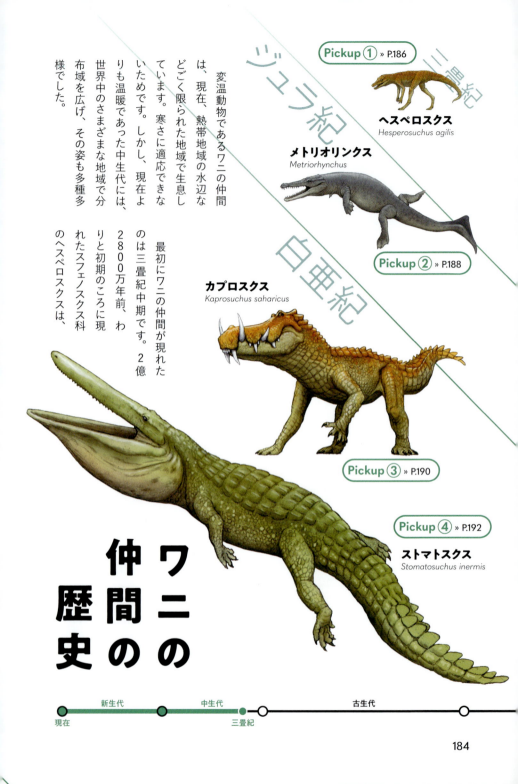

頭部こそワニですが、後肢がスラリとして、二足歩行で地上を軽快に走る動物だったと考えられています。このように陸に適応した種もいれば、ジュラ紀にはメトリオリンクスのように海に生息するワニも現れました。尾ビレがあり、足指が船をこぐときに使う「かい」のような形をしていたといわれています。

ワニといえば、水辺で獲物を待ち伏せし、水を飲みにきた動物をつかまえて水中へと引きずり込むといった、凶暴な肉食動物のイメージが強いですが、白亜紀には植物食性のワニもいました。獅子舞《ししまい》のような顔をしたシモスクスは、ワニのような鋭い円錐形《えんすいけい》の歯ではなく、植物食恐竜の歯に似た変わった形の歯をもっていたことがわかっています。また、アルマジロに似たユニークな姿のアルマジロスクスも、アゴをスライドさせて植物をすり潰して食べていたようです。大きな湖などに生息したストマトスクスは歯が退化していたことから、小魚やプランクトンを水ごと飲み込み、濾《こ》して食べていたと考えられます。このように、太古のワニはさまざまな地域で生息し、その食性もさまざまだったのです。

現在は、陸生タイプや海生タイプはすでに絶滅したものの、淡水タイプのワニの仲間は中生代ジュラ紀に出現して以来、水辺での生態系の頂点であり続けています。とても強い動物です。

現在

アルマジロスクス
Armadillosuchus arrudai

シモスクス
Simosuchus clarki

アメリカアリゲーター
Alligator mississippiensis

イリエワニ
Crocodylus porosus

Picup⑤ » P.194

Hesperosuchus agilis

ヘスペロスクス

分類： ワニ形類

生息地域： アメリカ

現生のワニにつながるワニ形類の仲間で、いわばもっとも初期に登場したワニの一種です。おおよそ2億2000万年前に生息していました。現生のワニにつながるとはいっても、見た目はずいぶんとかけ離れたものだったようで、全体的にスマートな体つきに二足歩行が可能な長い後肢をもっていました。全長1mほどと体は小さく、骨は中空で軽量化され、その身軽なつくりから走ることが得意な爬虫類だったと考えられています。水辺で過ごす現生のワニとは違い、完全に陸上生活を送っていたようです。ヘスペロスクスの生息した時代は恐竜が現れはじめた間もない時期でしたが、このころの初期の恐竜もヘスペロスクスとよく似た敏《びん》捷《しょう》に活動するタイプのものが多くいました。コエロフィシスとよばれる恐竜もそのひとつで、ヘスペロスクスよりも大型であるものの、身軽な体形をしていました。実はこの恐竜は、共喰いをした恐竜としてよく知られるようになった恐竜です。それは、自分の子供を食べたのではないかと思われる化石が発見されたことによりますが、しかし後に化石を詳しく調査した結果、コエロフィシスに食べられたとする生き物はコエロフィシスの子供ではなかったことがわかりました。その正体はヘスペロスクスのような初期のワニで、どうやら彼らがこの恐竜のエサとなっていたようです。

生息年代：

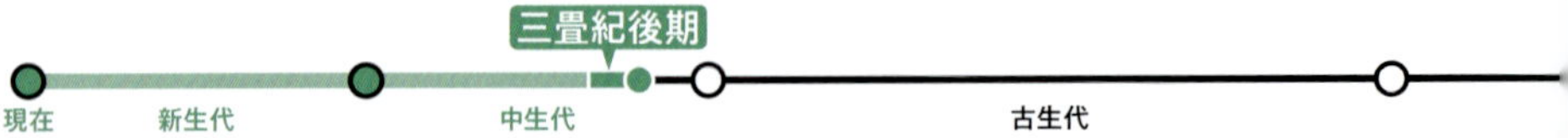

恐竜時代に生きた、2本足で陸を疾走するワニの祖先

体は小さく
恐竜のエサに
なっていた
スラリと長い後肢で陸を疾走

全長：1m

Metriorhynchus

メトリオリンクス

分類：ワニ形類 メトリオリンクス科

生息地域：ヨーロッパ

おおよそ１億６０００万年前に生息し、海に進出した数少ないワニの仲間です。四肢はヒレになり、尾の先も三日月形の大きなヒレになっていました。また、胴体は丸みがある流線形で、背中にはほかのワニにみられる身を守るための鱗板骨がありませんでした。おかげで防御力は落ちたようですが、その分、柔軟性《じゅうなんせい》が増し、そのやわらかい体をくねらせて泳いでいたようです。さらに、細長い吻部《ふんぶ》は水の抵抗を弱めて獲物を素早く捕えることができたとみられ、その吻部で、主にアンモナイトや大型の魚類などを捕食して暮らしていました。ほぼ水中で活動をしていましたが、今のところ、ワニの仲間で水中で子供を産むことができる胎生《たいせい》のものは知られていないため、産卵に関してはおそらくウミガメのように上陸して行っていたと考えられています。ワニの仲間はもともと、ヘスペロスクス（１８６ページ）のように足が体の下へ向かって付く直立歩行スタイルでした。つまり、陸上を軽快に歩く、内陸性の傾向が強い爬虫類だったのです。しかし、海生のメトリオリンクスが現れた時期には現生のワニのように水辺を這《は》い歩きながら半陸半水の生活を送るゴニオフォリス類も登場します。このころはワニの仲間も多様になり、海や水辺など、さまざまな環境に生息域を広げていったようです。

生息年代：

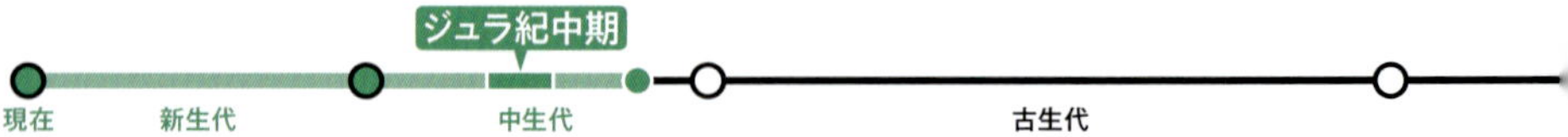

やわらかい体をくねらせ 海を泳いだ ワニ界トップの珍種

背中にはワニ特有の
鱗がなかった
三日月形のヒレ状の尾

全長：3m

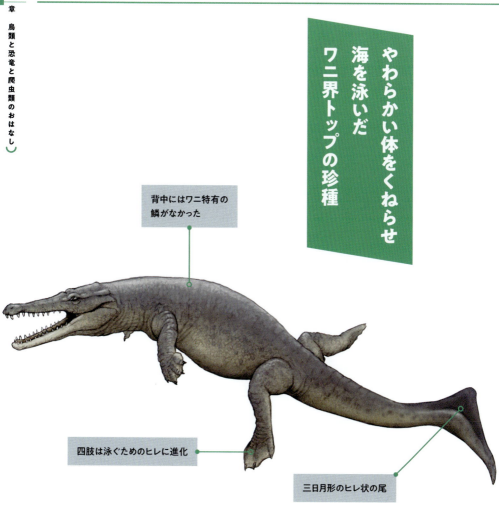

Kaprosuchus saharicus

カプロスクス

分類：ワニ形類 マハジャンガスクス科

生息地域：アフリカ

カプロスクスは、アフリカのニジェールにある白亜紀中期のおおよそ9500万年前の地層から、頭骨のみが発見されました。長さ50㎝ほどの頭骨には、上アゴに3対、下アゴに2対の突出した犬歯状の長いキバがあり、その顔つきがイノシシに似ていることからイノシシの意味を持つ「ボア」をつけて「ボアクロック」というニックネームでよばれています。この長大なキバは、大型動物の分厚い皮膚を貫くのに使われたと考えられており、強力な捕食者だったようです。もしかしたら恐竜をも獲物にしていたかもしれません。また、ほかのワニとは違って眼窩《がんか》はやや前方に向いていました。つまり、肉食動物と同じく前向きの目をもっていたことを意味し、獲物との距離を把握しやすい立体視ができたともいわれています。

カプロスクスが発見された地層には、「パンケーキクロック」とよばれる平らで幅広い吻部をしたワニや、吻部がアヒルのクチバシのような形をした「ダッククロック」とよばれるワニなど、個性的なワニ化石がいくつも発見されています。ジュラ紀には完全な水中適応をみせたメトリオリンクス（188ページ）などがいましたが、白亜紀にも入ると多様性はより増して、シモスクスなどの植物食性のワニや、アルマジロのような甲羅をもったアルマジロスクスなどが現れました。

生息年代：

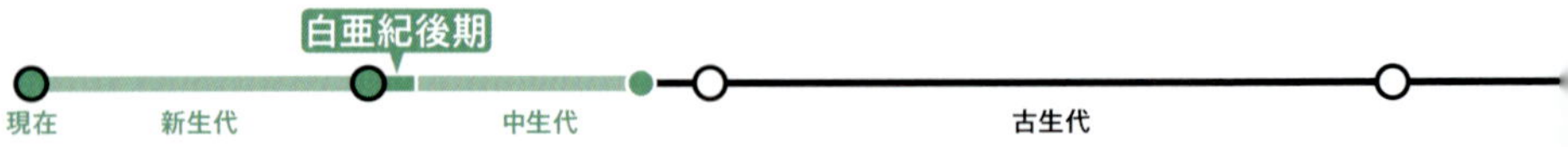

イノシシのようなキバとハンターの目つきで大きな獲物を捕食

全長：6m

Stomatosuchus inermis

ストマトスクス

分類：ワニ形類 ストマトスクス科

生息地域：アフリカ（エジプト）

白亜紀に入ると、ワニの仲間はその環境に合わせて、いろんなタイプに進化していきました。そのひとつに、とても特異な進化をとげたストマトスクスという水生のワニがいます。咬む力が強いワニにとって、アゴにならぶ歯は強力な武器ともなりますが、ストマトスクスはその歯をほとんど退化させていたのです。あるのは上アゴの細かな円錐形《えんすいけい》の歯だけで、下アゴにいたってはまったく歯がありませんでした。現生のワニとくらべても、かなり変わった特徴であったといわざるをえません。一説には、ストマトスクスはワニの仲間で唯一のプランクトン食性だったといわれています。歯がない下アゴにはプランクトンを濾しとるヒゲがあり、ペリカンのような大きな喉袋《のどぶくろ》で塩湖《えんこ》に繁殖するアミ類（小さな甲殻類）や小魚などを水ごと吸い込んで食べるような、ヒゲクジラに似た食性だったと考えられています。ところで、ストマトスクスの化石は現在、その実物が存在しません。エジプトで発見された、スノーボードのような長く扁平《へんぺい》な形をした頭骨が唯一の化石で、その頭骨はドイツのミュンヘン博物館が所蔵していましたが、残念ながら第二次世界大戦中の1944年にドイツと戦争をしていた連合軍の爆撃によって破壊されました。そして今では、謎多き古代ワニとなってしまいました。

生息年代：

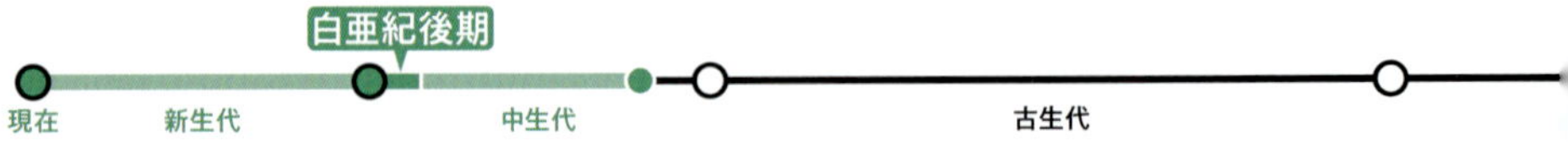

史上唯一のプランクトン食？湖暮らしの歯のないワニ

歯は上アゴにわずかにあるだけ
ペリカンのような喉袋で
プランクトンを水ごと吸い込んだ？

全長：10m

Crocodylus porosus

イリエワニ

分類：ワニ目 クロコダイル科

生息地域：東南アジア、インドネシア、オーストラリア北部

イリエワニの「イリエ」とは「入り江」を指します。その名からもわかるように、主にマングローブが生い茂る入り江や、三角州《さんかくす》などの海水と淡水が入り混じる汽水域《きすいいき》によく生息しています。海水への耐性も強いためか、海流に乗って東南アジアやインドネシアなどの島々に渡ることができ、インド南東部からオーストラリア北部まで海伝いに分布を広げています。また日本でも西表島《いりおもてじま》や八丈島《はちじょうじま》、奄美《あまみ》大島《おおしま》にも泳ぎ着いたという記録が残っています。イリエワニは大きな個体では全長6m、体重は1tにもなり、現生のワニ、および現生爬虫類のなかでは最大級の大きさです。また大きいだけでなく、咬みつく力でもあらゆる動物のなかでもっとも強いことで知られ、性格もワニのなかでもっとも獰猛《どうもう》であるといわれています。ときには人を襲うこともあり、人喰いワニとして恐れられる存在です。そんなイリエワニですが、爬虫類ではめずらしく子煩悩《こぼんのう》な一面ももっています。繁殖は9～10月ごろの雨季の間にみられ、木の枝や枯葉、泥などを積み上げて塚状の巣をつくり、そこに40～60個の卵を産卵します。イリエワニのメスはそれらの卵が孵化するまで巣から離れずに守り、その後も孵化した子供たちを巣から掘り出して口にくわえて水辺まで運んでやり、子供が泳げるようになるまで世話をします。

生息年代：

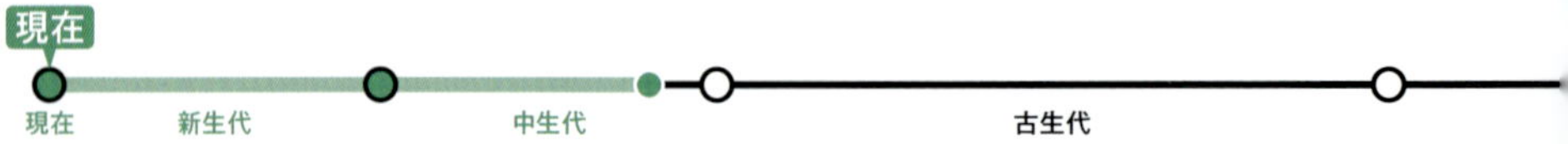

獰猛な人喰いワニは意外にも子煩悩

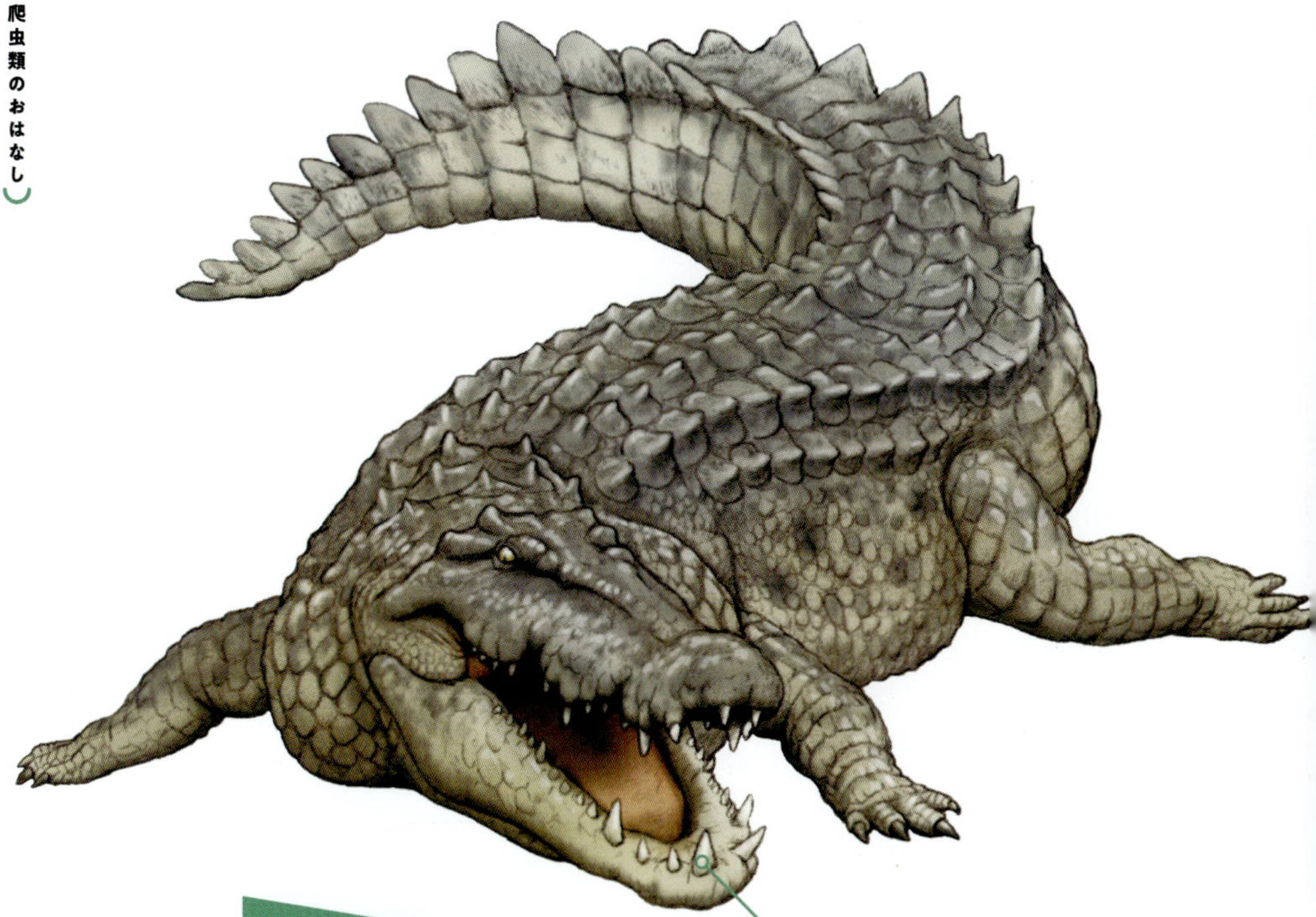
海水への耐性が強く
海伝いに分布を広げている
メスは卵やヒナの
世話を積極的に行う
あらゆる動物のなかで
咬む力がもっとも強い

全長：6m

巨大トカゲの昔と今

モササウルスは、恐竜と同じ時代の海で最強の捕食者として君臨した大型爬虫類です。コモドオオトカゲなどと近縁ですが、体はヘビのように細長く、足はヒレ状で、クジラのように骨盤が縮小していることから、海で一生を過ごしたと考えられています。歯型がついたと思われるアンモナイトの化石がいくつも発掘されてお

アンモナイトを食べていた

モササウルス

Mosasaurus

分類：有鱗目 トカゲ亜目 モササウルス科

生息地域：海

新生代

白亜紀後期

白亜紀　ジュラ紀　三畳紀

中生代

り、アンモナイトを食べていたとみられていますが、成長すると全長18mにもなった彼らは、ウミガメなどの海生爬虫類も襲っていたようです。

一方、コモドオオトカゲはモササウルスにくらべたら小型ですが、それでも現生のトカゲ類のなかでは最大級です。イノシシやシカなどの大型哺乳類をもエサにし、小さなコモドオオトカゲも襲います。口の中で腐《ふ》敗菌《はいきん》を増殖させ、咬《か》みつかれた獲物が敗血症《はいけつしょう》で弱ったところを捕食します。さらに、歯間のいくつかの毒管から毒を注入して弱らせているという研究報告もあります。また、単為《たんい》生殖《せいしょく》の例も報告されています。

コモドオオトカゲ

Varanus komodoensis

分類：有鱗目 トカゲ亜目 オオトカゲ科
生息地域：インドネシアのコモド島
フローレス島など

現 在

第四紀 新第三紀 古第三紀

ヘビの仲間の歴史

トカゲやワニ、カメなどの爬虫類は、いずれも中生代三畳紀にその姿を現しました。トカゲの仲間から分化したとされるヘビは、中生代白亜紀の地層から発見されたものが最古で、もっとも歴史の浅い爬虫類といえます。

ヘビの祖先と考えられているのは、トカゲの胴体が長くなった「ドリコサウルス類」とよばれる仲間です。近年まで、その起源は9900万年前のヨーロッパの浅瀬と考えられてき

白亜紀

カガナイアス
Kaganaias hakusanensis

パキラキス
Pachyrhachis

古第三紀

ティタノボア
Titanoboa

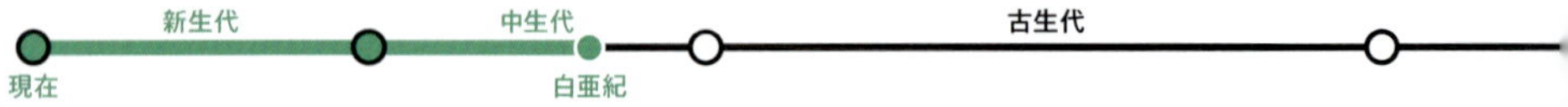

ましたが、その後、日本の1億3000万年前の地層からカガナイアスというドリコサウルス類の化石が発見され、同時に海ではなく川に生息していたことが判明したことから、起源の舞台は大きく修正されることになりました。ただ、いずれにしても水中に進出したトカゲの仲間の一部が、水の抵抗で邪魔になった足を退化させ、泳ぎやすい体になったのがヘビのはじまりとみられています。

胴体が長く足が退化した、いわゆる「ヘビ」の姿をした最古のものは、9500万年前の浅い海に生息していたパキラキスです。前肢が完全に退化し、後肢も小さいものが残る程度でした。また、太古には全長13mにも及んだ巨大ヘビも存在していました。6000万年前の南米に生息したティタノボアというヘビは、胴の幅も1mあったといわれています。ヘビは成長過程に外気温の影響を受けやすい変温動物であるため、今よりも気温の高かったこの時代に大きく成長したものと思われます。

ヘビは現在、その細長い体を生かして、草原や森林、砂漠、海、川、地中とさまざまな場所に生息しています。有毒な爬虫類の99%以上はヘビであるといわれ、種の標準装備として毒をもつめずらしい爬虫類です。また、すべてが動物食で、食べ方も獲物を丸飲みするなど、たいへん独特な進化をとげてきました。

現在

テングキノボリヘビ
Langaha madagascariensis

パラダイストビヘビ
Chrysopelea paradisi

キングコブラ
Ophiophagus Hannah

マムシ
Gloydius blomhoffii

ここのヘビ標本は、 どれも躍動感にあふれています。 獲物を襲う姿を再現した展示は、 ほかではなかなかお目にかかれません。

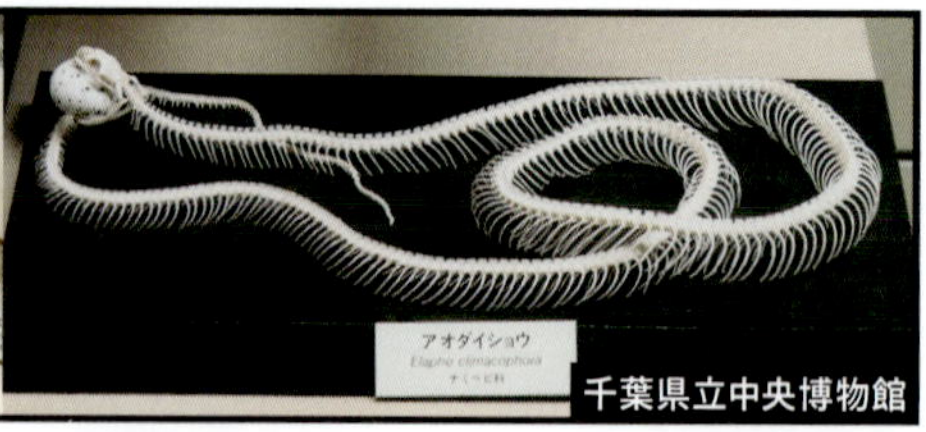

シマヘビ　　**アオダイショウ**

LET'S GO TO

爬虫類（ワニ・トカゲ・ヘビ）編

ここで会える！

- 国立科学博物館
- 千葉県立中央博物館
- 群馬県立自然史博物館
- 豊橋市自然史博物館

他

群馬県立自然史博物館には、ジュラ紀のワニの仲間、ゴニオフォリス類の頭骨があります

ティロサウルス

196ページで紹介したモササウルスの仲間。恐竜時代の海では、モササウルスのほかにも首長竜や魚竜といった巨大爬虫類が多く繁栄していました。

イリエワニ

現生で世界最大の爬虫類といえば、イリエワニ。この歯で、200kg以上の獲物も捕らえることができます。

国立科学博物館

5章 両生類と魚類のおはなし

水で生きるか、陸で生きるか。

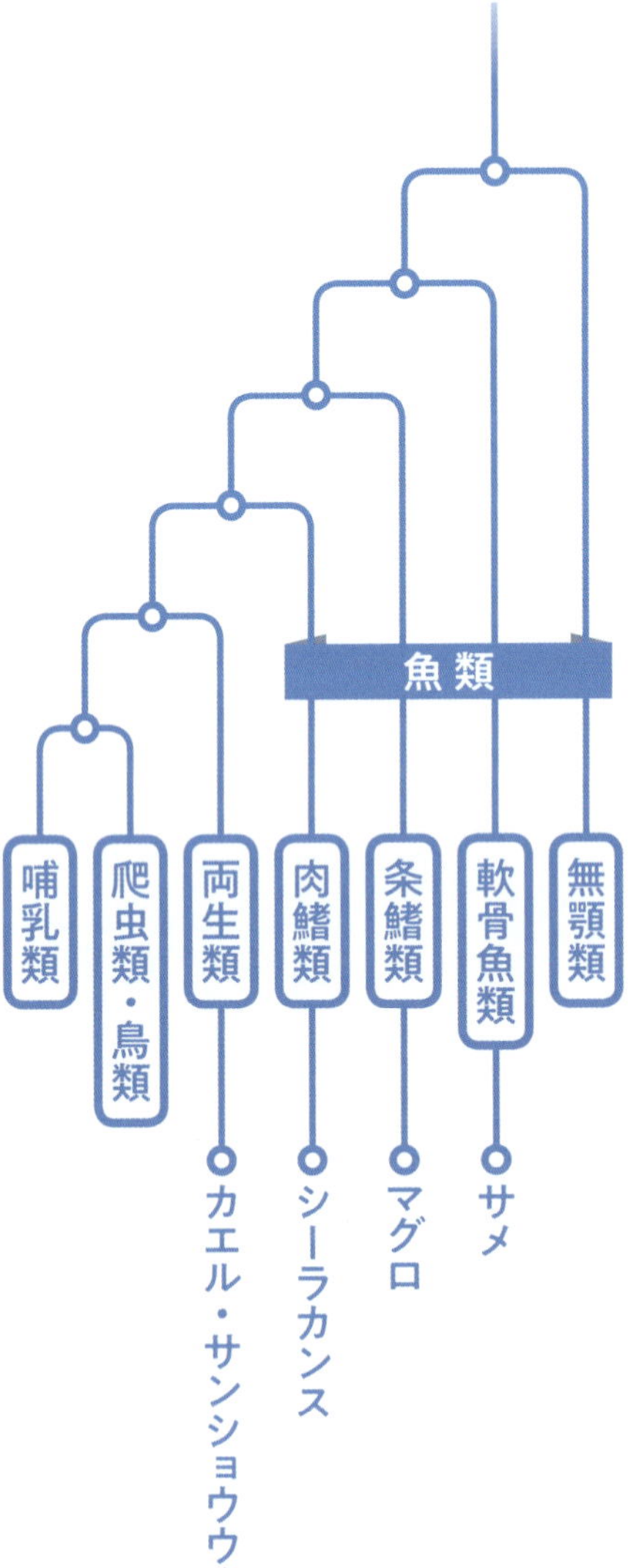

現在、脊椎動物は魚類、両生類、爬虫類、鳥類、哺乳類の5つのグループに分けられていますが、その内訳をみてみると、魚類は3万1000種、両生類は7000種、爬虫類は8700種、鳥類は1万種、そして哺乳類は5500種です。これらを合わせると脊椎動物はおおよそ6万2000種で、5つのグループでもっとも種数の多い魚類はその半数を占めています。生命は海で誕生し、その一部が陸に上がって多種多様に適応《てきおう》放散《ほうさん》していったというのが、一般的に考えられている生命進化の道筋ですが、現在の種数だけで考えれば、水で生きるか、陸で生きるかの選択において、脊椎動物はちょうど半数に分かれたということになります。しかし、大昔には魚類の種数の占める割合はもっと大きく、さらにいえば、古生代デボン紀の中ごろ、おおよそ3億7000万年前に初めて地上に進出するものが現れるまで、その割合は

100%でした。この時代の、手足的なものをもった脊椎動物は特に「四肢動物」といい、1~4章までに取り上げてきた爬虫類や哺乳類などにつながっていくのですが、当時、四肢動物はごく一部の生き物で、魚のなかの変わり者のような存在でした。しかし陸という新たなステージも多様な環境があって、そこで長い年月をかけて適応し、さまざまな四肢動物が登場していきます。今では脊椎動物の5つのグループはそれぞれが並列で独立したグループとしてみられるようになったのです。この章では、陸の世界と水の世界の狭間で進化してきた、魚類と最初の四肢動物となった両生類を中心にみていきます。

両生類の歴史

デボン紀

石炭紀・ペルム紀

両生類は、一部の魚類のヒレが足に変化するなどして進化したグループで、脊椎動物のなかで最初に陸に上がったとされています。トップバッターはデボン紀末の3億6700万年前に生息したイクチオステガで、丈夫な肋骨をもっていました。浮力《ふりょく》のない陸上では重力をもろに受けるため、この肋骨で内臓を守っていたと考えられています。一方で、

イクチオステガ
Ichthyostega

プラティヒストリクス
Platyhystrix

ペルトバトラクス
Peltobatrachus pustulatus

プリオノスクス
Prionosuchus plummeri

足の指が7本あったり、尾にヒレがあるなど、体の形は地上歩行に適さないものでした。まだ水中生活への依存が高く、たまに上陸する程度の動物だったようです。

　石炭紀前期の3億5000万年前に、さらに地上歩行に適した両生類が現れると、陸上という新たな生活の場を得た彼らは一気に繁栄し、ここからさまざまな両生類が出現しました。背中に帆《ほ》をもつプラティヒストリクスや体を装甲でおおったペルトバトラクスなどです。当時はまだワニはいませんでしたが、ワニのような姿の巨大な両生類も現れました。プリオノスクスは全長9mあったと推測されています。当時の両生類は「迷歯亜《めいしあ》綱《こう》」とよばれ、歯の表面のエナメル質が複雑に折れ込み、歯の断面が迷路のように見えるという特徴がありました。白亜紀に姿を消した迷歯亜綱に対し、現在生息するカエルやサンショウウオ、イモリなどは「平滑両生亜綱《へいかつりょうせいあこう》」とよばれるグループに属しています。平滑両生亜綱はカエルの祖先とされるトリアドバトラクスが生息した三畳紀に現れました。

　現在、両生類は7000種ほどが知られ、毒をもつものや滑空するものなど多様な進化をとげています。近年は新種の発見が相次ぎ、その数はさらに増えると考えられますが、一方、その多くで個体数は減少しており、絶滅の危機に晒《さら》されているそうです。

三畳紀

トリアドバトラクス
Triadobatrachus massinoti

ニホンアマガエル
Hyla japonica

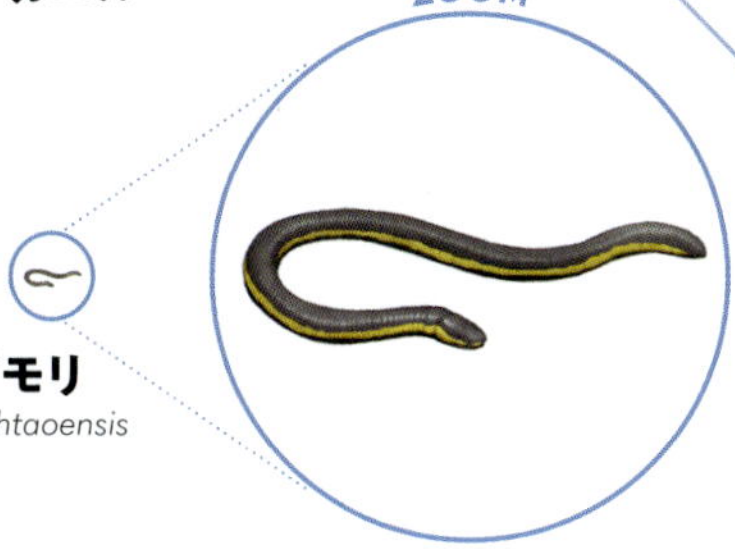

**コータオ
アシナシイモリ**
Ichthyophis kohtaoensis

現在

オオサンショウウオ
Andrias japonicus

くらべてみよう！

カエルの昔と今

トリアドバトラクスは、おおよそ2億5000万年前に生息していた両生類で、原始的な両生類の特徴をもちつつ、その姿は現生のカエルにかなり近いものでした。これは初期の両生類からの進化の途中の姿ともいえ、このことからカエルの祖先であると考えられています。胴体はやや長く、現生のカエルにはない肋骨が残っ

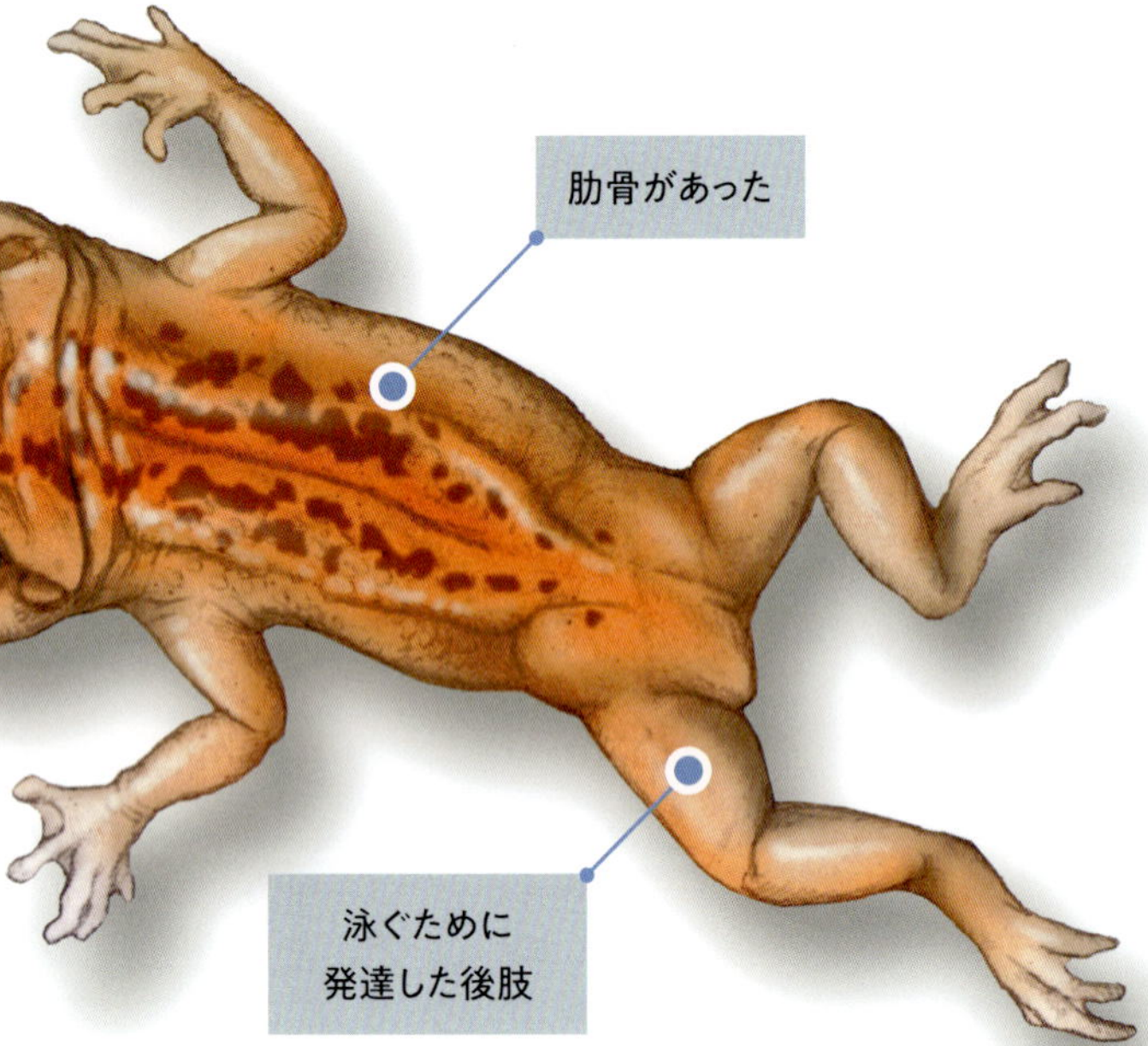

全長：**10**cm

トリアドバトラクス
Triadobatrachus
分類：無尾目 プロトバトラクス科
生息地域：アフリカ
（化石はマダガスカルで発見）

三畳紀前期

新生代　白亜紀　ジュラ紀　三畳紀　中生代

ており、後肢の発達はみられるもののカエルのようにジャンプする能力はなく、泳ぐために使われていました。後肢で水を蹴って泳ぐ動物はカエルの仲間だけといわれますが、この最古のカエルはすでにカエル特有の泳ぎ方を確立していたようです。

現生のカエルは、発達した後肢を使ったジャンプと、鳴き声が特徴的です。鳴き声はオスが繁殖期にメスを誘そうためや、縄張りの主張をするためのものですが、アマガエルはそれらの目的以外にも、雨が近づくと木の上などの高いところに登ってよく鳴きます。気圧の変化を敏感に感じとることができるようです。

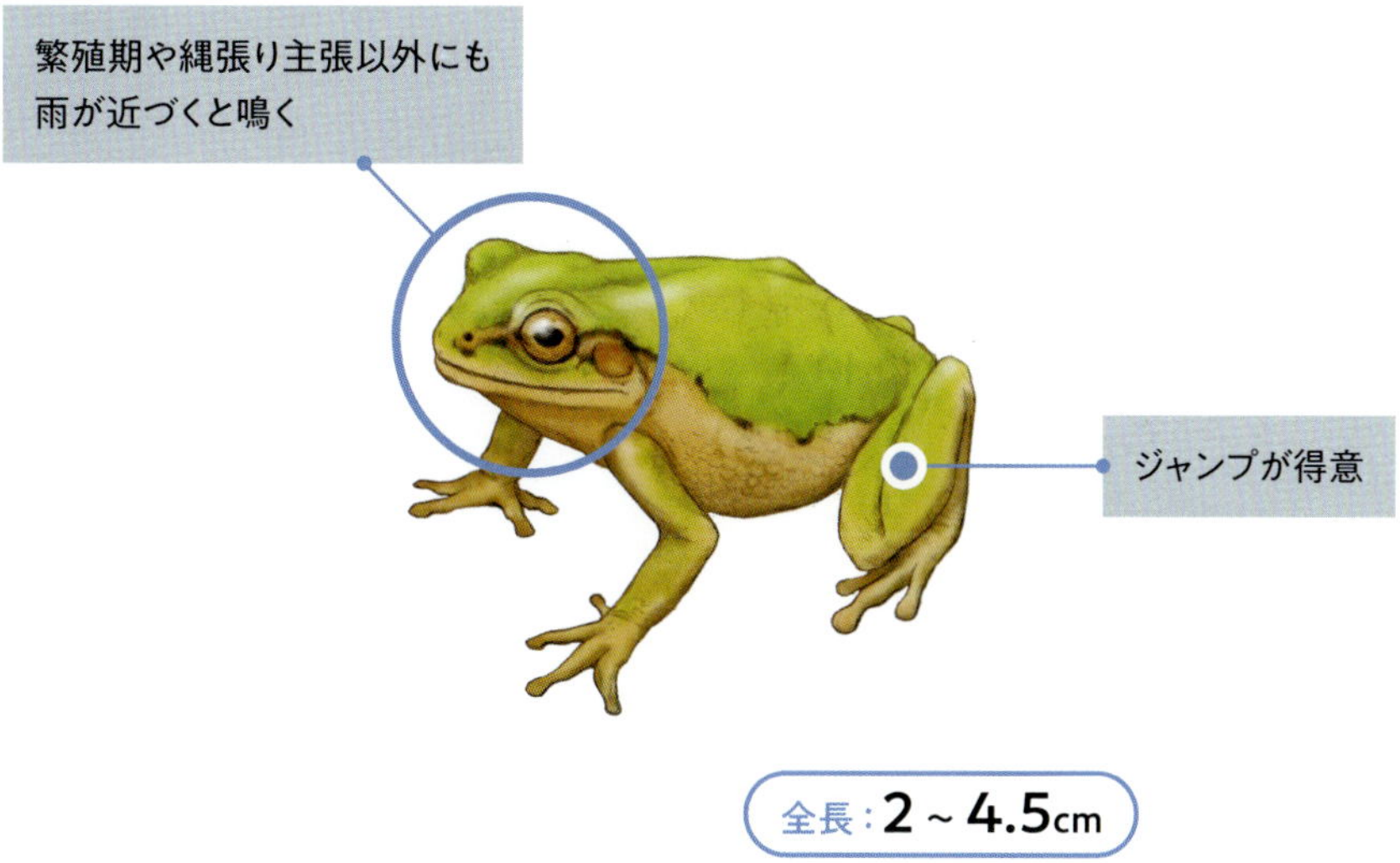
繁殖期や縄張り主張以外にも
雨が近づくと鳴く
ジャンプが得意
全長：2～4.5cm

ニホンアマガエル

Hyla japonica

分類：無尾目 アマガエル科
生息地域：日本、中国北部、ロシア東部

現在

第四紀　新第三紀　古第三紀

イクチオステガ　最初に陸に進出したとされている動物。頭骨のレプリカと復元模型を展示。

エリオプス　「長い顔」を意味するエリオプスは石炭紀後期に現れた原始的な両生類。

ディスコサウリスクス

ペルム紀に生息した、わりと爬虫類に近い両生類。実物化石（チェコ産）です。

LET'S GO TO

両生類編

スクレロケファルス（右）
ミクロメレルペトン（上）

どちらもペルム紀の両生類の実物化石（ドイツ産）。このスクレロケファルスは1mほどの大きさ。

ここで会える！

- 国立科学博物館
- 佐野市葛生化石館
- 千葉県立中央博物館
- 豊橋市自然史博物館
- 大阪市立自然史博物館
- 神奈川県立 生命の星・地球博物館
- 北九州市立 いのちのたび博物館
- 群馬県立自然史博物館

他

豊橋市自然史博物館には古生代の両生類が多数展示されています

モリアオガエル

各地で見られますが、地域によっては天然記念物に指定されています。骨格標本と模型を展示。

肉鰭類の歴史

しっかりした足をもち、地上で生活する動物のことを「四《し》肢《し》動物《どうぶつ》」といいます。哺乳類（クジラ類などの例外もいます）、鳥類、爬虫類、両生類がそのグループで、これらは魚類から進化しました。そして、その進化のかけ橋となったのが「肉《にく》鰭《き》類《るい》」です。シーラカンスや肺呼吸をするハイギョなどが含まれます。おおよそ4億年前に現れた肉鰭類は骨や筋肉のあるヒレをもち、この肉厚なヒレが四肢動物の足につながったと考えられています。

　なかでも初期の肉鰭類とい

デボン紀

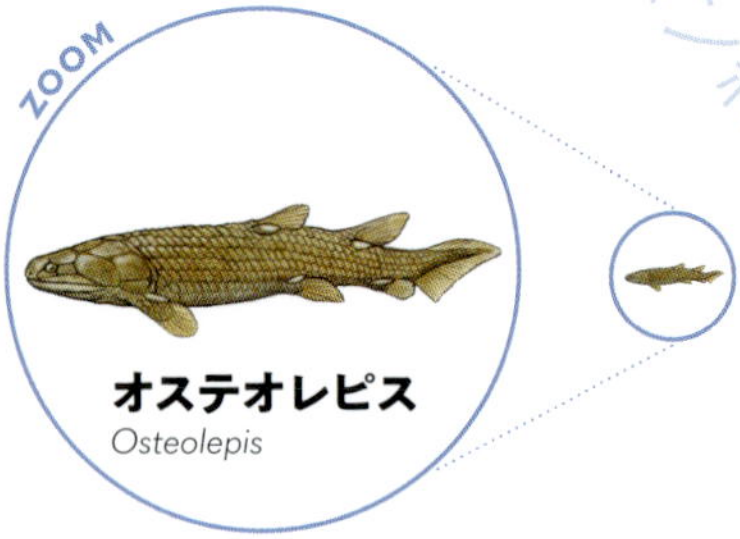

オステオレピス
Osteolepis

パンデリクティス
Panderichthys

ラコグナトゥス
Laccognathus embryi

ティクターリク
Tiktaalik roseae

イクチオステガ
Ichthyostega

白亜紀

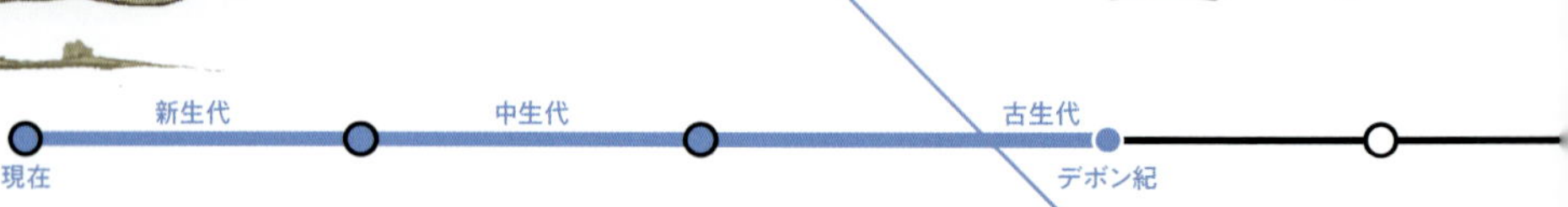

われているのが、オステオレピスです。ヒレは水中の密生した植物をかき分けるために使われていました。その後、3億8000万年前に現れたパンデリクティスは、平らで横幅のある頭部をもち、目は上向きにつくなど、両生類に近い顔つきをしていたといわれています。そして3億7500万年前、もっとも四肢動物に近いティクターリクが現れます。首をもち、ヒレには肘関節《ひじかんせつ》や手首関節がありました。肉鰭類はいずれも浅瀬や淡水域で生息していましたが、そこは潮の満ち引きや、乾燥によって水が干上がることもしばしばあったと考えられ、それが地上へ進出するきっかけとなったようです。

現生のシーラカンスは「生きた化石」といわれるように、このころと基本的な体のつくりが変わらないめずらしい種です。かつては絶滅したと思われていましたが、1938年に生きた姿で発見され、さらに1997年にもその近縁種とみられるものが発見されたことから、現在はこの2種が生息していると考えられています。古生代末まで世界中の川や湖、浅い海で繁栄してきた肉鰭類は、今ではこの2種のシーラカンスと、淡水域に6種のハイギョが生き残るだけになりましたが、しかし子孫にあたる四肢動物は多種多様に姿を変え、今も世界中でその遺伝子をつないでいます。

現在

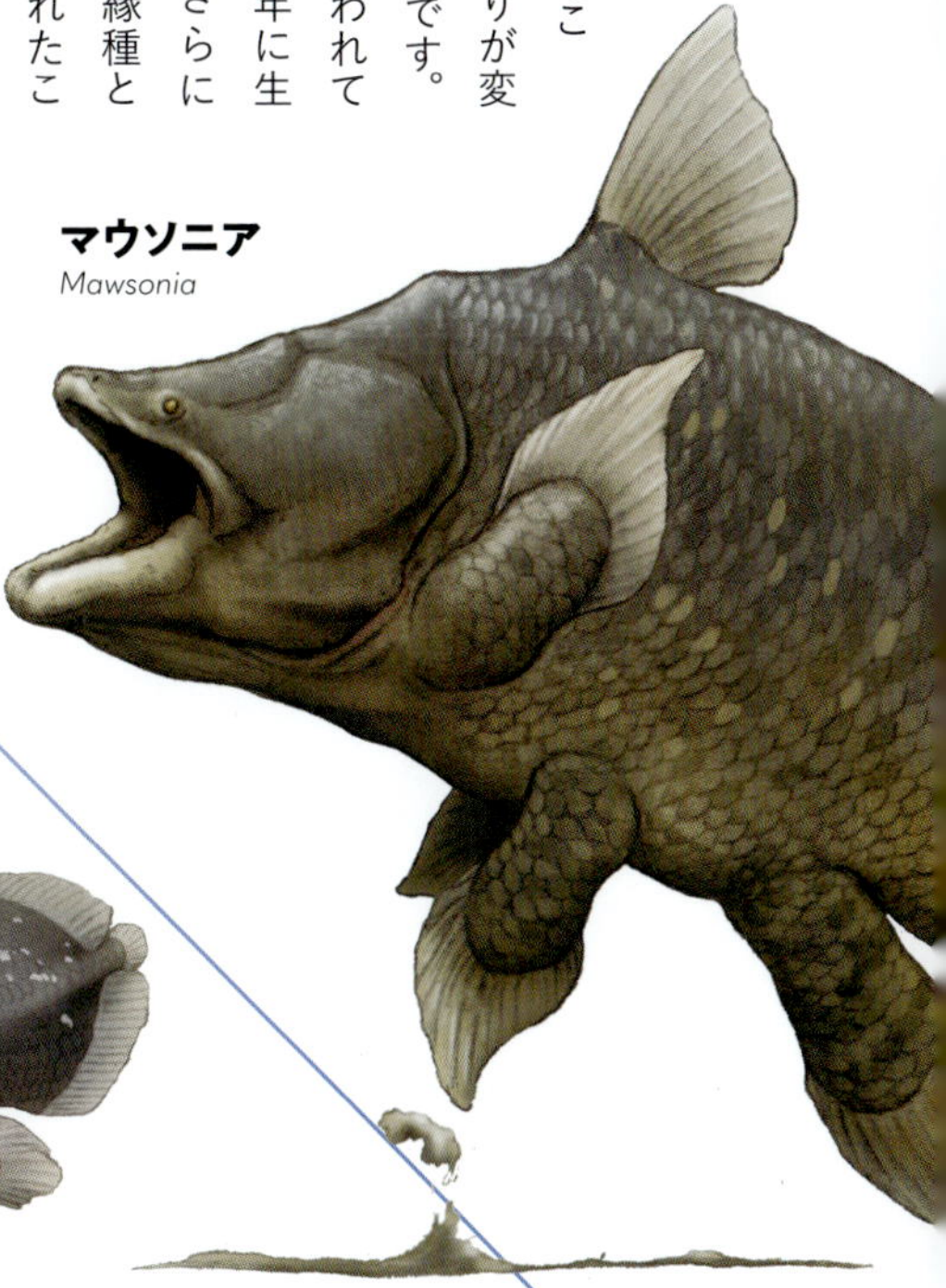

マウソニア
Mawsonia

オーストラリアハイギョ
Neoceratodus forsteri

ラティメリア
Latimeria

シーラカンスの昔と今

マウソニアの化石はアフリカや南アメリカで5種が発見されています。モロッコの白亜紀前期の地層から発見されたマウソニア・ラボカティはシーラカンスの仲間では最大といわれ、全長3・8mにもなりました。現生のシーラカンスは全長2mを超すものも多く、もともと大きな深海魚というイメージがありますが、初期

マウソニア

Mawsonia

分類：シーラカンス目 マウソニア科

生息地域：海

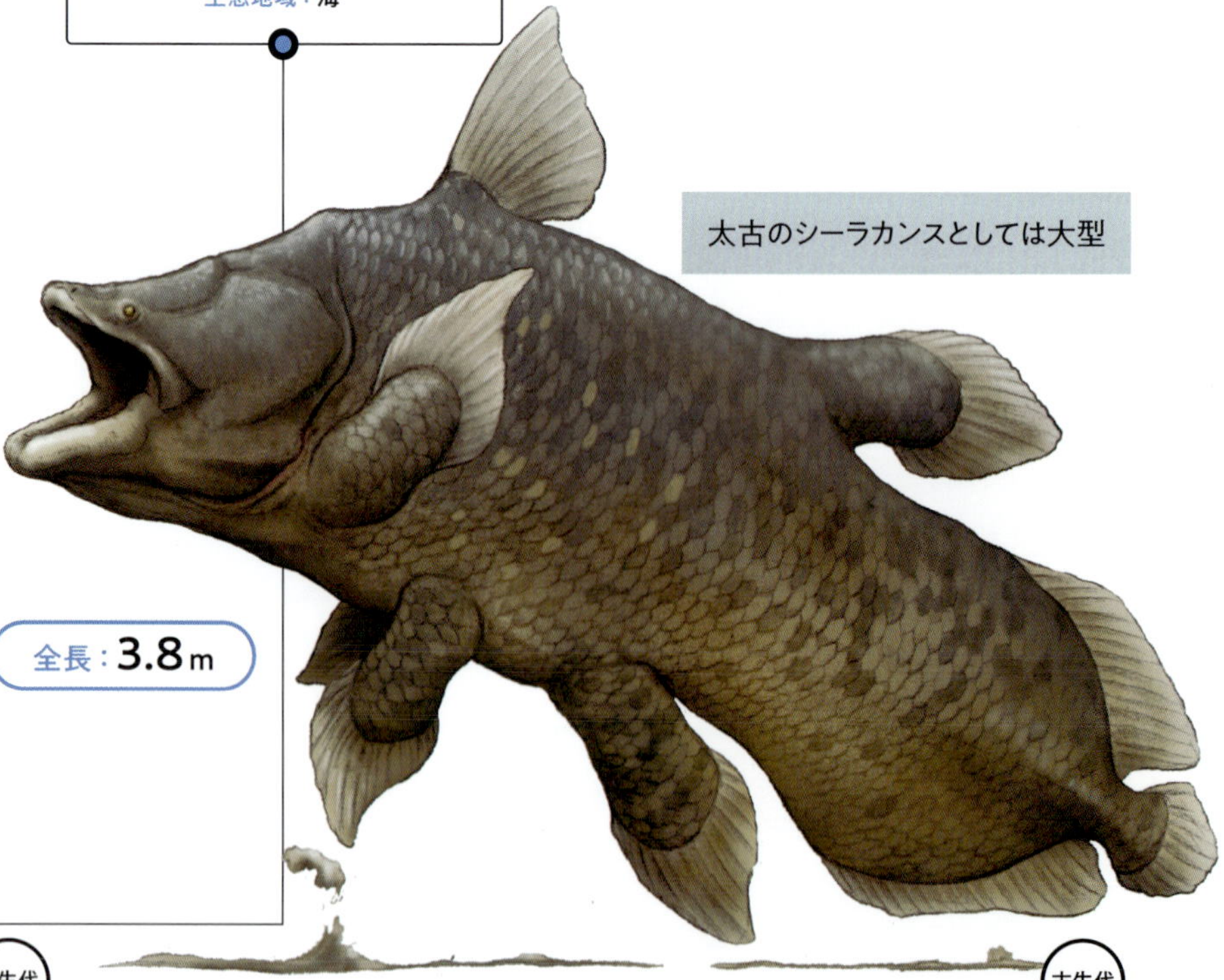

太古のシーラカンスとしては大型

全長：**3.8**m

中生代　古生代

三畳紀　ペルム紀　石炭紀　デボン紀　オルドビス紀・シルル紀　カンブリア紀

のシーラカンスは淡水域や浅瀬に生息し、金魚やフナぐらいの小さな魚でした。海に進出して大型化が進み、マウソニアのような巨大な種が現れたと考えられます。

ラティメリア科はシーラカンス唯一の生き残りで、水深150~700mに生息しています。かつてシーラカンスは化石のみで知られ、白亜紀末に絶滅したものと考えられていましたが、1938年、南アフリカ沖で生きた個体が引き上げられ、世界中を驚かせました。肉厚のヒレを交互に動かすことで、横や後ろへ移動することができ、逆立ち泳ぎで海底の獲物を探している姿も観測されています。

ラティメリア

Latimeria

分類：シーラカンス目 ラティメリア科

生息地域：深海

サメの仲間の歴史

発掘された化石の記録から、サメの仲間はデボン紀前期のおおよそ4億年前に現れたといわれています。脊椎動物のなかでは、もっとも長い歴史です。なかでも最初期に現れたサメ類のひとつとしてよく知られるのがクラドセラケです。流線形の体や発達したヒレなど、サメの基本的な特徴をすでにもっていましたが、歯は摩耗が激《はげ》しく、先が欠けているものが多かったようです。現生のサメの歯は、古くなると新しいものに入れ替わりますが、クラドセラケにはまだその機

デボン紀

クラドセラケ
Cladoselache

Pickup ① » P.216

石炭紀

アクモニスティオン
Akmonistion

Pickup ② » P.218

ヘリコプリオン
Helicoprion

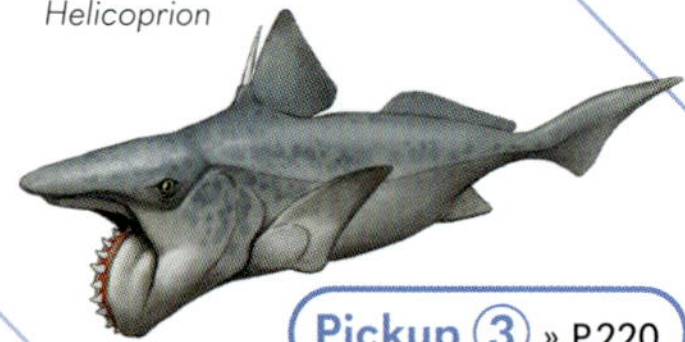

Pickup ③ » P.220

ペルム紀

ヒボーダス
Hybodus

白亜紀

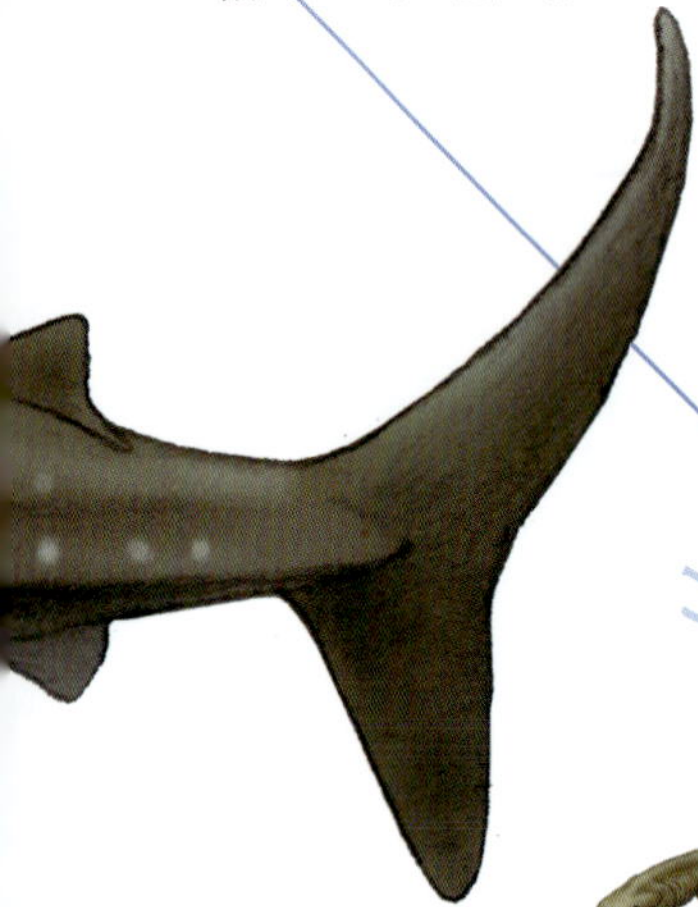

現在

ラブカ
Chlamydoselachus anguineus

Pickup ④ » P.222

能が備わっていなかったためと思われます。

　3億年前の石炭紀はサメの仲間がもっとも栄えた時代で、当時の魚類の70%をサメの仲間が占めていました。また、その姿も多種多様だったようです。特に風変りだったのはアクモニスティオンです。デボン紀後期に現れた小型のサメで、背ビレに立派な飾りがありました。奇妙な歯列をもった種も多く現れ、2億5000万年前に生息していたヘリコプリオンは、らせん状に巻いた歯列が独特でした。後ろから新しい歯が次々と生えても、前にある古い歯が抜け落ちず、その結果、らせん状に渦巻いていったものだと考えられています。


　しかし、古生代に生息したこのような独特な姿のサメたちは、中生代に入るとそのほとんどが絶滅してしまいました。そのなかで生き残ったのが、「ヒボーダス類」です。中生代の白亜紀まで栄え、現生のサメの祖先ともいわれています。

　現在では、古生代のサメの特徴を色濃く残すラブカや、クジラなみの巨体でプランクトンを食べて暮らしているジンベエザメなど、またさまざまな特徴をもったサメが広い海でたくさん生活しています。

ホホジロザメ
Carcharodon carcharias

ジンベエザメ
Rhincodon typus

Pickup ⑤ » P.224

ネコザメ
Heterodontus japonicus

Cladoselache

クラドセラケ

分類： 板鰓亜綱 クラドセラケ目

生息地域： アメリカ

クラドセラケは3億7000万年前に生息していた初期のサメで、長らく最古のサメとして知られてきました。現在は、それまで分類不詳とされてきた4億900万年前の古代魚の化石にサメのような特徴が見つかったことから、この化石が最古のサメとされています。サメは軟骨魚類で、「軟骨」、つまり、やわらかい骨でできた骨格をもつ魚です。軟骨は化石として残りにくいため、サメがいつごろ現れたのかははっきりとはわかりません。しかし、いずれにしてもサメの仲間は現在まで4億年以上にもわたり水域に生息し続けた、とても息の長いグループであることは確かです。化石が残りにくいサメのなかでも、クラドセラケはアメリカのオハイオ州やペンシルバニア州で比較的良質な化石が産出されており、初期のサメ類を知るうえでの代表的な存在といえます。その姿は一見、現生のサメとそれほど変わらないものの、口が頭の下側ではなく前方に位置するなど、原始的な特徴をもっていました。一方で、流線形の体つきや発達した胸ビレと腹ビレ、大きな尾ビレなどの現生のサメに通じる特徴からは、当時のデボン紀の魚としては卓越《たくえつ》した遊泳能力をもっていたことがうかがえます。サメの仲間は初期に獲得したこれらの特徴を引き継ぎ、4億年にわたる繁栄を可能にしたのかもしれません。

生息年代：

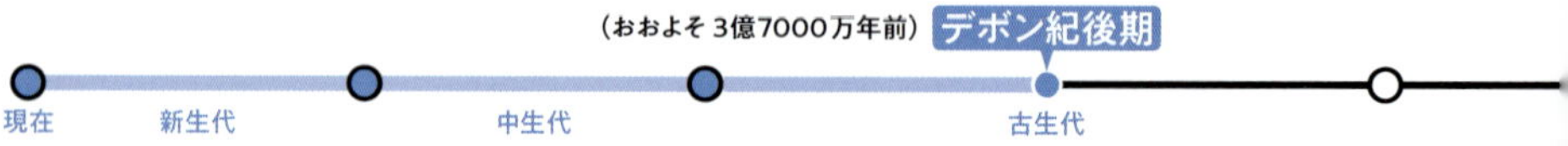

泳ぎ上手のDNAは古生代のご先祖さまから

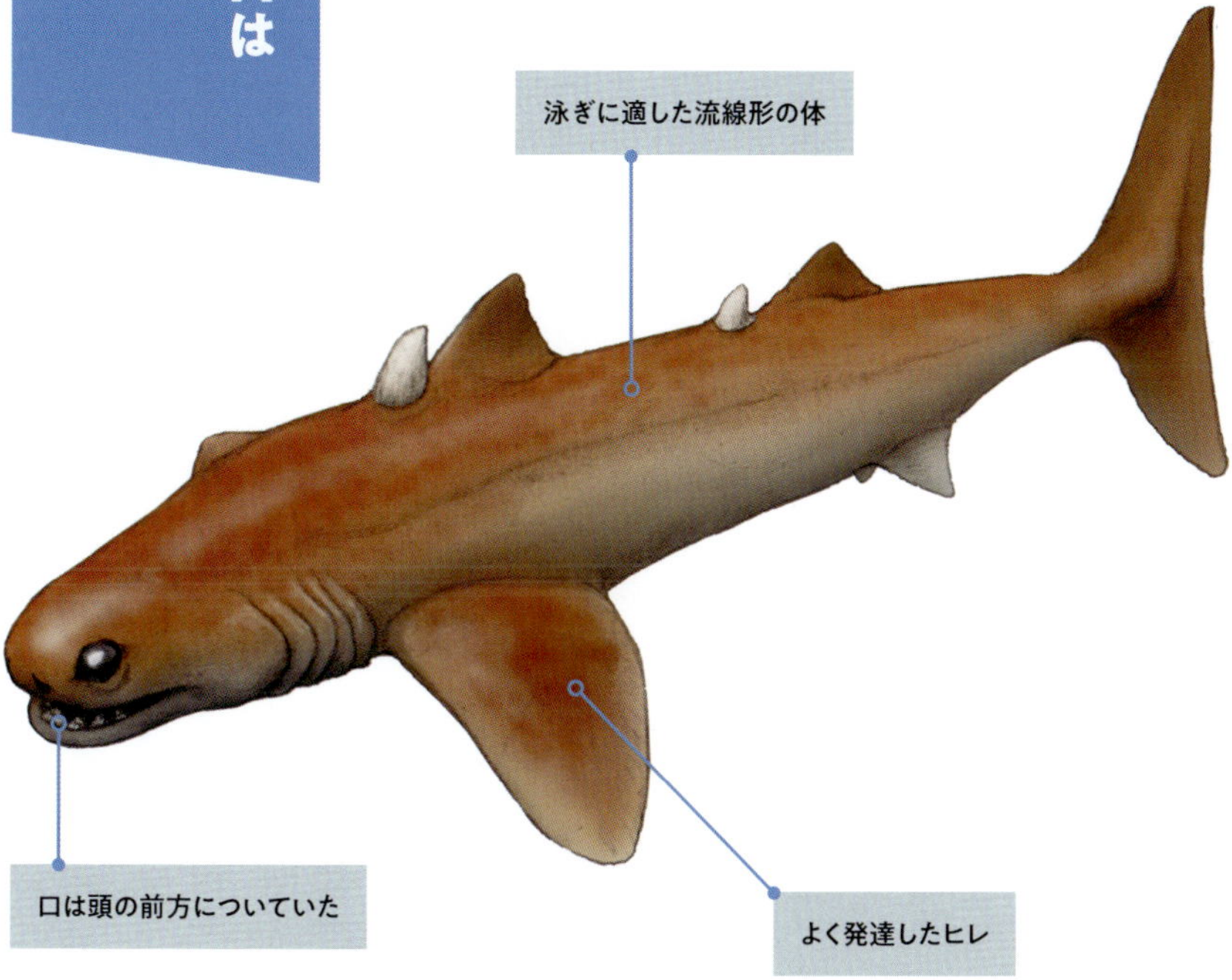

全長：**2**m

Akmonistion

アクモニスティオン

分類：板鰓亜綱 シムモリウム目 ステタカンタス科

生息地域：北アメリカ、 ヨーロッパ

デボン紀は、クラドセラケ（216ページ）など初期のサメが登場した、いわば「サメ時代の幕開け」ともよべる時期にあたりますが、次の時代の石炭紀に入ると、まさしく「サメの時代」とよぶにふさわしい大繁栄をとげます。特にその姿は多様で、この時代、異彩を放つ個性的なサメ類が多く登場しました。そのなかのひとつがアクモニスティオンです。もっとも目を引く特徴は背中の頭寄りのところにある台座のような構造物でしょう。背ビレが変化したもので、この変わった形の背ビレには、なんと歯がチェーンソーのようにずらりと横向きにならんでいました。実はサメの歯は、軟骨魚類特有の「楯鱗《じゅんりん》」とよばれる鱗が口の中に移動して、それが大きく発達したものです。この鱗は、そもそも象牙質やエナメロイドといった歯ととてもよく似た構造でできており、ほかの魚の鱗とはまったく性質が異なります。言いかえれば、サメの体は細かな歯でおおわれているようなものです。あのザラザラとした独特の「サメ肌」の正体が、この鱗というわけです。アクモニスティオンは、楯鱗を口の中に移動させて歯に発達させるだけでなく、背ビレにある楯鱗も歯のように大きく発達させました。そして、この背ビレの歯で魚などの獲物の群れをなで斬《ぎ》りして弱らせ、捕食していたのではないかといわれています。

生息年代：

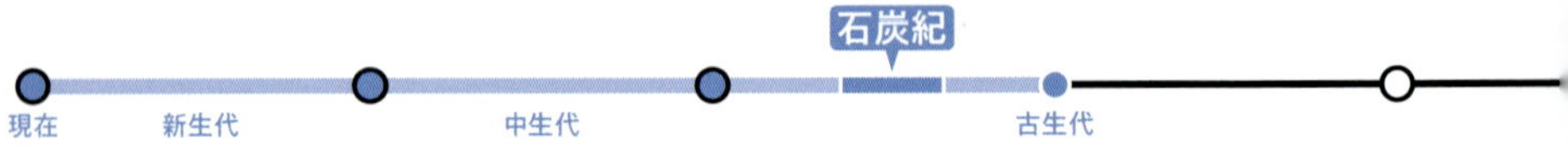

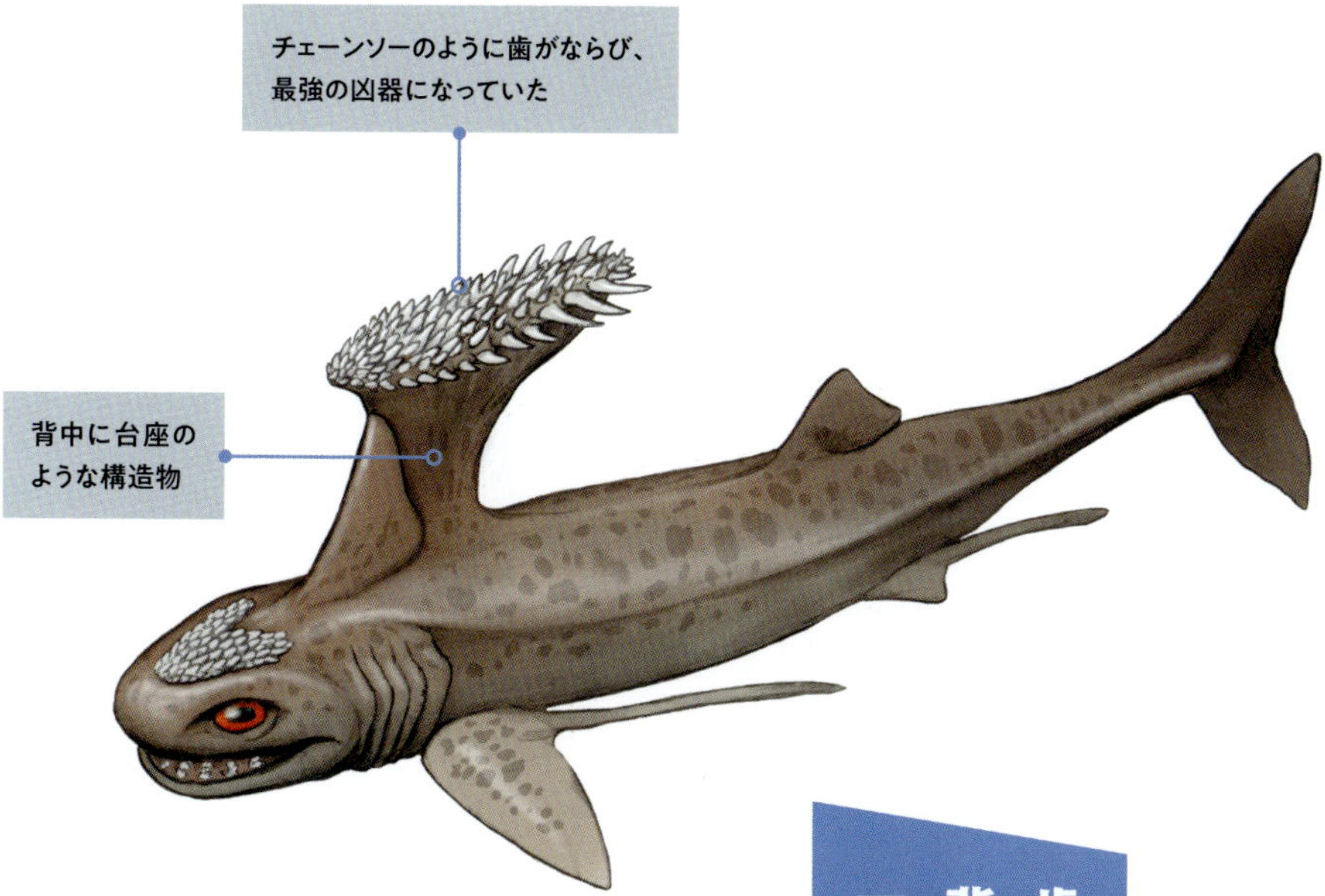
チェーンソーのように歯がならび、
最強の凶器になっていた
背中に台座の
ような構造物

歯の生えた武器を背負ったサメ史上一、二を争う個性派

全長：70cm

Helicoprion

ヘリコプリオン

分類： 全頭亜綱 エウゲネオダス目 アガシソダス科

生息地域： ロシア、 北アメリカ、 オーストラリア、 日本など

サメの化石研究では、そもそも化石が残りにくいことが大きな難点となっています。しかし一方で、化石化しやすい歯はよく見つかり、同じく多く産出される三葉虫やアンモナイトとならんで「化石における三種の神器」ともいわれています。このヘリコプリオンも、歯の化石のみで知られる種です。しかし、それがあまりに珍妙な歯列だったために有名になりました。化石は世界各地で見つかっており、日本でも宮城県気《け》仙沼《せんぬま》市《し》で発見されていますが、三重にも四重にも渦を巻いてならぶ独特の歯列のみが独立して産出されるため、全体像はもちろん、この歯列がアゴにどのようについていたかも含めてすべてが不明でした。復元図では上アゴ、あるいは下アゴが反り返った先に渦巻きの歯列がついていたり、アクモニスティオン（218ページ）のように背ビレに歯列が収まっていたりと、さまざまな解釈で描かれてきたのです。しかし、2013年に米アイダホ州自然史博物館所蔵のヘリコプリオンの標本をCTスキャンしたところ、岩石中に上下のアゴの骨が残されており、そこから、上アゴには歯がなく、渦巻きの歯列は下アゴにあることが判明しました。また上アゴの構造からサメではなくギンザメの仲間であることもわかりました。ただ、この歯列が何の役に立っていたのか、その答えは出せていません。

生息年代：

次々と生える歯を渦巻き状に生やし続けた珍奇なサメ

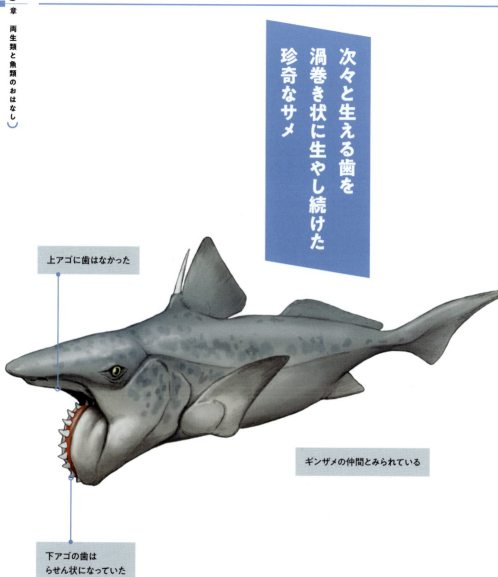

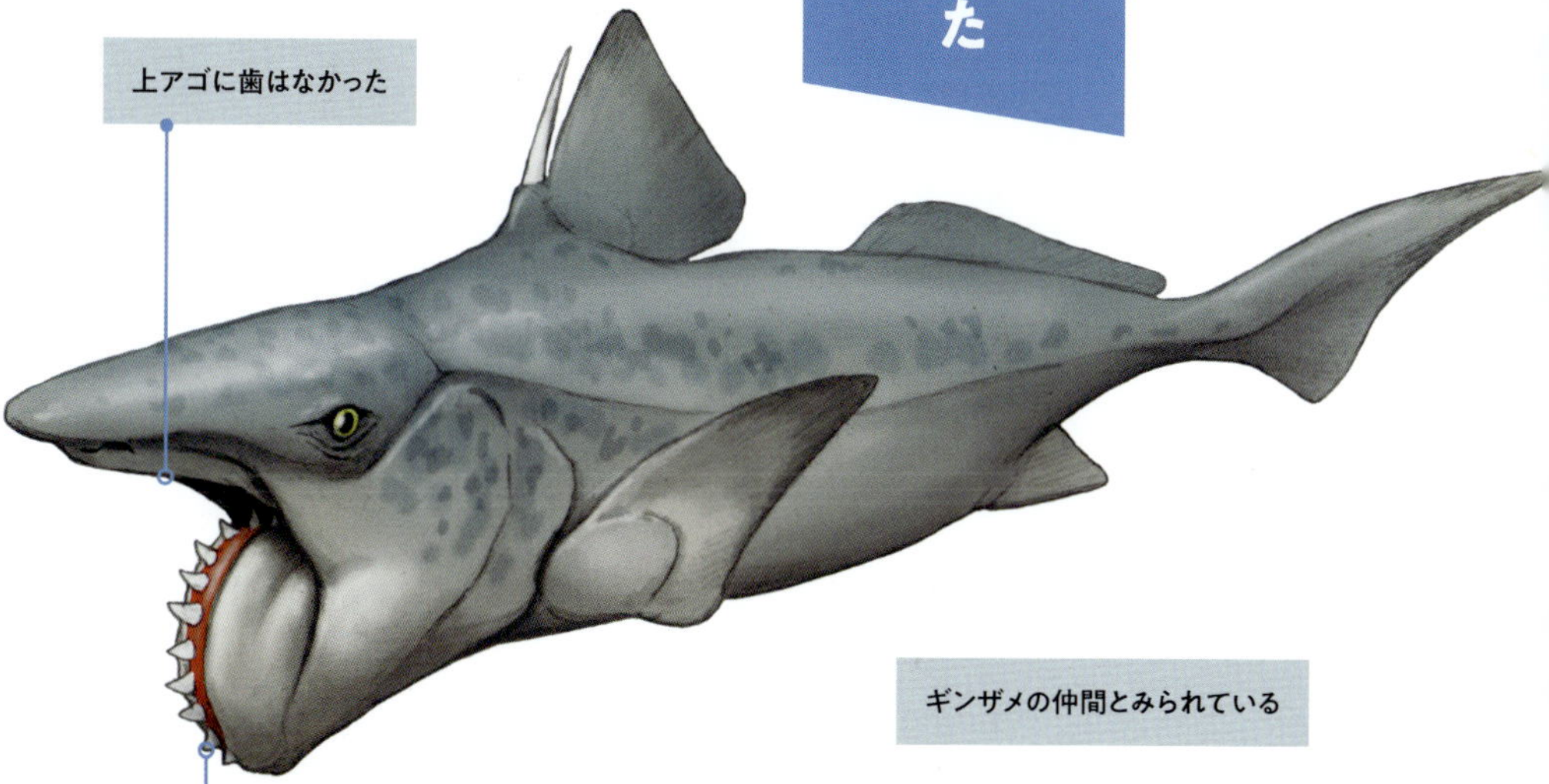
下アゴの歯は
らせん状になっていた

全長：3m

Chlamydoselachus anguineus

ラブカ

分類： 板鰓亜綱 カグラザメ目 ラブカ科

生息地域： 太平洋、 大西洋の水深500～1000mの深海

水深500m以上の深い海に生息する深海ザメです。ホホジロザメなどスタンダードなサメの姿とは違い、体はヘビのように長く、別名「ウナギザメ」とよばれています。また、鼻先は短くて丸く、口は顔の先に開くなど、3億7000万年前に生息したクラドセラケ（216ページ）などの初期のサメと似た特徴をもつことから、原始的なサメと称されることも多いです。ラブカの棲む深海は、太陽の光が届かない暗黒の世界で、高い水圧に低水温、低酸素など、一般的には生物にとって過酷な環境とされています。しかし、いくつもの時代にわたって環境の変化がほとんどなく、安定しているため、この条件に適応したシーラカンスやオウムガイなどには居心地のいい環境なのかもしれません。さほど進化もせず、太古の原始的な姿をとどめたままのいわゆる「生きた化石」とよばれるそれらの生物が深海には多く生息しています。ラブカもその一種というわけです。ところが、ラブカと現代型のサメの頭骨を比較してみると、頭の骨と上アゴの骨を関節する部分が基本的に同じであることがわかりました。頭の骨をつなぐ上アゴの骨の突起は現代型のツノザメの仲間に似ていて、そのことから、ラブカはツノザメの仲間に類縁であるとみられています。ラブカの原始的なその姿は、見かけ上のものだったのです。

生息年代：

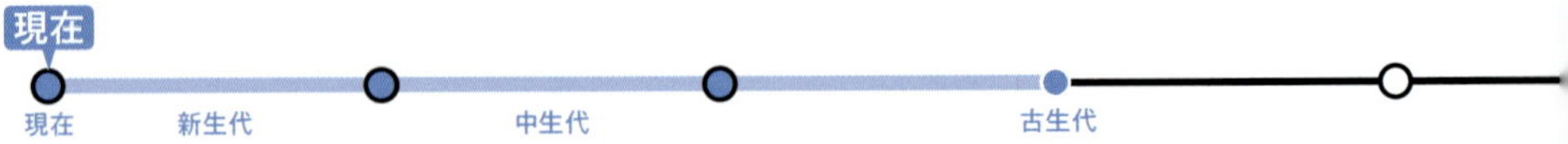

深海に棲む生きる化石

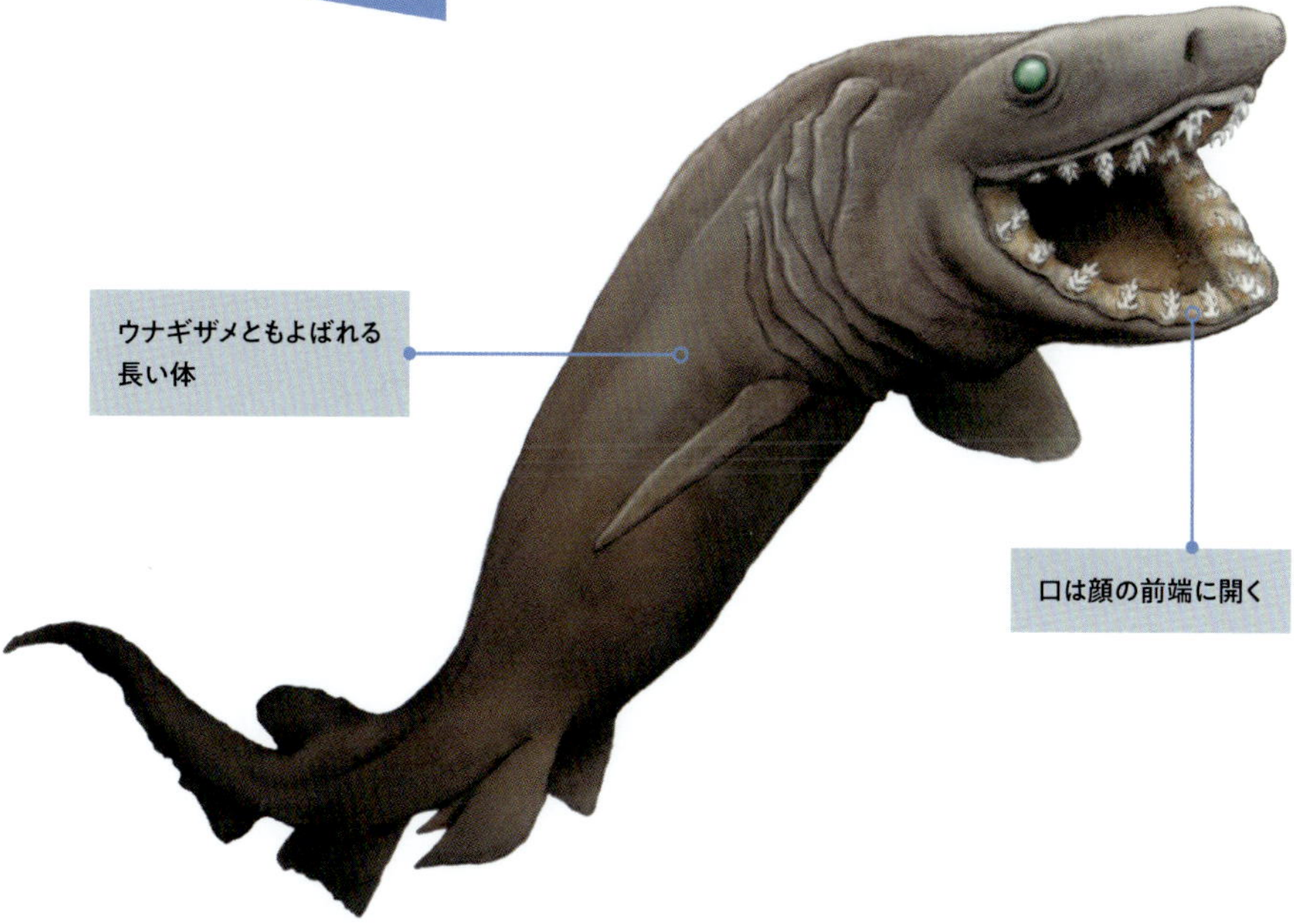
水深500m以上の深海に生息

全長：2m

Rhincodon typus

ジンベエザメ

分類：板鰓亜綱 ネズミザメ目 ジンベエザメ科

生息地域：世界中の温帯の海

大きな個体では全長20m、重さ数十tにもなるといわれる、現生においてもっとも大きな魚類です。現代型のサメの多くが下向きの口をもちますが、ジンベエザメは体の前端に横長に大きく開く口があり、歯は米粒ほどに小さいです。背中には、頭から尾にかけて5~7本の隆起線が走ります。サメといえば凶暴なイメージをもたれがちですが、ジンベエザメはおとなしく、大きな体で海を優雅に泳ぐ姿が印象的です。そして口を開いて小魚や小さなプランクトンの群れを海水ごと飲み込み、エラを「ふるい」にしてエサのみを濾しとって食べます。このような濾過摂食はヒゲクジラなど大型の海洋動物にみられますが、大きな体を動かして大きな獲物を追いかけて捕食するより、口を開けてゆっくりと泳ぎ、無数にいるプランクトンを飲み込むほうが、はるかに効率がよいというわけです。ジンベエザメはプランクトンを常食しているためか、同じプランクトンを食べるイワシなどの小魚の近くに現れることがよくあります。また、イワシを

生息年代：

現在

現在　新生代　中生代　古生代

プランクトンを食べながら海を優雅に泳ぐ世界最大のサメ

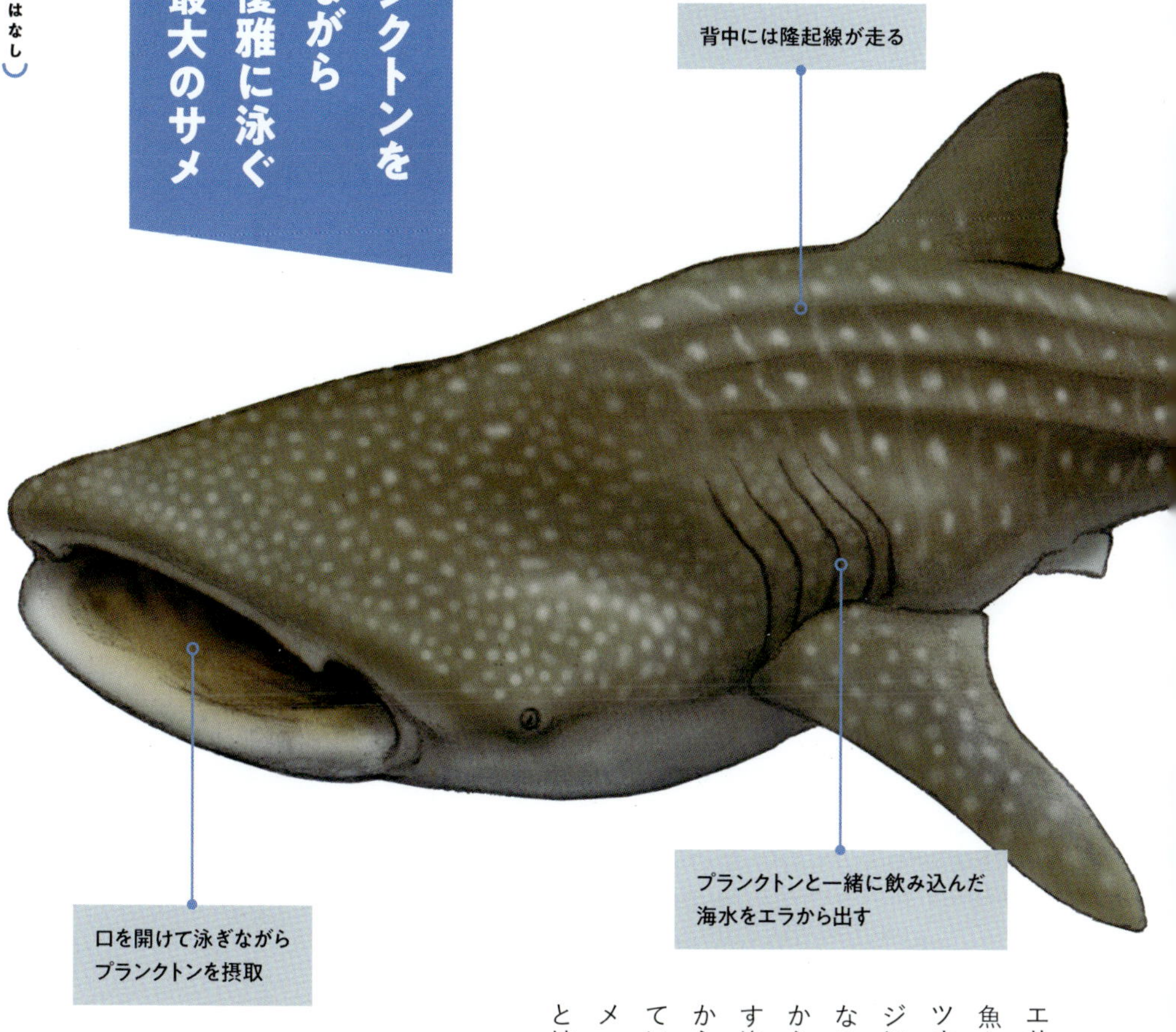
背中には隆起線が走る
口を開けて泳ぎながらプランクトンを摂取
プランクトンと一緒に飲み込んだ海水をエラから出す

エサとするカツオなどの大型魚もそこに集まりやすく、カツオ漁船の漁師たちにとってジンベエザメは格好の目印にもなるようです。日本では古くから、カツオの大漁をもたらす漁の神様と崇《あが》められ、そこから「えびす鮫」ともよばれています。ただし、エビスザメ（*Notorynchus cepedianus*）とは関係ありません。

全長：**13** m

ホホジロザメ

北九州市立いのちのたび博物館

いのちのたび博物館の「生命の多様性」のエリアで会えるサメたち。天井から吊るされたサメたちを下から見上げると、まるで空の海を泳いでいるように見えます。

北九州市立いのちのたび博物館

ヘリコプリオン（歯）

Pickup 3（220ページ）で紹介したヘリコプリオンの不思議な歯。群馬県立自然史博物館では日本産の化石のレプリカ（原標本は東京大学総合研究博物館所蔵）を展示。瑞浪市化石博物館では実物化石が企画展などの機会に展示されます。

瑞浪市化石博物館

群馬県立自然史博物館

LET'S GO TO

サメの仲間編

ジンベエザメ

ウバザメ

ここで会える!

- 北九州市立 いのちのたび博物館
- 群馬県立自然史博物館
- 瑞浪市化石博物館
- 大阪市立自然史博物館
- 神奈川県立 生命の星・地球博物館
- 国立科学博物館
- 佐野市葛生化石館
- 豊橋市自然史博物館
- ミュージアムパーク 茨城県自然博物館

他

太古のサメの歯の化石から、現生サメの剥製まで、各地でいろいろなサメに会えます

カルカロクレス・メガロドン（歯）

瑞浪層群から見つかった実物化石。メガロドンの歯は、大きいものでは手のひらほどのサイズがあります。

あ

浅瀬（あさせ）　川や海などの水辺の浅いところ。

足／脚（あし）　体を支える部位。特に足首から骨盤までを「脚」、足首からつま先までを「足」と区別する。足全体を指す場合は「足」。四肢や前肢・後肢など、「肢」を使って「〜し」と読む場合もある。

亜目（あもく）　生物の分類上、必要な場合に目と科の間に設けられる小区分。

アンモナイト（あんもないと）　古生代シルル紀末期（もしくは、デボン紀中期）から中生代白亜紀末までに生息した頭足類の一種。平らでらせん状に巻いた貝をもつのが特徴。→**（参考）異常巻きアンモナイト**

育児嚢（いくじのう）　メスの有袋類が腹部にもつ、子供を育てるための袋。

異常巻きアンモナイト（いじょうまきあんもないと）　アンモナイトのうち、貝がらせん状にきれいに巻かれておらず、ほどけているもの。ただし規則性はある。→**（参考）アンモナイト**

遺伝子（いでんし）　親から子、あるいは細胞から細胞へ伝えられる形質を決定する因子。

ウミユリ（うみゆり）　ヒトデやウニと同じ棘皮動物の一種。多くの化石が見つかっているほか、現在も浅海から深海まで広く分布し、生きた化石ともいわれる。→**（参考）棘皮動物**

塩湖（えんこ）　塩水をたたえた湖。塩水湖とも。

円錐形（えんすいけい）　底面が円形で、錐（きり）状に尖った形のこと。

遠洋（えんよう）　陸地から遠く離れた海。

オシコーン（おしこーん）　キリンやオカピがもつ、皮膚におおわれたツノのこと。

オゾン層（おぞんそう）　地球の大気中のうち、オゾンの濃度が高い層のこと。太陽からの紫外線を吸収してさえぎる働きがあり、オゾン層ができたことで生命は海から陸へ進出できたといわれる。

温暖（おんだん）　気候が暖かいこと。

か

海牛類（かいぎゅうるい）　哺乳類のグループのひとつで、海で生活するジュゴンやマナティーなど。

海水準（かいすいじゅん）　陸地に対する相対的な海面の高さ。

海生（かいせい）　生物が海に棲むこと。

海退（かいたい）　大陸の内側に侵入していた海が、陸地の隆起や海面の下降によって後退する現象のこと。

海綿動物（かいめんどうぶつ）　海綿動物門に属する動物の総称で、主に熱帯の海を中心に、世界中の海に生息する。カイメンとも。

回遊（かいゆう）　海や川に棲む水生生物が、定期的に生息場所を移動する行為。

角質（かくしつ）　ケラチンの別称で、硬タンパク質の一種。

風切羽（かざきりばね）　鳥類の翼の後方の縁にならぶ、長く丈夫な羽根のこと。飛ぶときに風を切る役割をする。

滑空（かっくう）　広げた翼を動かさず、すべるようにゆるやかに下降しながら空を飛ぶこと。

噛む／咬む（かむ）　上下の歯で物をはさんだり、砕いたりすること。主に臼歯を使って食べ物を咀嚼することを「噛む」、キバや犬歯を立てて獲物を傷つけたりすることを「咬む」と使い分ける。

眼窩（がんか）　頭蓋骨にある、眼球が収まるくぼみ。

寒冷（かんれい）　冷え冷えとして寒いこと。

基準種（きじゅんしゅ）　分類学において、ある生物を記載する際にその基準として取り上げる種のこと。模式種ともいう。

汽水域（きすいいき）　河口付近の、淡水と海水が混じり合ったところ。

帰巣本能（きそうほんのう）　自分のすみかや生まれた場所に帰る性質や能力。

奇蹄類（きているい）　ウマやサイなど、蹄の数が奇数の哺乳類グループ。

嗅球（きゅうきゅう）　におい分子の情報処理に関わる脳の組織のこと。

臼歯（きゅうし）　哺乳類がもつ歯の一種。歯列の後方にあり、噛み砕いたり、すり潰したりするときに使う。

頬歯（きょうし）　前臼歯と臼歯を含めた呼び名。→**（参考）臼歯**

共生（きょうせい）　違う種類の生物が、互いに作用しあいながら生活すること。または同じ場所で生活すること。

棘魚類（きょくぎょるい）　古生代に繁栄した、ヒレに鋭い棘がある原始的な魚類。アゴをもった最初の脊椎動物とされる。

棘皮動物（きょくひどうぶつ）　海に棲む無脊椎動物のグループ。ウニやヒトデなど。球形や円板形、星形など、五方向の放射相称形で、内部にカルシウム性の骨板か骨片をもつ。

鋸歯（きょし）　鋸（のこぎり）の刃ように、縁にギザギザがある歯のこと。

魚竜（ぎょりゅう）　中生代に広く繁栄した海生爬虫類の一グループ。爬虫類でありながら、外見はサメやイルカに似ていた。

近縁（きんえん）　血縁の近い関係。

偶蹄類（ぐうているい）　2本または4本の偶数の蹄をもつ哺乳類による、旧来のグループ。キリン、カバなど。→**（参考）鯨偶蹄類**

鯨偶蹄類（くじらぐうているい／げいぐうているい）　キリンやカバなどが属す旧来の偶蹄類に、遺伝子手法で新たにカバの類縁とされたクジラ類を加えた新しいグループ。クジラ偶蹄類とも。→**（参考）偶蹄類**

首長竜（くびながりゅう）　中生代三畳紀から白亜紀にかけて繁栄した海生爬虫類のひとつ。その名のとおり多くは首が長いが、首の短いグループもあった。

君臨（くんりん）　強力な力で他を支配すること。

頸骨（けいこつ）　首の骨。

系統（けいとう）　遺伝的に同じ祖先と考えられるグループ。

系統樹（けいとうじゅ）　生物の系統関係を図にしたもの。枝分かれる様子が樹木のように見えることからこのようによばれる。

K／pg境界（けい・ぴーじーきょうかい）　地質年代区分の用語のひとつで、中生代白亜紀（Cretaceous／独：Kreide）と新生代古第三紀（Paleogene）の境を指したもの。隕石の衝突が引き起こしたと考えられる大量絶滅により恐竜時代が終焉し、哺乳類時代が幕を開けた。

犬歯（けんし）　哺乳類がもつ歯の一種で、円錐形か鉤形をした鋭い歯。主に左右1対ずつ生える。

原始的（げんしてき）　初めのころの、単純な姿かたち。

現生（げんせい）　現在生息していること。

誤飲（ごいん）　有害物や危険なものを間違えて飲み込んでしまうこと。

恒温動物（こうおんどうぶつ）　体温調節能力をもち、外気温に関係なく体温をほぼ一定に保てる動物。温血動物とも。→**（参考）変温動物**

硬骨魚類（こうこつぎょるい）　かたい骨で形成された魚類。サメやエイ以外の多くの魚がこれに属す。→**（参考）軟骨魚類**

高歯冠（こうしかん）　歯冠が高いこと。→**（参考）歯冠**

固有種（こゆうしゅ）　特定の地域にのみ棲む種。

混獲（こんかく）　漁業の際に、目的とは別の種を意図せず捕獲すること。

さ

サバンナ（さばんな）　熱帯や亜熱帯にある草原。明瞭な雨季と乾季をもつ。雨期には丈の長い草が茂る。

散開（さんかい）　間隔をおいて、広く散らばること。

三角州（さんかくす）　河川に運ばれた土砂などによって、河口付近にできる低平地。

三半規管（さんはんきかん）　平衡感覚をつかさどる器官。

三葉虫（さんようちゅう）　古生代を代表する海生節足動物。カンブリア紀から古生代の終わりごろまで、3億年もの間繁栄した。→**（参考）節足動物**

死骸（しがい）　動物が死んだあとの体

紫外線（しがいせん）　太陽光線に含まれ、大気中の酸素に反応してオゾンを発生する。殺菌効果があるが、生物が過度に浴びると皮膚がんや火傷の原因となる。

歯冠（しかん）　歯茎より上に出た歯の部分。エナメル質におおわれている。また、歯冠が高いことを高歯冠、低いことを低歯冠という。

耳骨（じこつ）　耳の骨。

湿潤（しつじゅん）　湿気が多いこと。

臭腺（しゅうせん）　動物がもつ腺で、強いにおいのある分泌液を出す。

収斂進化（しゅうれんしんか）　異なる系統のグループが、同様の生態的地位についたときに、似たような身体的特徴をもつようになること。

主蹄（しゅてい）　鯨偶蹄類における、中指にあたる第3指と、薬指にあたる第4指の蹄のこと。体重がかかる指。→**（参考）副蹄**

狩猟（しゅりょう）　動物を銃や罠などで捕えること。

瞬膜（しゅんまく）　眼球を保護するための透明または半透明の膜。一部の魚類や両生類、多くの爬虫類、ほぼすべての鳥類がもつ。哺乳類ではネコやラクダが知られる。

楯鱗（じゅんりん）　サメやエイ類など軟骨魚類の特有の鱗で、象牙質やエナメル質などで構成されている。

沼沢（しょうたく）　沼と沢。あるいは、水深1m以下の沼よりも浅いところ。

食肉類（しょくにくるい）　アゴの咬む力が強く、鋭い犬歯をもった、捕食者として特化した哺乳類の一グループ。ネコ、イヌ、クマなど。

食物連鎖（しょくもつれんさ）　生物間の捕食（食べる）と被食（食べられる）の関係を表した概念。

水生（すいせい）　水中で生活すること。

ステップ（すてっぷ）　河川や湖沼などの水辺から離れた場所にある、乾燥した開けた草原で、樹木はなく、丈の短いイネ科植物などが生える。

棲む（すむ）　生物が生息すること。

性差（せいさ）　生物のオスとメスの間の性別的な違いのこと。

生態（せいたい）　自然界における、動物の生活のありさま。

生態系（せいたいけい）　ある一定の地域に生息するすべての生物と、それらをとりまく環境を含む全体のシステム。

生態的地位（せいたいてきちい）　その生物の属するグループが生態系のなかで占めている位置のこと。

脊椎動物（せきついどうぶつ）　動物門のひとつで、背骨、脊椎をもつグループ。→（参考）**無脊椎動物**

切歯（せっし）　前歯のこと。（＝門歯）

節足動物（せっそくどうぶつ）　外骨格と関節をもった動物の総称。昆虫類、甲殻類、クモ類、ムカデ類など。

浅海（せんかい）　海岸から大陸棚の外縁まで。

潜水（せんすい）　水の中に潜ること。

装甲（そうこう）　甲（よろい）などで身を守ること。

側対歩（そくたいほ）　同じ側の前後の足が対になって、地面に着いたり離れたりする歩き方。

束柱類（そくちゅうるい）　およそ千年前に絶滅した大型哺乳類の一グループ。円柱状の歯がまとまって一つの臼歯を形成していることから、この名がつけられた。

疎林（そりん）　木がまばらに生えている林のこと。

た

胎児（たいじ）　哺乳類の母胎内にいる、出産前の子供。

胎盤（たいばん）　妊娠したメスの子宮に形成される器官で、へその緒を通じて母体から胎児に栄養や酸素が送られる。

大量絶滅（たいりょうぜつめつ）　ある時期に多種類の生物が絶滅すること。

単為生殖（たんいせいしょく）　受精をせず、メスが単独で子をつくること。

単弓類（たんきゅうるい）　脊椎動物のうち、陸に進出した四肢動物のグループのひとつ。哺乳類の祖先とされている。

淡水（たんすい）　川や湖などの、きわめて塩分濃度の低い水。

頂点捕食者（ちょうてんほしょくしゃ）　食物連鎖の頂点に位置する生物。→（参考）**食物連鎖**

椎骨（ついこつ）　脊椎動物の脊柱を構成する個々の骨。縦一列にならぶ。

角竜（つのりゅう）　恐竜のなかでも鳥盤類に含まれる一種で、トリケラトプスなどのツノをもったもの。

低歯冠（ていしかん）　歯冠が低いこと。→（参考）**歯冠**

ディスプレイ（でぃすぷれい）　誇示行為。繁殖期にオスがメスに対して行う求愛や、オス同士の威嚇のときに使われる。

適応（てきおう）　状態や条件などによくあてはまること。

天敵（てんてき）　ある生物に対して、攻撃したり繁殖能力を低下させたりする他種の生物。

頭骨（とうこつ）　頭の骨。

獰猛（どうもう）　荒く乱暴な性質。

な

内海（ないかい）　陸や島に囲まれた小さな海。狭い海峡で外洋とつながっている。

縄張り（なわばり）　動物の個体、あるいは集団が占有する場所のこと。テリトリー。

軟骨魚類（なんこつぎょるい）　やわらかい骨で形成された、比較的原始的な魚類。サメ、エイ、ギンザメなど。

軟体動物（なんたいどうぶつ）　体がやわらかく、（明らかな区別はできないが）頭、足、内臓からなる動物。

N／ニュートン（にゅーとん）　力の単位。

咽袋（のどぶくろ）　一部の鳥などが下クチバシのつけ根から首にかけてもつ、伸縮性のある袋状の皮膚。羽毛や体毛がない。

は

ハーレム（はーれむ）　オスが多数のメスを従えること。

派生（はせい）　ひとつのものから新しいものが生まれること。

繁栄（はんえい）　栄えること。

板皮類（ばんぴるい）　古生代のデボン紀に世界の海で繁栄した、甲板に包まれた魚類。

鼻孔（びこう）　鼻の穴。

皮骨（ひこつ）　脊椎動物の真皮（表皮の下にある皮膚の層）中に生じた骨質。

飛翔（ひしょう）　空中を飛んで移動すること。

氷床（ひょうしょう）　地表部をおおう大きな氷の塊。

瀕死（ひんし）　死にかかっている状態。

孵化（ふか）　卵から子供がかえること。

副蹄（ふくてい）　鯨偶蹄類における、人差し指にあたる第2指と、小指にあたる第5指の蹄のこと。主蹄に添えるようにある、体重がかからない指。→**（参考）主蹄**

噴気孔（ふんきこう）　クジラ類にみられる、頭頂部にそなえた鼻孔のこと。潮吹き穴とも。

吻部（ふんぶ）　口やその周辺が前方へ突き出ている動物の、その突き出た部分。

分類（ぶんるい）　同じ種類のものをまとめ、いくつかのグループに分けること。

ベレムナイト（べれむないと）　白亜紀末に絶滅した軟体動物。

変温動物（へんおんどうぶつ）　周囲の温度に従がって体温が変化する動物。→**（参考）恒温動物**

紡錘形（ぼうすいけい）　円柱状で中央が太くなり、両端が細くなった形のこと。

捕食（ほしょく）　生物がほかの生物を捕えて食べること。

ま

摩耗（まもう）　かたいものがすり減ること。

密猟（みつりょう）　禁制を犯して動物を狩猟すること。

無顎類（むがくるい）　アゴをもたない魚類。

無精卵（むせいらん）　受精していない卵。

無脊椎動物（むせきついどうぶつ）　背骨、脊椎をもたない動物の総称。→**（参考）脊椎動物**

無盲腸類（むもうちょうるい）　モグラやハリネズミなど、真獣類のなかでもっとも原始的な哺乳類グループの総称。

猛禽類（もうきんるい）　鋭い爪やクチバシで、ほかの動物を捕食する鳥類の総称。

毛細血管（もうさいけっかん）　細い血管。

門歯（もんし）　前歯のこと。（＝切歯）

や

有爪動物（ゆうそうどうぶつ）　円筒状の体をもち、環形動物と節足動物の進化の途中に位置するとされるグループ。現生ではカギムシ類のみが残る。

有胎盤類（ゆうたいばんるい）　胎盤とよばれる器官で胎児を育てる哺乳類。

有羊膜類（ゆうようまくるい）　四肢動物のうち、胚の時期に羊膜（胎児と羊水を包む胚膜）をもつもの。

翼竜（よくりゅう）　中生代に繁栄した大型爬虫類のうち、翼をもっていたグループの総称。

ら

卵黄嚢（らんおうのう）　妊娠初期にできる、卵黄を包む袋状の膜。

乱獲（らんかく）　生物をやたらと獲ること。

隆起（りゅうき）　ある部分が高く盛り上がること。

竜骨突起（りゅうこつとっき）　翼のある鳥類がもつ、特有の骨。胸部に竜骨とよばれる凸状の大きな骨があり、その中央を縦に走る突起部分を指す。

流線形（りゅうせんけい）　流れの中に置いたときに、もっとも抵抗の少ない曲線で構成された形のこと。全体に細長く、前端が丸くて後端が尖っている。

両生（りょうせい）　水中と陸上の両方に棲むこと。

鱗板（りんばん）　カメの甲羅の表皮にあたる部分で、ケラチンでできている。鱗板の内側には肋骨にあたる甲板（こうはん）があり、カメの甲羅はこの甲板と鱗板の二層構造になっている。

濾過摂食（ろかせっしょく）　触手や鰓を使って、エサを濾しとって食べること。

索引

ア	アーケロン	*Archelon ischyros*	170 176 182
	アエピカメルス	*Aepycamelus*	37 44
	アオダイショウ	*Elaphe climacophora*	200
	アカウミガメ	*Caretta caretta*	182
	アクモニスティオン	*Akmonistion*	214 218
	アジアゾウ	*Elephas maximus*	115
	アフリカゾウ	*Loxodonta africana*	115 124
	アマゾンカワイルカ	*Inia geoffrensis*	51
	アメリカアリゲーター	*Alligator mississippiensis*	185
	アルシノイテリウム	*Arsinoitherium*	126
	アルパカ	*Lama pacos*	37
	アルマジロスクス	*Armadillosuchus arrudai*	185
	アンブロケタス	*Ambulocetus natans*	50 54 62
	イクチオステガ	*Ichthyostega*	204 208 210
	イリエワニ	*Crocodylus porosus*	185 194 201
	ウバザメ	*Cetorhinus maximus*	226
	ウマ	*Equus ferus*	86 87
	エウスミルス	*Eusmilus*	103
	エオリンコケリス	*Eorhynchochelys sinensis*	170 172
	エラスモテリウム	*Elasmotherium*	71 78
	エリオプス	*Eryops*	208
	オウギハクジラ	*Mesoplodon stejnegeri*	67
	オオアルマジロ	*Priodontes maximus*	133
	オオサンショウウオ	*Andrias japonicus*	205
	オーストラリアナガクビガメ	*Chelodina longicollis*	171
	オーストラリアハイギョ	*Neoceratodus forsteri*	211
	オオタカ	*Accipiter gentilis*	145
	オカピ	*Okapia johnstoni*	23 30
	オキゴンドウ	*Pseudorca crassidens*	67
	オサガメ	*Dermochelys coriacea*	171 178
	オステオレピス	*Osteolepis*	210
	オドントケリス	*Odontochelys semitestacea*	170 174
	オビラプトル	*Oviraptor philoceratops*	145 154
カ	カイルク	*Kairuku*	166
	カガナイアス	*Kaganaias hakusanensis*	198
	カピバラ	*Hydrochaerus hydrochaeris*	111
	カプロスクス	*Kaprosuchus saharicus*	184 190
	カメロプス	*Camelops*	48
	ガラパゴスゾウガメ	*Geochelone nigra*	171 180
	カルカロクレス・メガロドン	*Carcharocles megalodon*	227
	カワセミ	*Alcedo atthis*	145 156 161
	カワラバト	*Columba livia*	169
	キリン	*Giraffa camelopardalis*	23 32 34 35
	キロテリウム	*Chilotherium*	82
	キングコブラ	*Ophiophagus Hannah*	199
	キングペンギン	*Aptenodytes patagonicus*	167
	クッチケタス	*Kutchicetus minimus*	50
	クラドセラケ	*Cladoselache*	214 216
	クリマコケラス	*Climacoceras*	22
	クレトゾイアルクトス・ベアトリクス	*Kretzoiarctos beatrix*	107 109
	クロサイ	*Diceros bicornis*	71 83
	グロッソテリウム	*Glossotherium*	138
	ケサイ	*Coelodonta antiquitatis*	70
	ケナガマンモス	*Mammuthus primigenius*	115 122 128
	後獣類の仲間	*Didelphodon vorax*	165
	孔子鳥	*Confuciusornis*	144 159
	コータオアシナシイモリ	*Ichthyophis kohtaoensis*	205
	コククジラ	*Eschrichtius robustus*	67
	コモドオオトカゲ	*Varanus komodoensis*	197
	コロンブスマンモス	*Mammuthus columbi*	128
	ゴンフォテリウム	*Gomphotherium*	114 126

サ	サモテリウム	*Samotherium*	22　26　34
	シヴァテリウム	*Sivatherium giganteum*	23　28
	始祖鳥	*Archaeopteryx*	144　146　158　159
	シノサウロプテリクス	*Sinosauropteryx prima*	144　148　161
	シマヘビ	*Elaphe quadrivirgata*	200
	シモスクス	*Simosuchus clarki*	185
	ジャイアントパンダ	*Ailuropoda melanoleuca*	108　109
	ジャガー	*Panthera onca*	91　105
	シャチ	*Orcinus orca*	51　58
	ジャワサイ	*Rhinoceros sondaicus*	71
	ジュゴン	*Dugong dugon*	131
	松花江マンモス	*Mammuthus sungari*	129
	シロサイ	*Ceratotherium simum*	71　80
	真獣類の仲間		165
	シンテトケラス	*Synthetoceras*	36　42　48
	ジンベエザメ	*Rhincodon typus*	215　224　227
	スクレロケファルス	*Sclerocephalus*	209
	スチュペンデミス	*Stupendemys geographicus*	171
	ステゴドン	*Stegodon*	114　120　126
	ステノミルス	*Stenomylus hitchcocki*	49
	ストマトスクス	*Stomatosuchus inermis*	184　192
	スナメリ	*Neophocaena phocaenoides*	65
	スミロドン	*Smilodon*	90　96　102　103
	セミクジラ	*Eubalaena japonica*	50
タ	多丘歯類の仲間	*Mesodma*	165
	チーター	*Acinonyx jubatus*	91　98
	ツチクジラ	*Berardius bairdii*	64
	ティクターリク	*Tiktaalik roseae*	210
	ディスコサウリスクス	*Discosauriscus pulcherrmus*	208
	ティタノティロプス	*Titanotylopus*	36
	ティタノボア	*Titanoboa*	198
	デイノテリウム	*Deinotherium*	114　127
	ティラノサウルス	*Tyrannosaurus rex*	144　152　162
	ティロサウルス	*Tylosaurus*	200
	テレオケラス	*Teleoceras*	70　76
	テングキノボリヘビ	*Langaha madagascariensis*	199
	ドードー	*Raphus cuculatus*	161　168
	トクソケリス	*Toxochelyidae*	183
	トラ	*Panthera tigris*	91
	トリアドバトラクス	*Triadobatrachus massinoti*	205　206
	トリケラトプス	*Triceratops*	163
	ドルドン・アトロクス	*Dorudon atrox*	63
ナ	ナガスクジラ科の一種	*Balaenopteridae gen. et sp,indet.*	63
	ニッポンサイ	*Dicerorhinus nipponicus*	83
	ニホンアマガエル	*Hyla japonica*	205　207
	ニホンイシガメ	*Mauremys japonica*	183
	ネコザメ	*Heterodontus japonicus*	215
ハ	パキケタス	*Pakicetus*	50　52　62
	パキラキス	*Pachyrhachis*	198
	バシロサウルス	*Basilosaurus*	50　56　(63)
	パノクトゥス	*Panochthus*	132　139
	パラケラテリウム	*Paraceratherium*	70　74　82
	パラダイストビヘビ	*Chrysopelea paradisi*	199
	パレオテリウム	*Palaeotherium*	89
	パレオトラグス	*Palaeotragus*	22
	パンデリクティス	*Panderichthys*	210
	バンドウイルカ	*Tursiops truncatus*	65
	ヒクイドリ	*Casuarius casuarius*	145
	ヒトコブラクダ	*Camelus dromedarius*	37　46　48
	ヒボーダス	*Hybodus*	214

	ヒラコテリウム	*Hyracotherium*	85 87
	ヒラコドン	*Hyracodon*	70 72 82
	フォスファテリウム	*Phosphatherium escuilliei*	114 116
	プセウダエルルス	*Pseudaelurus*	90
	フタコブラクダ	*Camelus bactrianus*	37 49
	プラティヒストリクス	*Platyhystrix*	204
	プラティベロドン	*Platybelodon*	114 118
	ブラマテリウム	*Bramatherium*	22
	プリオノスクス	*Prionosuchus plummeri*	204
	プロアイルルス	*Proailurus lemanensis*	90 92
	プロガノケリス	*Proganochelys quenstedtii*	170
	プロティロプス	*Protylopus petersoni*	36 38
	プロリビテリウム	*Prolibytherium magnieri*	22 24
	ヘスペロスクス	*Hesperosuchus agilis*	184 186
	ペゾシーレン	*Pezosiren*	130
	ヘリコプリオン	*Helicoprion*	214 220 226
	ペルトバトラクス	*Peltobatrachus pustulatus*	204
	ポエブロテリウム	*Poebrotherium*	36 40 49
	ホゼフォアルティガシア	*Josephoartigasia monesi*	110
	ホプロフォネウス	*Hoplophoneus*	104
	ホホジロザメ	*Carcharodon carcharias*	215 226
	ホモテリウム	*Homotherium*	90 94 103
マ	マウソニア	*Mawsonia*	210 212
	マダライルカ	*Stenella attenuata*	64
	マッコウクジラ	*Physeter macrocephalus*	50 60 65 66
	マムシ	*Gloydius blomhoffii*	199
	ミクロメレルペトン	*Micromelerpeton*	209
	ミクロラプトル	*Microraptor gui*	144 150 160
	ミツユビナマケモノ	*Bradypus*	136 137
	メガテリウム	*Megatherium*	135 137 138
	メソヒップス	*Mesohippus bairdii*	88
	メトリオリンクス	*Metriorhynchus*	184 188
	メリキップス	*Merychippus*	88
	モササウルス	*Mosasaurus*	196 （200）
	モリアオガエル	*Rhacophorus arboreus*	209
	モロプス	*Moropus elatus*	89
ラ	ライオン	*Panthera leo*	91 100 105
	ラコグナトゥス	*Laccognathus embryi*	210
	ラティメリア	*Latimeria*	211 213
	ラブカ	*Chlamydoselachus anguineus*	214 222
ワ	ワニガメ	*Macroclemys temmincki*	171

学名索引

A	*Accipiter gentilis*	オオタカ	145
	Acinonyx jubatus	チーター	91 98
	Aepycamelus	アエピカメルス	37 44
	Ailuropoda melanoleuca	ジャイアントパンダ	108 109
	Akmonistion	アクモニスティオン	214 218
	Alcedo atthis	カワセミ	145 156 161
	Alligator mississippiensis	アメリカアリゲーター	185
	Ambulocetus natans	アンブロケタス	50 54 62
	Andrias japonicus	オオサンショウウオ	205
	Aptenodytes patagonicus	キングペンギン	167
	Archaeopteryx	始祖鳥	144 146 158 159
	Archelon ischyros	アーケロン	170 176 182
	Armadillosuchus arrudai	アルマジロスクス	185
	Arsinoitherium	アルシノイテリウム	126

B	*Balaenopteridae gen. et sp,indet.*	ナガスクジラ科の一種	63
	Basilosaurus	バシロサウルス	50 56 (63)
	Berardius bairdii	ツチクジラ	64
	Bradypus	ミツユビナマケモノ	136 137
	Bramatherium	ブラマテリウム	22
C	*Camelops*	カメロプス	48
	Camelus bactrianus	フタコブラクダ	37 49
	Camelus dromedarius	ヒトコブラクダ	37 46 48
	Carcharocles megalodon	カルカロクレス・メガロドン	227
	Carcharodon carcharias	ホホジロザメ	215 226
	Caretta caretta	アカウミガメ	182
	Casuarius casuarius	ヒクイドリ	145
	Ceratotherium simum	シロサイ	71 80
	Cetorhinus maximus	ウバザメ	226
	Chelodina longicollis	オーストラリアナガクビガメ	171
	Chilotherium	キロテリウム	82
	Chlamydoselachus anguineus	ラブカ	214 222
	Chrysopelea paradisi	パラダイストビヘビ	199
	Cladoselache	クラドセラケ	214 216
	Climacoceras	クリマコケラス	22
	Coelodonta antiquitatis	ケサイ	70
	Columba livia	カワラバト	169
	Confuciusornis	孔子鳥	144 159
	Crocodylus porosus	イリエワニ	185 194 201
D	*Deinotherium*	デイノテリウム	114 127
	Dermochelys coriacea	オサガメ	171 178
	Dicerorhinus nipponicus	ニッポンサイ	83
	Diceros bicornis	クロサイ	71 83
	Didelphodon vorax	後獣類の仲間	165
	Discosauriscus pulcherrmus	ディスコサウリスクス	208
	Dorudon atrox	ドルドン・アトロクス	63
	Dugong dugon	ジュゴン	131
E	*Elaphe climacophora*	アオダイショウ	200
	Elaphe quadrivirgata	シマヘビ	200
	Elasmotherium	エラスモテリウム	71 78
	Elephas maximus	アジアゾウ	115
	Eorhynchochelys sinensis	エオリンコケリス	170 172
	Equus ferus	ウマ	86 87
	Eryops	エリオプス	208
	Eschrichtius robustus	コククジラ	67
	Eubalaena japonica	セミクジラ	50
	Eusmilus	エウスミルス	103
G	*Geochelone nigra*	ガラパゴスゾウガメ	171 180
	Giraffa camelopardalis	キリン	23 32 34 35
	Glossotherium	グロッソテリウム	138
	Gloydius blomhoffii	マムシ	199
	Gomphotherium	ゴンフォテリウム	114 126
H	*Helicoprion*	ヘリコプリオン	214 220 226
	Hesperosuchus agilis	ヘスペロスクス	184 186
	Heterodontus japonicus	ネコザメ	215
	Homotherium	ホモテリウム	90 94 103
	Hoplophoneus	ホプロフォネウス	104
	Hybodus	ヒボーダス	214
	Hydrochaerus hydrochaeris	カピバラ	111
	Hyla japonica	ニホンアマガエル	205 207
	Hyracodon	ヒラコドン	70 72 82
	Hyracotherium	ヒラコテリウム	85 87
I	*Ichthyophis kohtaoensis*	コータオアシナシイモリ	205
	Ichthyostega	イクチオステガ	204 208 210
	Inia geoffrensis	アマゾンカワイルカ	51

J	*Josephoartigasia monesi*	ホゼフォアルティガシア	110
K	*Kaganaias hakusanensis*	カガナイアス	198
	Kairuku	カイルク	166
	Kaprosuchus saharicus	カプロスクス	184 190
	Kretzoiarctos beatrix	クレトゾイアルクトス・ベアトリクス	107 109
	Kutchicetus minimus	クッチケタス	50
L	*Laccognathus embryi*	ラコグナトゥス	210
	Lama pacos	アルパカ	37
	Langaha madagascariensis	テングキノボリヘビ	199
	Latimeria	ラティメリア	211 213
	Loxodonta africana	アフリカゾウ	115 124
M	*Macroclemys temmincki*	ワニガメ	171
	Mammuthus columbi	コロンブスマンモス	128
	Mammuthus primigenius	ケナガマンモス	115 122 128
	Mammuthus sungari	松花江マンモス	129
	Mauremys japonica	ニホンイシガメ	183
	Mawsonia	マウソニア	210 212
	Megatherium	メガテリウム	135 137 138
	Merychippus	メリキップス	88
	Mesodma	多丘歯類の仲間	165
	Mesohippus bairdii	メソヒップス	88
	Mesoplodon stejnegeri	オウギハクジラ	67
	Metriorhynchus	メトリオリンクス	184 188
	Micromelerpeton	ミクロメレルペトン	209
	Microraptor gui	ミクロラプトル	144 150 160
	Moropus elatus	モロプス	89
	Mosasaurus	モササウルス	196 (200)
N	*Neoceratodus forsteri*	オーストラリアハイギョ	211
	Neophocaena phocaenoides	スナメリ	65
O	*Odontochelys semitestacea*	オドントケリス	170 174
	Okapia johnstoni	オカピ	23 30
	Ophiophagus Hannah	キングコブラ	199
	Orcinus orca	シャチ	51 58
	Osteolepis	オステオレピス	210
	Oviraptor philoceratops	オビラプトル	145 154
P	*Pachyrhachis*	パキラキス	198
	Pakicetus	パキケタス	50 52 62
	Palaeotherium	パレオテリウム	89
	Palaeotragus	パレオトラグス	22
	Panderichthys	パンデリクティス	210
	Panochthus	パノクトゥス	132 139
	Panthera leo	ライオン	91 100 105
	Panthera onca	ジャガー	91 105
	Panthera tigris	トラ	91
	Paraceratherium	パラケラテリウム	70 74 82
	Peltobatrachus pustulatus	ペルトバトラクス	204
	Pezosiren	ペゾシーレン	130
	Phosphatherium escuilliei	フォスファテリウム	114 116
	Physeter macrocephalus	マッコウクジラ	50 60 65 66
	Platybelodon	プラティベロドン	114 118
	Platyhystrix	プラティヒストリクス	204
	Poebrotherium	ポエブロテリウム	36 40 49
	Priodontes maximus	オオアルマジロ	133
	Prionosuchus plummeri	プリオノスクス	204
	Proailurus lemanensis	プロアイルルス	90 92
	Proganochelys quenstedtii	プロガノケリス	170
	Prolibytherium magnieri	プロリビテリウム	22 24
	Protylopus petersoni	プロティロプス	36 38
	Pseudaelurus	プセウダエルルス	90
	Pseudorca crassidens	オキゴンドウ	67

R	*Raphus cuculatus*	ドードー	161　168
	Rhacophorus arboreus	モリアオガエル	209
	Rhincodon typus	ジンベエザメ	215　224　227
	Rhinoceros sondaicus	ジャワサイ	71
S	*Samotherium*	サモテリウム	22　26　34
	Sclerocephalus	スクレロケファルス	209
	Simosuchus clarki	シモスクス	185
	Sinosauropteryx prima	シノサウロプテリクス	144　148　161
	Sivatherium giganreum	シヴァテリウム	23　28
	Smilodon	スミロドン	90　96　102　103
	Stegodon	ステゴドン	114　120　126
	Stenella attenuata	マダライルカ	64
	Stenomylus hitchcocki	ステノミルス	49
	Stomatosuchus inermis	ストマトスクス	184　192
	Stupendemys geographicus	スチュペンデミス	171
	Synthetoceras	シンテトケラス	36　42　48
T	*Teleoceras*	テレオケラス	70　76
	Tiktaalik roseae	ティクターリク	210
	Titanoboa	ティタノボア	198
	Titanotylopus	ティタノティロプス	36
	Toxochelyidae	トクソケリス	183
	Triadobatrachus massinoti	トリアドバトラクス	205　206
	Triceratops	トリケラトプス	163
	Tursiops truncatus	バンドウイルカ	65
	Tylosaurus	ティロサウルス	200
	Tyrannosaurus rex	ティラノサウルス	144　152　162
V	*Varanus komodoensis*	コモドオオトカゲ	197

主な参考文献

「小学館の図鑑NEO 大むかしの生物」（小学館）

「小学館の図鑑NEO 恐竜」（小学館）

「小学館の図鑑NEO 動物」（小学館）

「小学館の図鑑NEO 両生類・はちゅう類」（小学館）

「学研の図鑑 大むかしの動物」（学習研究社）

「学研の図鑑 恐竜」（学習研究社）

「学研の図鑑 動物」（学習研究社）

「古代生物大図鑑」D・ディクソン著 R・マシューズ著 小畠郁生監修 熊谷鉱司訳（金の星社）

「最新恐竜学」平山廉著（平凡社）

「恐竜はなぜ鳥に進化したのか」ピーター・D・ウォード著 垂水雄二訳（文藝春秋）

「クジラは昔 陸を歩いていた」大隅清治著（PHP研究所）

「『生命』とは何か いかに進化してきたのか」ニュートン別冊（ニュートンプレス）

「恐竜の時代1億6000万年間の覇者」ニュートン別冊（ニュートンプレス）

「ティラノサウルス全百科」北村雄一著 真鍋真監修（小学館）

「恐竜大図鑑 古生物と恐竜」デーヴィッド・ランバート著 ダレン・ナッシュ著 エリザベス・ワイズ著 加藤雄志訳（ネコ・パブリッシング）

「地球大図鑑 EARTH」ジェームス・F・ルール編（ネコ・パブリシング）

「最新恐竜事典」金子隆一編（朝日新聞出版）

「マンモス絶滅の謎」ピーター・D・ウォード著 犬塚則久訳（ニュートンプレス）

「生物の謎と進化論を楽しむ本」中原英臣著 佐川峻著（PHP研究所）

「絶滅哺乳類図鑑」冨田幸光著（丸善）

「絶滅動物データファイル」今泉忠明著（祥伝社）

「ヒトのなかの魚、魚のなかのヒト」ニール・シュービン著 垂水雄二訳（早川書房）

「絶滅した哺乳類たち」冨田幸光著（丸善）

「絶滅巨大獣の百科」今泉忠明著（データハウス）

「超大陸100億年の地球史」テッド・ニールド著 松浦俊輔訳（青土社）

「生命40億年全史」リチャード・フォーティ著 渡辺政隆訳（草思社）

「生命の地球の歴史」丸山茂徳著 磯崎行雄著（岩波書店）

「恐竜VSほ乳類1億5千万年の戦い」小林快次監修（ダイヤモンド社）

「骨から見る生物の進化」ジャン＝バティスト・ド・パナフィユー著 小畠郁生監修 吉田春美訳（河出書房新社）

「謎と不思議の生物史」金子隆一著（同文書院）

「特別展 生命大躍進 脊椎動物のたどった道」（国立科学博物館、NHK、NHKプロモーション）

「生物ミステリー PRO デボン紀の生物」土屋健著（技術評論社）

「生物ミステリー PRO 石炭紀・ペルム紀の生物」土屋健著（技術評論社）

「生物ミステリー PRO 三畳紀の生物」土屋健著（技術評論社）

「生物ミステリー PRO ジュラ紀の生物」土屋健著（技術評論社）

「生物ミステリー PRO 白亜紀の生物 上巻」土屋健著（技術評論社）

「生物ミステリー PRO 白亜紀の生物 下巻」土屋健著（技術評論社）

「謎の絶滅動物たち」北村雄一著（大和書房）

「骨格百科スケルトン その凄い形と機能」アンドリュー・カーク著 布施英利監修 和田侑子訳

「絵でわかる古生物学」棚部一成監修 北村雄一著（講談社）

動物たちに会える博物館

「博物館に会いに行こう」のコーナーでは
こちらで紹介する11の博物館にご協力いただきました。
ありがとうございました。

データの見方

🏛 所在地　✆ 電話番号
時 開館時間
休 休館日　¥ 料金
🚃 電車でのアクセス
🚗 車でのアクセス
U ホームページ

ミュージアムパーク
茨城県自然博物館

🏛 茨城県坂東市大崎700
✆ 0297-38-2000

時 9:30～17:00（入館は16:30まで）休 月曜日（休日の場合は翌日）¥ 大人530円（70歳以上260円）、高校・大学生330円、小・中学生100円 ※企画展開催期間中は料金が変わります 🚃 つくばエクスプレス守谷駅よりバスで30分、「自然博物館入り口」下車徒歩5分／東武アーバンパークライン愛宕駅よりバスで15分、「自然博物館入り口」下車徒歩10分 🚗 常磐自動車道谷和原ICより20分／首都圏中央連絡自動車道坂東ICより25分 U https://www.nat.museum.ibk.ed.jp/

佐野市
葛生化石館

🏛 栃木県佐野市
葛生東1-11-15
✆ 0283-86-3332

時 9:00～17:00 休 月曜日（休日の場合は翌日）、祝日の翌日（土・日曜を除く）、年末年始、その他臨時休館有 ¥ 無料 🚃 東武佐野線葛生駅より徒歩8分 🚗 東北自動車道栃木ICより国道293号線経由で20分／東北自動車道佐野藤岡ICより30分／北関東道佐野田沼ICより15分 U http://www.city.sano.lg.jp/kuzuufossil/

国立科学博物館

🏛 東京都台東区
上野公園7-20
✆ 03-5777-8600

時 9:00～17:00（入館は16:30まで）、金・土曜日9:00～20:00（同19:30まで）休 月曜日（休日の場合は火曜日）、12月28日～1月1日、燻蒸期間 ¥ 一般・大学生620円、高校生（高等専門学校生含む）以下無料 🚃 JR上野駅公園口より徒歩5分／東京メトロ銀座線・日比谷線上野駅7番出口より徒歩10分／京成線京成上野駅正面口より徒歩10分 U http://www.kahaku.go.jp/

群馬県立
自然史博物館

🏛 群馬県富岡市
上黒岩1674-1
✆ 0274-60-1200

時 9:30~17:00（入館は16:30まで）休 月曜日（休日の場合は翌日）、年末年始、その他燻蒸等による休館有 ¥ 一般510円、大学・高専・高校生300円、中学生以下無料 ※企画展開催期間中は特別料金 🚃 上信電鉄上州富岡駅、またはJR信越本線磯部駅よりタクシーで15分 🚗 上信越自動車道富岡IC、または下仁田ICより国道254号線経由で約7km U http://www.gmnh.pref.gunma.jp/

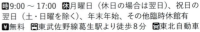

神奈川県立 生命の星・地球博物館

神奈川県小田原市入生田499

0465-21-1515

時9:00 ～ 16:30（入館は16:00まで） 休月曜日（休日の場合は翌平日）、年末年始、館内整備日（8月以外の原則第2火曜日、及び12 ～ 2月の火曜日）、燻蒸期間、祝日の翌日（土・日曜日、国民の祝日除く） ¥20歳～ 65歳（学生除く）520円、15歳～ 20歳・学生（中学・高校生除く）300円、高校生・65歳以上100円、中学生以下無料 箱根登山鉄道入生田駅より徒歩3分 箱根口ICより国道1号線経由で約600m ／山崎ICより国道1号線経由で約700m Uhttp://nh.kanagawa-museum.jp/

豊橋市 自然史博物館

愛知県豊橋市大岩町字大穴1-238（豊橋総合動植物公園内）

0532-41-4747

時9:00 ～ 16:30（公園への入園は16:00まで） 休月曜日（休日の場合は翌平日）、12月29日~1月1日 ¥無料（ただし、公園入園料として大人600円、小中学生100円） JR二川駅南口より総合動植物公園東門まで徒歩6分 Uhttp://www.toyohaku.gr.jp/sizensi/

徳島県立博物館

徳島県徳島市八万町向寺山（文化の森総合公園）

088-668-3636

時9:30 ～ 17:00 休月曜日、12月29日～ 1月4日 ¥一般200円、高校・大学生 100円、小・中学生50円 JR徳島駅よりバスで約25分／ JR文化の森駅より徒歩約35分、またはバスで7分 徳島自動車徳島ICより20分 Uhttps://museum.tokushima-ec.ed.jp/

※入館料は常設展の料金です。企画展や特別展には別途チケットが必要な場合があります。

※開館時間、休館日、展示内容は変更になる場合があります。

※団体割引については各施設へお問い合わせください。

※より詳しい情報については、各施設のホームページをご確認ください。

※このデータは2019年2月現在のものです。

全国には他にも、貴重な標本に会える博物館や、魅力的な展示で楽しませてくれる博物館がたくさんあります。ぜひいろいろな動物たちに会いに、多くの博物館に足を運んでみてください。

千葉県立 中央博物館

千葉県千葉市中央区青葉町955-2

043-265-3111

時9:00 ～ 16:30（入館は16:00まで） 休月曜日（休日の場合は翌平日）、12月28日～ 1月4日 ¥一般300円、高校・大学生150円、中学生以下及び65歳以上は無料 ※企画展及び特別展開催期間中は料金が変わります JR千葉駅東口よりバスで15分、「中央博物館」下車徒歩7分／ JR蘇我駅東口よりバスで15分、「中央博物館」下車徒歩6分／京成千葉寺駅より徒歩20分、またはバスで5分、「中央博物館」下車徒歩7分 京葉道路松ヶ丘ICより大網街道経由で5分 Uhttp://www2.chiba-muse.or.jp/NATURAL/

瑞浪市 化石博物館

岐阜県瑞浪市明世町山野内1-47

0572-68-7710

時9:00~17:00（入館は16:30まで） 休HP確認 ¥大人200円、高校生以下無料 JR中央線瑞浪駅より徒歩30分、タクシー 5分 中央自動車道瑞浪ICより3分 Uhttp://www.city.mizunami.lg.jp/docs/2014092922650/

大阪市立 自然史博物館

大阪府大阪市東住吉区長居公園1-23

06-6697-6221

時3 ～ 10月9:30 ～ 17:00（入館は16:30まで）、11 ～ 2月9:30 ～ 16:30（同16:00まで） 休月曜日（休日の場合は翌日）、12月28日～ 1月4日 ¥大人 300円、高校生・大学生 200円、中学生以下無料 地下鉄御堂筋線長居駅南改札口3号出口より約800m ／ JR阪和線長居駅東出口より約1km Uhttp://www.mus-nh.city.osaka.jp/

北九州市立 いのちのたび博物館

福岡県北九州市八幡東区東田2-4-1

093-681-1011

時9:00 ～ 17:00（入館は16:30まで） 休年末年始、毎年6月下旬頃（害虫駆除） ¥大人500円、高校生以上の学生300円、小・中学生200円、小学生未満無料 ※2019年4月より大人600円、高校生以上の学生360円、小・中学生240円、小学生未満無料 鹿児島本線スペースワールド駅より徒歩5分 北九州都市高速東田出入口より2分、枝光出入口より3分 Uhttp://www.kmnh.jp/

著者

川崎 悟司　かわさき さとし

1973年、大阪府生まれ。2001年、恐竜や古生物を中心とした生物をテーマに、自らの作品を掲載したウェブサイト「古世界の住人（https://ameblo.jp/oldworld/)」を開設。ウェブのイラストはすべて本人の手による。その後、『動く図鑑MOVE』シリーズ（講談社）をはじめとした図鑑や書籍、また、学術発表での古生物復元画作成など、生物全般を描くイラストレーターとして活動。主な著書に『絶滅した奇妙な動物』（ブックマン社）、『絶滅したふしぎな巨大生物』（PHP研究所）、『ミョ〜な絶滅生物大百科』（廣済堂出版）、『すごい古代生物』（キノブックス）などがある。

監修

木村 由莉　きむら ゆり

国立科学博物館 地学研究部 生命進化史研究グループ（研究員）。1983年、長崎県佐世保生まれ。神奈川県育ち。早稲田大学教育学部卒業。2006年に米国テキサス州に留学し、サザンメソジスト大学にて博士号を取得。スミソニアン国立自然史博物館での博士研究員を経て、2015年より現職。専門は陸棲哺乳類化石、特に小さな哺乳類の進化史と古生態。最近は、約2000万年前に日本列島に生息していた小さな齧歯類を新属新種のエオミス類として発表。

ならべてくらべる

絶滅と進化の動物史

2019年4月3日　初版第一刷発行

著者　川崎悟司
監修　木村由莉

ブックデザイン　釜内由紀江（GRiD）
井上大輔（GRiD）
編集　藤本淳子
印刷・製本　大日本印刷株式会社

発行者　田中幹男
発行所　株式会社ブックマン社
〒101-0065　千代田区西神田3-3-5
TEL　03-3237-7777　FAX　03-5226-9599
https://bookman.co.jp/

ISBN　978-4-89308-912-0